しくみからわかる

生命工学

Biotechnology

田村隆明 著

裳華房

# Biotechnology, from mechanism to application

by

TAKA-AKI TAMURA Ph. D.

SHOKABO
TOKYO

# はじめに

　生物や生命現象を利用・応用する技術，それが生命工学である．病院での診断や処方される薬，食肉・養殖魚・野菜などの食料品，製造業における酵素の利用や生物素材を真似た製品，そして水浄化やバイオ燃料など，身の周りには生命工学に関連したものが数えきれないほど溢れており，生命工学なくしての生活は考えられないと言っても過言ではない．生命工学が生活の一部となっているこのような状況を踏まえ，この度，生命工学を基礎から学ぶための参考書として，本書『しくみからわかる　生命工学』を刊行する事となった．

　生命工学がカバーする領域はとても広く，学術的な観点では一般生物学から専門的な基礎生物学や微生物学などが，応用的な観点では農学や畜産学，医学や薬学，そして生物とかかわりのある化学や工学のすべてが含まれる．本書を作成するにあたっては，まず最初の部分に生命工学のベースとなる基礎生物学，つまり分子生物学や細胞生物学，発生学や生化学などの説明に関するページをとった．次に遺伝子工学や細胞工学，発生工学や微生物工学など，生物や生命現象に手を加え，さらにそれを利用する工学的意味合いの強い領域について解説した．以上の事柄を踏まえ，続いて医薬生産，診断や治療といった人間の健康に直接かかわること，さらには人間生活にとって基本的な要素である食にかかわるさまざまな事柄を扱い，最後には製造業や環境・エネルギー問題など，社会の維持や改善に直結する技術についても触れた．

　上述のように本書では生命工学を多面的な観点から説明しているのが特徴である．しかも利用技術を単に列挙するのではなく，そのしくみもわかるような配慮がなされており，それが書籍タイトルにも反映されている．編集面でも，厳選した 101 個のキーワードが効率よく，しかも無理なく理解できるように，各項目が見開き 2 ページというスタイルで，図もふんだんに使って説明されている．

　本書のような幅広い領域をカバーした生命工学の書籍は他にほとんどなく，生命工学を学ぼうとする読者の期待に，これまで以上に応えられるものになったのではないだろうか．生物学を専門とする読者のみならず，医歯薬領域や農学領域さらには工学領域や化学領域と，あらゆる領域の読者にとって利用できる一冊に仕上がったと自負している．本書が生命工学を学ぶ多くの方々の一助となれば，作り手としてこれ以上の喜びはない．最後に，著者のとりとめのない原稿をこのような素晴らしい書籍として世に送り出して頂いた裳華房編集部の筒井清美，野田昌宏の両氏に，この場を借りて改めて感謝申しあげます．

　　　　　　　　　　　平成 25 年 9 月　　東京五輪が決まった年のある日，

　　　　　　　　　　　　　　　　　　　　　　　　　　　　田村　隆明

# 目　　次

序章-1　生命工学の全体像 …………………… 1
序章-2　歴史が教える生命工学の意義 ………… 3

## 1章　生命工学の基礎 [1]：細胞，代謝，発生，分化，増殖

- 1-1　生命の起源と生物進化プロセス …………… 6
- 1-2　細胞の構造と機能 ……………………………… 8
- 1-3　生体をつくる分子 ……………………………… 10
- 1-4　代謝と酵素：生命化学反応 ………………… 12
- 1-5　発生：動物が誕生するまで ………………… 14
- 1-6　細胞の増殖と死 ……………………………… 16
- 1-7　細胞の分化と癌化 …………………………… 18
- ◆　細胞内の酵素活性はさまざまに調節される …… 20

## 2章　生命工学の基礎 [2]：遺伝子と遺伝情報

- 2-1　染色体，ゲノム，遺伝子 …………………… 22
- 2-2　DNAの構造：二重らせん …………………… 24
- 2-3　細胞でのDNA合成：複製 …………………… 26
- 2-4　ウイルス：感染して細胞を冒す …………… 28
- 2-5　ファージ：細菌のウイルス ………………… 30
- 2-6　細胞内に潜む，非ゲノムDNA ……………… 32
- 2-7　遺伝子の発現：RNA合成「転写」 ………… 34
- 2-8　オペロンとその利用 ………………………… 36
- 2-9　翻訳：塩基配列からアミノ酸配列への変換 38
- 2-10　真核細胞でのタンパク質合成・成熟機構 … 40
- 2-11　多くの生命現象が遺伝子で決まる ………… 42
- 2-12　生体分子の網羅的解析 ……………………… 44
- 2-13　クロマチンの修飾 …………………………… 46
- ◆　F因子：細菌に性の性質を与えるプラスミド … 48

## 3章　核酸の性質と基本操作

- 3-1　抽出とゲル電気泳動による分離・検出 …… 50
- 3-2　DNAの変性と二本鎖形成反応 ……………… 52
- 3-3　DNAを合成する ……………………………… 54
- 3-4　シークエンシングとゲノム計画 …………… 56
- 3-5　PCRとその応用 ……………………………… 58
- 3-6　核酸をプローブで検索・解析する ………… 60
- 3-7　バイオ実験に放射性物質を利用する ……… 62
- 3-8　放射線は危険性に注意して使われる ……… 64
- 3-9　生体分子を標識する ………………………… 66
- ◆　特別な目的のための核酸の電気泳動 ……… 68

## 4章　組換えDNAをつくり，細胞に入れる

- 4-1　制限酵素：決まった塩基配列でDNAを切る 70
- 4-2　新しい組合せのDNAをつくる ……………… 72
- 4-3　DNAクローニングとベクター ……………… 74
- 4-4　遺伝子組換え実験で使う生物とDNA導入法 76
- 4-5　目的クローンをマークする ………………… 78
- 4-6　青白選択 ……………………………………… 80

| | | | |
|---|---|---|---|
| 4-7 | 遺伝子ライブラリーと目的クローンの検出 *82* | 4-11 | 遺伝子組換え実験の安全確保：カルタヘナ法 *90* |
| 4-8 | 組換え DNA からのタンパク質産生 *84* | ◆ | 真核生物も制限酵素をもつ？ *92* |
| 4-9 | ホタルが発光する原理を利用する *86* | | |
| 4-10 | 光るクラゲ：緑色蛍光タンパク質 *88* | | |

## 5章　RNA と RNA 工学

| | | | |
|---|---|---|---|
| 5-1 | 多彩な役割を果たすもう一つの核酸：RNA *94* | 5-4 | RNA の物質結合性 *100* |
| 5-2 | RNA を取り扱う技術 *96* | ◆ | RNA 塩基配列を直接解析する *102* |
| 5-3 | RNA による遺伝子抑制 *98* | | |

## 6章　タンパク質，糖鎖，脂質に関する生命工学

| | | | |
|---|---|---|---|
| 6-1 | タンパク質工学 *104* | 6-6 | タンパク質の分析とプロテオミクス *114* |
| 6-2 | タンパク質の性質と取り扱い *106* | 6-7 | 抗体を使ってタンパク質をとらえる *116* |
| 6-3 | タンパク質の分解 *108* | 6-8 | まだあるタンパク質結合性の解析法 *118* |
| 6-4 | タンパク質の精製：カラムクロマトグラフィー *110* | 6-9 | 糖鎖と糖鎖工学 *120* |
| 6-5 | タンパク質のゲル電気泳動 *112* | 6-10 | 脂質工学，生体膜工学 *122* |
| | | ◆ | アミノ酸の生産と利用 *124* |

## 7章　組成を変えた細胞や新しい動物をつくる

| | | | |
|---|---|---|---|
| 7-1 | 動物細胞の培養 *126* | 7-6 | 発生工学の概要とキメラ動物作製 *136* |
| 7-2 | 細胞工学に使われる一般的技術 *128* | 7-7 | 遺伝子導入（トランスジェニック）動物 *138* |
| 7-3 | 抗体産生機構と単クローン抗体の産生 *130* | 7-8 | 動物遺伝子の変異解析 *140* |
| 7-4 | 哺乳動物における生殖工学 *132* | 7-9 | ヒト人工染色体 *142* |
| 7-5 | 体細胞クローン動物をつくる *134* | ◆ | 哺乳動物以外を対象にする *144* |

## 8章　医療における生命工学の利用

| | | | |
|---|---|---|---|
| 8-1 | 感染症防御にかかわる古典的バイオ技術 *146* | 8-6 | 幹細胞を培養化する *156* |
| 8-2 | 遺伝子治療 *148* | 8-7 | 再生医療と組織工学 *158* |
| 8-3 | ゲノム情報に基づく医療 *150* | 8-8 | 臓器工学 *160* |
| 8-4 | 生命工学と創薬の融合 *152* | 8-9 | 化学工学の人体への適用：医用工学 *162* |
| 8-5 | 免疫工学と抗体医薬 *154* | ◆ | 癌治療の新たなターゲット：癌幹細胞 *164* |

## 9章　一次産業で使われるバイオ技術

- 9-1　発酵工学，微生物工学，代謝工学 ……… 166
- 9-2　魚類に関する生命工学技術 …………… 168
- 9-3　家畜における生命工学 ………………… 170
- 9-4　植物細胞工学と個体作製 ……………… 172
- 9-5　植物を対象にした遺伝子工学 ………… 174
- 9-6　作物の生産促進と植物工場 …………… 176
- 9-7　生殖をコントロールする ……………… 178
- ◆ 健康食品 ……………………………………… 180

## 10章　生命反応や生物素材を利用・模倣する

- 10-1　甘味に関する取り組み ………………… 182
- 10-2　酵素工学 ………………………………… 184
- 10-3　バイオリアクターと固定化酵素 ……… 186
- 10-4　バイオセンサー：物質測定への応用 … 188
- 10-5　生体工学：バイオニクス …………… 190
- ◆ システム生物学 ……………………………… 192

## 11章　環境問題やエネルギー問題に取り組む

- 11-1　微生物による廃水処理 ………………… 194
- 11-2　生物による環境の修復
　　　：バイオレメディエーション ……… 196
- 11-3　植物による環境の修復
　　　：ファイトレメディエーション ……… 198
- 11-4　バイオマスと微生物によるエネルギー生産 200
- 11-5　バイオエタノール …………………… 202
- 11-6　バイオ燃料電池 ……………………… 204
- ◆ バイオエタノール逆転生産プロセス …… 206

終章　私達が生命工学を利用するときに，
　　　生物や人間との関係において注意すべきこと…207

参考書 …………………………………… 209
索引 ……………………………………… 210

# 序章-1 生命工学の全体像

生命過程，細胞，個体，生体分子を操作して生命現象を解明し，さらには細胞や個体をつくり，そこから有用物質を産生する技術を生命工学，あるいは生物工学という．生命工学には生物素材や生物機能を模倣したり，生物を環境／エネルギー分野に利用する技術も含まれる．

## ■ 生命工学とは

生命工学は遺伝，代謝，増殖，発生や分化，生殖や生存という生命過程に手を加え，得られた結果を物質生産や細胞／生物の作出につなげようとする応用技術であるが，生命現象や生命関連物質を解析，分離精製，生産する技術，さらには生命活動や生物それ自体を利用することも含まれ，生物工学や生物利用工学とよばれる場合もある（工学や農学の分野では好んで使われているようである）．バイオテクノロジー（biotechnology，一般にはバイオ技術ともいわれる）も，生命工学の一般的用語として広く使われている．

## ■ 生命過程に手を加え，新たな生物をつくる

典型的な生命工学の一つは，生命現象の源であるDNAを操作する遺伝子工学であろう．利用範囲の広い技術で，対象とするものによってタンパク質工学や代謝工学など，多くの領域がある．遺伝子工学は遺伝子治療や遺伝子導入生物の作製にも関連し，他分野の生命工学技術にも組み入れられている．細胞や組織を対象とする細胞工学や組織工学も基礎的な生命工学の領域である．動物の発生～誕生を視野に入れた胚工学／発生工学や，それを利用した生殖工学は，ヒトでは実施されることはないが，畜産分野での応用が進んでいる．分化の全能性をもつ植物では，組織培養→分化→植物体作製という独特の生命工学技術があるが，ここに遺伝子工学を組み込むことにより，遺伝子組換え植物をつくることもできる．

## ■ 医療への応用

医療は生命工学の主要な応用分野の一つで，微生物による抗生物質の生産や，ワクチンの製造などはすでに長い歴史がある．現在の生命工学には，ゲノムシークエンスやPCRによる遺伝子診断，分子標的薬，遺伝子治療などがあり，創薬の面ではゲノム情報をもとに薬をつくるゲノム創薬，抗体医薬やRNA医薬を目的とする抗体工学やRNA工学，組織や臓器という観点からは，それらの作製や移植にかかわる組織工学，移植工学，臓器作製などがあり，人工授精などはヒトに応用される生殖工学である．生体で働く素材をつくったり，それを組み立てたりするような化学や工学の色彩の強い人工臓器作製や医用工学も，広い意味では生命工学であろう．

## ■ 生物材料，代謝産物，生物個体の利用

酵素反応を産業レベルで利用する生物化学工学では酵素を利用した物質生産が行われ，酵素自身の改良や生産（酵素工学）はタンパク質工学技術を使って行われる．微生物を利用して有用な代謝産物をつくることは微生物工学あるい

は発酵工学という．これとは別に，生物の活動を環境浄化（環境工学）やエネルギー物質の生産に利用する技術や，生物個体それ自体（バイオマスという）を資材やエネルギー源として利用する技術もある．まったく別の視点として，生物の優れた特性や有用物質をヒントに，工学的，あるいは化学的に機器や物質をつくる生体工学（バイオニクス）あるいは生物模倣技術（バイオミメティクス）という領域もある．

■ 図　生命工学の全体像

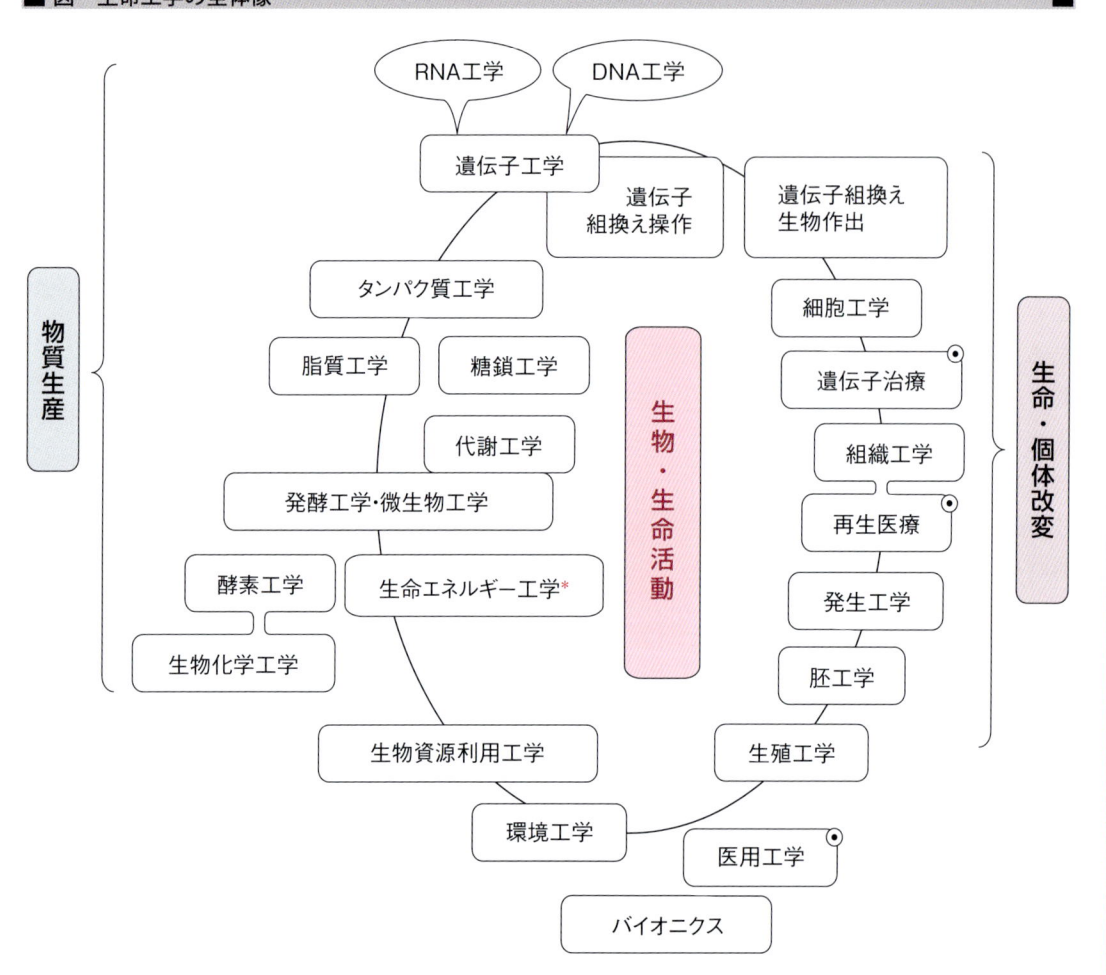

物質生産：
- RNA工学
- DNA工学
- 遺伝子工学
- タンパク質工学
- 脂質工学
- 糖鎖工学
- 代謝工学
- 発酵工学・微生物工学
- 酵素工学
- 生命エネルギー工学*
- 生物化学工学
- 生物資源利用工学
- 環境工学
- バイオニクス

生物・生命活動

生命・個体改変：
- 遺伝子組換え操作
- 遺伝子組換え生物作出
- 細胞工学
- 遺伝子治療 ⊙
- 組織工学
- 再生医療 ⊙
- 発生工学
- 胚工学
- 生殖工学
- 医用工学 ⊙

＊：バイオエタノールや人工光合成システムなど，エネルギー生産を対象にした生命工学をさす筆者の造語
⊙：ヒトに直に適用

# 序章-2

# 歴史が教える生命工学の意義

生命工学と人間との関係は長い．古くは発酵技術やワクチン製造があり，その後は細胞培養や酵素工学などがあり，DNA 構造が明らかになってからは遺伝子工学やそれに関連する技術が発展してきた．生命工学は今やわれわれの生活にとって必須なものとなっている．

## ■ 昔からある生物利用技術

有史以来，人間は微生物を利用して食品や嗜好品をつくってきたが，おそらくこれが最も古い生命工学であろう．代表的なものは酵母によるアルコール発酵を用いたワインやビールの醸造であり，日本酒醸造ではコウジカビも利用される．パン製造では酵母がつくる二酸化炭素（炭酸ガス）が利用されている（⇨ビール会社では副産物として炭酸ガスも販売している）．発酵ではこのほか，酢酸発酵で食酢を，乳酸発酵でチーズやヨーグルトといった乳製品や漬け物，味噌や醤油をつくるが，これらの技術はわれわれの生活を潤いのあるものにしている．近世になると医療面において，いくつかの重要なバイオ技術での発展があった．痘瘡を予防するための種痘，狂犬病やジフテリアなどに対するワクチンや抗血清の製造がそれであるが，この技術がこれまでいかに人類の健康に貢献したかは歴史がはっきりと示している．

## ■ 現代の生命科学

20 世紀，化学工業技術の進歩に伴って多くの革新的バイオ技術が開発された．酵素を利用する化学工業技術，細胞を培養する細胞培養技術とそれを利用した細胞工学的技術，抗生物質生産，微生物による環境浄化など，枚挙にいとまがない．最初の抗生物質となったペニシリンは，現在でも救命に最も貢献した生物工学技術の成果の一つに数えられている．DNA の二重らせん構造の発見は生命工学に革命的な進歩をもたらした．生命の本質である DNA を扱えることは，DNA の化学合成や PCR を含む試験管内合成を可能にし，生命を操作すると比喩されるように，真の意味の生命工学が興るきっかけとなった．これを機に作り出された最大の技術革新が，試験管内でつくった思いのままの DNA を細胞内で増やし，それをもとにしてタンパク質をつくったり生物自体を変化させたりすることができる遺伝子工学である．タンパク質工学，トランスジェニック動物や遺伝子組換え植物の作製, 遺伝子治療もこの延長線上にある．細胞工学や組織工学，そして個体レベルで生物を操作する生殖工学や胚工学（クローン動物作製など），医療に関連の深い再生医療や種々の創薬技術は，今最も注目される生命工学技術の領域の一つになっている．

## ■ これからの生命工学

上で述べたように，生命工学は社会に広く浸透し，人類の健康や福祉，生活環境の向上に役立っている．生命や生物を操作して改変することにより，これまで不可能だった生物の利用法が可能になり，医療分野では病気の診断や治療にさらなる新技術が導入され，それによる寿命の延長と福祉の向上が期待されている．バイオ技術は作物の品種改良を促進し，これを通じて

食料問題へもチャレンジしている．地球環境の悪化は，今後，より深刻な状況になるのではないかと懸念されるが，炭酸ガス削減を目指した生物工学によって，悪化速度を少しは遅くさせられるかもしれないし，エネルギー問題でもバイオエタノール以外の新たな技術が生み出されていくだろう．生命工学は調和のとれた世界の発展にとって重要なツールになると期待されている．

■ 図　人類の歴史と共に発展してきた生命工学の歴史

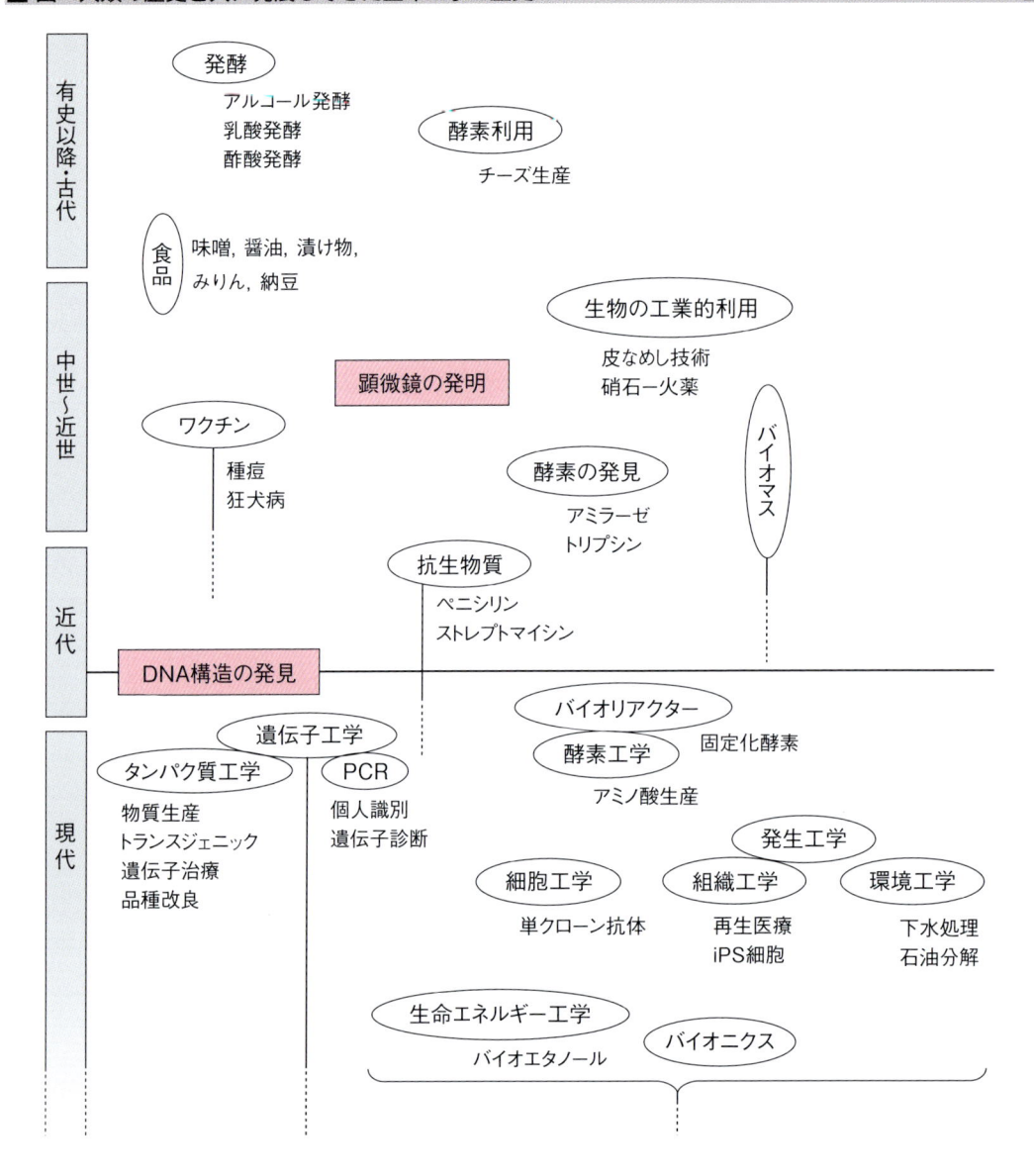

**有史以降・古代**
- 発酵
  - アルコール発酵
  - 乳酸発酵
  - 酢酸発酵
- 酵素利用
  - チーズ生産
- 食品
  - 味噌，醤油，漬け物，みりん，納豆

**中世〜近世**
- 生物の工業的利用
  - 皮なめし技術
  - 硝石－火薬
- 顕微鏡の発明
- ワクチン
  - 種痘
  - 狂犬病
- バイオマス

**近代**
- 酵素の発見
  - アミラーゼ
  - トリプシン
- 抗生物質
  - ペニシリン
  - ストレプトマイシン

DNA構造の発見

**現代**
- タンパク質工学
  - 物質生産
  - トランスジェニック
  - 遺伝子治療
  - 品種改良
- 遺伝子工学
- PCR
  - 個人識別
  - 遺伝子診断
- バイオリアクター
  - 固定化酵素
- 酵素工学
  - アミノ酸生産
- 細胞工学
  - 単クローン抗体
- 組織工学
  - 再生医療
  - iPS細胞
- 発生工学
- 環境工学
  - 下水処理
  - 石油分解
- 生命エネルギー工学
  - バイオエタノール
- バイオニクス

# 1章

# 生命工学の基礎 [1]
## 細胞，代謝，発生，分化，増殖

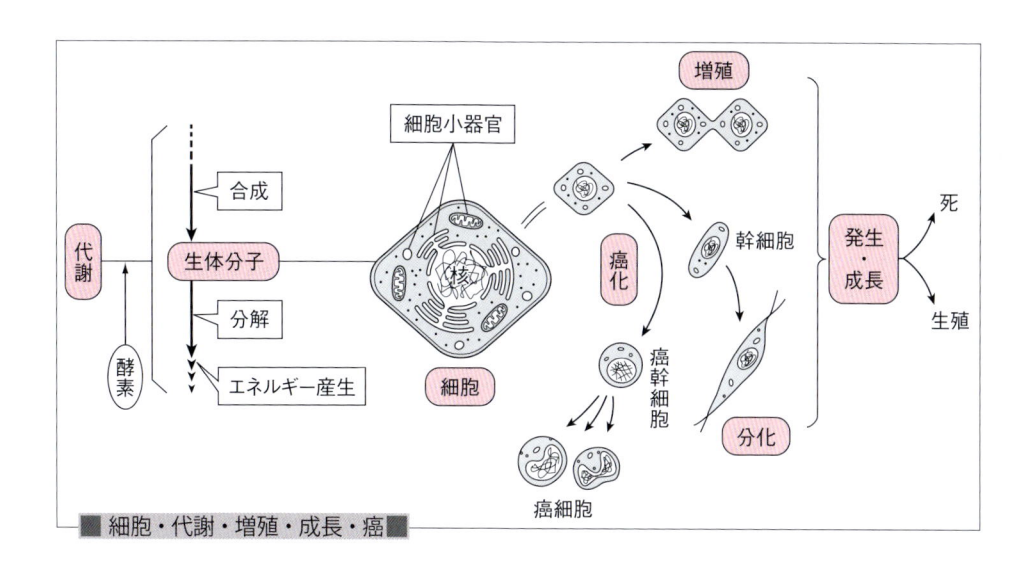

■細胞・代謝・増殖・成長・癌■

　生物は長い時間をかけて進化を繰り返し，幾多の種の勃興と絶滅を経ながら現在に至っているが，現生生物が同じ生命システムをもっているという事実は，すべての生物は共通の原始生命を起源として進化してきたであろうことを強く示唆している．

　生物は細胞を基本に構築される．多細胞生物，単細胞生物などの区別があるが，本質的には核が核膜で包まれているか（真核生物），包まれていないか（原核生物）という区別が重要で，両者にはゲノムの存在様式や遺伝子の構造や発現機構に大きな違いがある．細胞は脂質二重膜の中に細胞質を含む構造をもつが，真核細胞の場合，その中に多くの細胞小器官が存在する．細胞には糖質，タンパク質など非常に多くの物質が含まれているが，その種類や，その合成・分解といった代謝，さらにはエネルギーを得るしくみにも多くの共通性がある．

　増殖は生物が示す基本的性質の一つであり，そこでは遺伝情報の複製や細胞の分裂が共通の機構に従って起きている．動物が有性生殖で増殖する場合，雌雄の配偶子の接合で生じた受精卵が細胞分裂と分化を繰り返して胚が形成され，それが成長して個体となる．分化は多細胞生物が示す大きな特徴である．

　細胞の増殖は，それを推進する因子と抑制する因子とのバランスで決まるが，多くの調節因子がそこにかかわる．細胞増殖にかかわる負の制御が優勢になると細胞増殖が停止するばかりか，細胞死という方向に進み，逆に正の制御が優勢になると制御の効かない過剰な増殖を示し，癌化という道をたどる．癌は遺伝子の変異によって起こるが，多くの癌は癌抑制遺伝子の機能不全が原因となっている．

# 1-1 生命の起源と生物進化プロセス

生命誕生のシナリオは化学進化説などの仮説が提唱されているが，正確にはよくわかっていない．生物は大きく原核生物（真正細菌と古細菌に分けられる）と真核生物の二つに分けられる．真核生物は，細菌類による細胞内共生を経て誕生・進化したと推定される．

## ■ 生命の起源に関する仮説

地球上の生命が，最初どのように生まれたかは正確にわかっていないが，いくつかの仮説が提唱されている．この中の一つとして，高温，高圧，放電などによって無機物から単純な有機物が生成し，それがより複雑な有機物へと変換され，さらにコアセルベートといわれる有機物集合体の液滴に成長し，それが細胞の原型となったという仮説がある（オパーリンによる化学進化説）．

## ■ RNAワールド：遺伝物質の進化に関する仮説

原始細胞ではじめて使われた遺伝物質はRNAと想像されているが（⇨これをRNAワールド仮説という），これはRNAが反応性に富む分子で，かつ遺伝情報を含み，あるものはリボザイムとして酵素活性をもつという事実，そして補酵素の大部分がヌクレオチドであるという事実などに基づいている．RNAワールドはやがてタンパク質を含んだRNPワールドとなり，さらに現在のDNAワールドに変わっていったと推定されている．事実RNAからDNAを合成する逆転写酵素も存在しており，この説を信じる学者は多い．

## ■ 生物を大別する

生物は細胞の形態により，染色体が核膜で包まれている真核生物と包まれていない原核生物に分けられる（⇨2ドメイン説という）．原核生物はさらに真正細菌（通常の細菌とシアノバクテリア[ラン藻類ともいう]を含むグループ）と，原始の地球環境に近い場所に生息している古細菌に二分することができる（⇨結果的に生物全体が三つに分類されることになるが，これを3ドメイン説という）．真核細胞と原核細胞は核膜の有無以外にも，遺伝子の数や発現方式，DNAの存在様式，細胞小器官の有無，細胞分裂の様式など，多くの点で異なる．真核生物はさらに原生生物，菌類，植物，そして動物に分

■ 図1 真核生物と原核生物の細胞

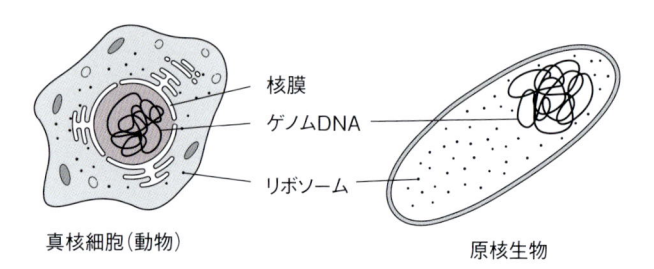

真核細胞(動物) ― 核膜，ゲノムDNA，リボソーム ― 原核生物

けられる．ただ古細菌はゲノムの存在様式や，遺伝子の構造や発現様式（⇨転写制御因子など）などが真核生物に近い．このため，真正細菌と古細菌の祖先が共存した時期のあとで細胞内共生が起こり，後者は古細菌と真核生物に分かれて別々に進化したという説も提唱されている．

### ■ 細胞内共生説

古細菌の祖先細胞に好気性細菌が入り込んでミトコンドリアとなって動物細胞が生まれ，さらにそこにラン藻が入り込んで葉緑体となって植物細胞が生まれたという仮説である．ミトコンドリアと葉緑体の両方にDNAが含まれていること，また植物細胞に別の生物が入って二次共生という現象が起こったと推定できる生物が存在するなど，この仮説の信憑性は高い．

### コラム：パンスペルミア説

地球外生命体（細菌の胞子など）が地球上の生物の起源となったというSF的な仮説である．「有機物を含む隕石を発見」という情報（?）や生命誕生までの時間が想像よりも短い（?）などが論拠となっているらしい．もし宇宙のどこか，あるいは地球に落ちた隕石に有機物など生命の痕跡が見つかると，この説はにわかに信憑性を増すことになる．最近，小惑星リュウグウの砂からアミノ酸が発見された．

■ 図2　生物の分類

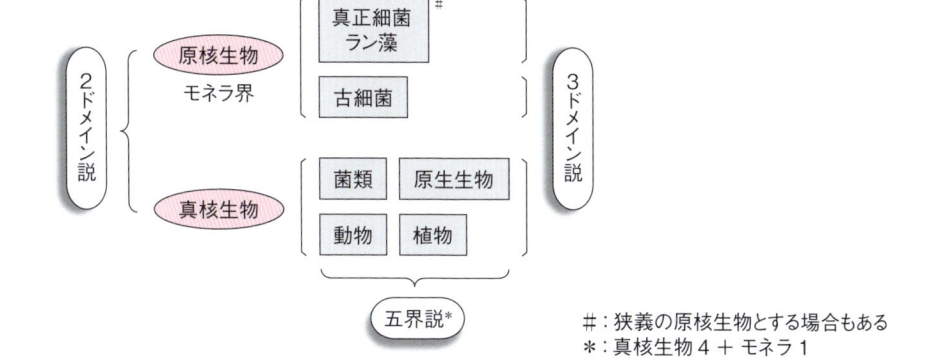

#：狭義の原核生物とする場合もある
＊：真核生物4＋モネラ1

■ 図3　細胞内共生と真核生物の誕生

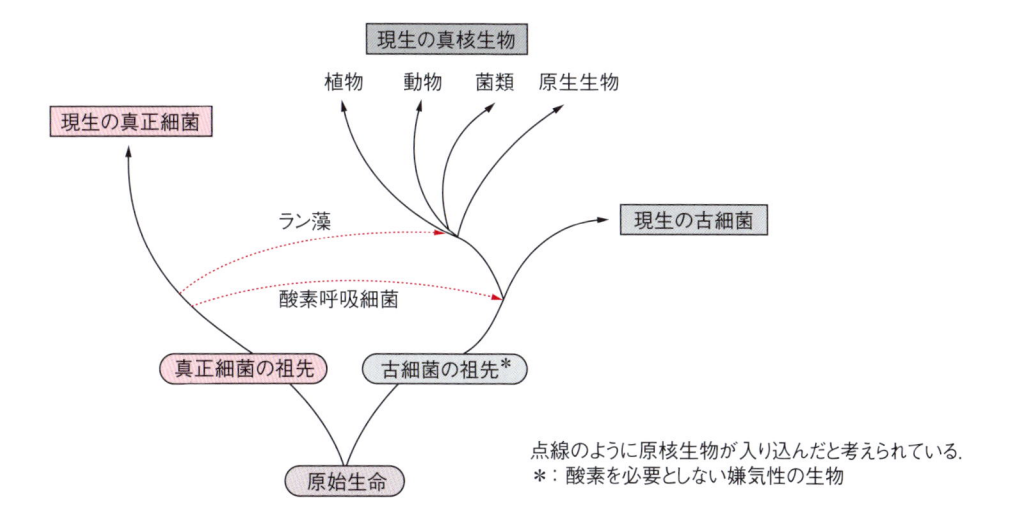

点線のように原核生物が入り込んだと考えられている．
＊：酸素を必要としない嫌気性の生物

# 1-2 細胞の構造と機能

細胞は細胞膜に包まれており，中はリボソームを含む細胞質で満たされている．真核細胞には小胞体，ミトコンドリアなどの細胞小器官のほか，リボソームなどの顆粒や種々の細胞骨格タンパク質などが含まれる．植物細胞にはこのほかに葉緑体も含まれる．

### ■ 真核細胞

真核細胞は動物，植物などの生物種にかかわらず，共通の構造をもつが，形は球状，紡錘状などさまざまであり，また大きさも数$\mu$m～数百$\mu$m（以上）とばらばらである（多くは数十$\mu$m）．細胞表面にはリン脂質を主成分とした二重層構造をとる細胞膜があり，内部のゾル状物質（細胞質という）を細胞外から隔離している．細胞膜は気体やアルコール類などを除く物質を通させないが，それに代わり細胞膜に埋め込まれているタンパク質（輸送タンパク質，チャネルなど）が物質／分子の移送を司る．細胞膜には流動性があり，それぞれの分子は水平方向に移動できる（流動モザイクモデル）．細胞内には膜で包まれた細胞小器官が多数浮遊している．植物細胞には特異的細胞小器官として，光合成を行う葉緑体などの色素体があり，さらに細胞表面には固い構造をもつ細胞壁がある．細胞小器官ではないが顆粒状の構造として，タンパク質合成の場であるリボソーム（一部は小胞体に結合）やタンパク質分解装置であるプロテアソームがみられる．真核細胞中には，細胞の形をつくったり細胞内情報伝達にかかわったり，細胞の運動や細胞器官の移動などにかかわったりする細胞骨格タンパク質（⇨アクチン繊維，中間径繊維，チューブリン）とそれに付

■ 図1　細胞の形と大きさ

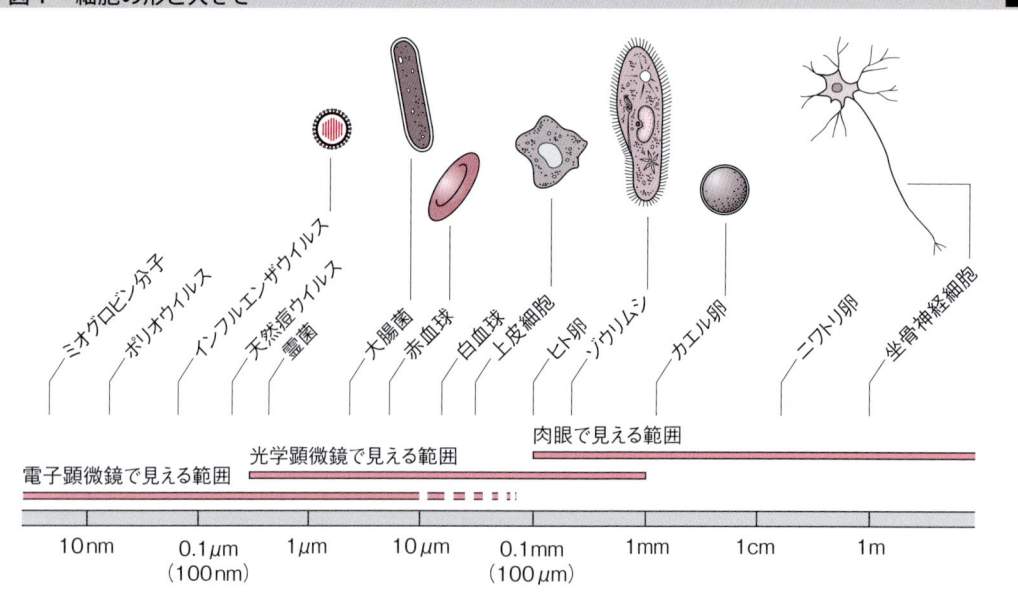

随するモータータンパク質も存在している.

■ 細胞小器官

　二重の膜からなる核膜で包まれた核は約10 $\mu$m の大きさで，基本的に細胞に1個だけ存在し，表面には物質出入りのための核膜孔が多数存在している．内部にあるクロマチン（染色質）は細胞分裂前には凝集した染色体となるため，顕微鏡で観察することができる．クロマチンはゲノムDNAに多くのヒストンとわずかな非ヒストンタンパク質が結合した巨大な複合体である．小胞体は核に隣接した迷路のような袋状構造で，タンパク質の折り畳みや修飾の場所である．ゴルジ体は小胞体から輸送されたタンパク質にリン酸化や糖付加などの修飾をし，それを細胞各所や細胞外に移送する役割をもつ．細胞にはこのほか，細胞が取り込んだタンパク質の運搬・加工にかかわるエンドソーム，種々の加水分解酵素を含み，内外の高分子物質を分解するリソソーム，過酸化物の分解や熱産生にかかわるペルオキシソーム，各細胞からのタンパク質輸送にかかわる輸送小胞といった小器官がみられる．ミトコンドリアは二重の膜をもつ棒状／ヒモ状〜ラグビーボール状の小器官で，好気呼吸によるATP合成などを行っている．

■ 細菌の細胞

　細菌の細胞はリボソームが浮遊する細膜質を細胞膜が包む単純な構造をもち，形態は0.5〜数$\mu$mの球状，棒状，あるいはらせん状である．DNAは裸の状態で，電子顕微鏡では核様体というぼんやりした構造に見える．細胞表面は脂質-多糖類複合体からなる固い細胞壁で覆われ，種類によっては付着のための繊毛，運動のための鞭毛，菌体を包む莢膜をもつもの，生育環境が悪化すると，物理・化学ストレスに対して非常に安定な胞子（芽胞）をつくって休眠状態に入るものもある．

■ 図2　細胞の内部構造（動物細胞）

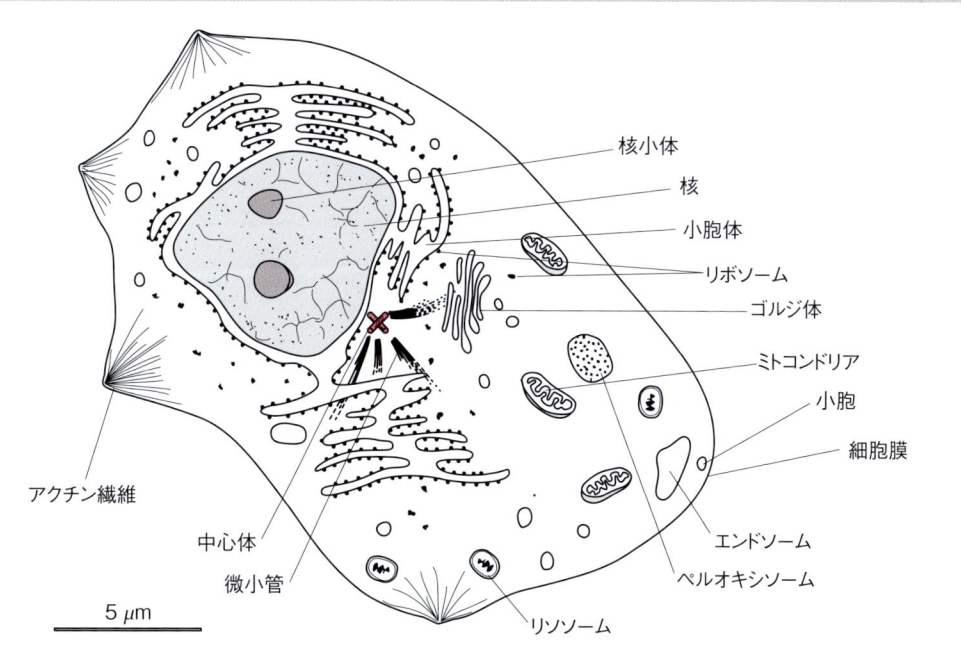

核小体
核
小胞体
リボソーム
ゴルジ体
ミトコンドリア
小胞
細胞膜
エンドソーム
ペルオキシソーム
アクチン繊維
中心体
微小管
リソソーム
5 $\mu$m

## 1-3 生体をつくる分子

> 生体は炭素，酸素，水素といった元素を多量に含むが，場合によっては窒素，リン，硫黄なども含み，糖，脂質，タンパク質，核酸といった生体分子を構成している．タンパク質と核酸はそれぞれアミノ酸とヌクレオチドからなる鎖状の重合分子で，遺伝情報を含む．

### ■ 細胞に含まれる元素と分子

細胞に含まれる主要な元素は酸素，炭素，水素，窒素で，大部分は炭素を含む分子：有機物中に存在する．有機物は糖，脂質，タンパク質，核酸に大別される．核酸とタンパク質はそれぞれ大量のリンと少量の硫黄を含む．細胞はこのほかにも多くの元素（塩素，カルシウム，ナトリウム，カリウム，マグネシウムなど）を含む．小さな分子：低分子が多数結合したものは高分子あるいは重合分子という．

■ 図1　ヒトを構成する元素

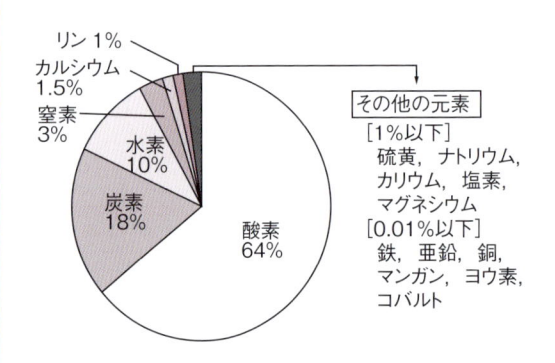

- 酸素 64%
- 炭素 18%
- 水素 10%
- 窒素 3%
- カルシウム 1.5%
- リン 1%

その他の元素
[1%以下] 硫黄，ナトリウム，カリウム，塩素，マグネシウム
[0.01%以下] 鉄，亜鉛，銅，マンガン，ヨウ素，コバルト

■ 図2　糖の構造

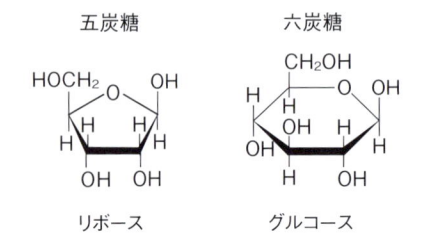

五炭糖：リボース
六炭糖：グルコース

### ■ 糖と脂質

細胞のエネルギー源となる中心的な物質は糖（糖質）と脂質である．糖の基本構造は，炭素数が3〜6の単糖であるが，そのなかでも炭素5個のリボースは核酸の材料として，炭素6個のグルコースはエネルギー源や種々の糖の前駆体として重要である（⇨グルコースやその誘導体が多数結合（重合）すると，グリコーゲン，デンプン，セルロースといった多糖類がつくられる）．有機溶媒に溶ける性質を示す物質を脂質といい，エネルギー源となるほか，調節物質，細胞膜成分などに使われる．基本となる物質は脂肪酸で，炭素の鎖がグリセロールに結合したトリグリセリド，いわゆる中性脂肪として存在する．リン酸を含むリン脂質は生体膜の主成分となり，また，多数の環状構造からなるステロイドは，性ホルモンやコレステロールなどとして存在する．

### ■ タンパク質

タンパク質は細胞構成成分，運動，酵素，生体防御といった多彩な役割をもつ．タンパク質

■ 図3　脂質の構造

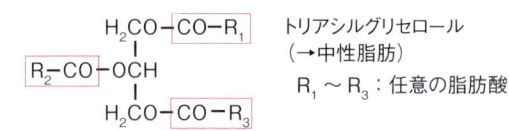

$H_2CO-CO-R_1$
$R_2-CO-OCH$
$H_2CO-CO-R_3$

トリアシルグリセロール（→中性脂肪）
$R_1 \sim R_3$：任意の脂肪酸

は，20種類のアミノ酸が遺伝情報で指定された順序でペプチド結合して鎖状のポリペプチドとなり，それが正しい高次構造をとって機能をもつようになったものである．タンパク質のアミノ酸配列を一次構造，局所的なαらせんやβ構造を二次構造，システインのSH基同士の結合や全体的な折り畳み状態を三次構造，さらにそれが複数個ゆるく結合したものを四次構造（サブユニット構造）といい，二〜四次構造を高次構造という．アミノ酸数が少ないオリゴペプチドの中には，生理活性物質，毒素，ホルモンとして作用するものがある．アミノ酸は荷電分子で特異的な電気的性質を示すが，タンパク質も固有の分子量に加えて固有の電気的性質を示し，この性質が精製に応用される（6-5）．

## ■ 核酸

核酸はヌクレオチドが多数重合した鎖状高分子で，デオキシリボ核酸（DNA：deoxyribonucleic acid）とリボ核酸（RNA：ribonucleic acid）があり，リン酸基を多数もつために酸性の性質を示す．DNAの大部分は核に存在し，遺伝情報を含み，ゲノムとして用いられる．ミトコンドリアと葉緑体も，小さいながら独自の環状DNAをもっている．DNAを構成するヌクレオチドは，塩基（アデニン，グアニン，シトシン，チミン）と五炭糖の一種であるデオキシリボースが結合したヌクレオシドに，リン酸が結合する構造をとっている（2-2）．RNAはDNAから転写されてできる核酸で，細胞質に多く，チミンの代わりにウラシルが，糖にはリボースが使われる．

■ 図4 アミノ酸とペプチド構造■

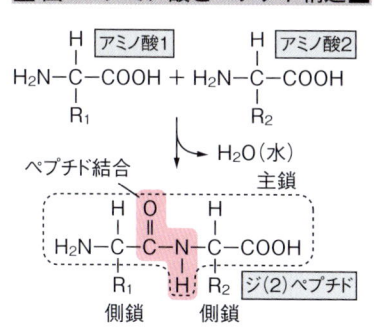

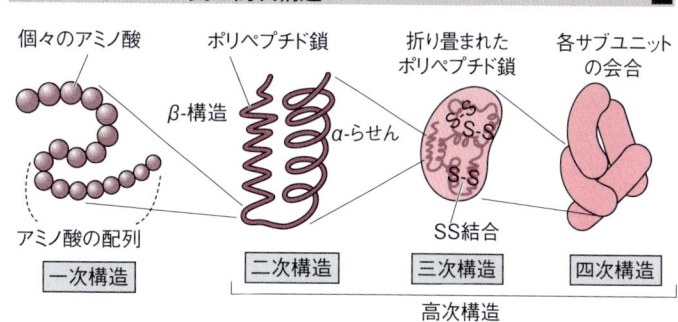

■ 図5 タンパク質の高次構造

■ 図6 ヌクレオチドとDNA

(a) ヌクレオチドの構成成分

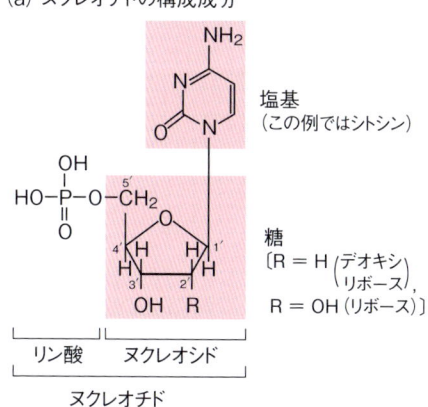

(b) DNA鎖の構造（水素の一部は省略した）

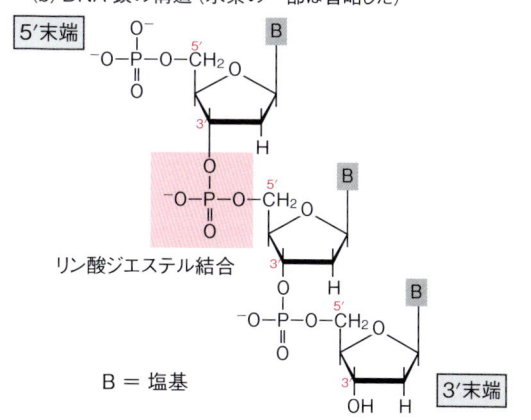

# 1-4 代謝と酵素：生命化学反応

生体内では酵素の働きでさまざまな代謝が起こっており，それによって細胞成分がつくられ，エネルギーが産生されている．グルコースは複雑な代謝経路を経て分解され，その過程で高エネルギー物質 ATP がつくられ，それが合成，運搬，運動などに利用される．

## ■ 代謝と酵素

生体内で起こる化学反応を代謝といい，必要な物質やエネルギーがつくられたり，不要物質が処理されたりする．大部分の代謝はタンパク質触媒（⇨反応の向きには影響しないが，活性化エネルギーを下げることにより反応速度を増す）である酵素がかかわる．酵素は酸化還元酵素，加水分解酵素，合成酵素など，関与する反応によっていくつかに分類される．酵素は反応にかかわる物質（基質）の種類が決まっており，これを基質特異性という．反応に電子や原子（団）の受け渡しをするための低分子物質（⇨補酵素という．補酵素 A，NAD など）を必要とするものもある．酵素に低分子が結合することにより活性が調節され，それによって代謝が調節されることもある．

## ■ 同化と異化と ATP

生体で分解に向かう代謝と合成に向かう代謝をそれぞれ異化，同化という．分子が分解されてエネルギーが生み出される反応は，発エルゴン反応といい，他方，核酸やタンパク質などが合成される吸エルゴン反応にはエネルギーが必要である．吸エルゴン反応は単独で進むことはなく，発エルゴン反応と共役して（同調的に）起こる．エネルギー授受のために（エネルギー貨幣として）使用される代表的な物質は，ヌクレオチドの一種である ATP（アデノシン三リン酸）であるが，代謝の基本は異化で放出されるエネルギーを使って ATP をつくることにあるといえる．ATP のような物質を高エネルギー物質といい，糖や脂質の分解，酸化的リン酸化（⇨ミトコンドリア内），光合成（⇨葉緑体内）でつくられ，つくられた ATP は物質合成，運動，輸送，構造変換，発光に利用される．

## ■ 主要な糖代謝経路

細胞に取り込まれたグルコースは無酸素状態

### ■ 図1 栄養と物質代謝の全体像 ■

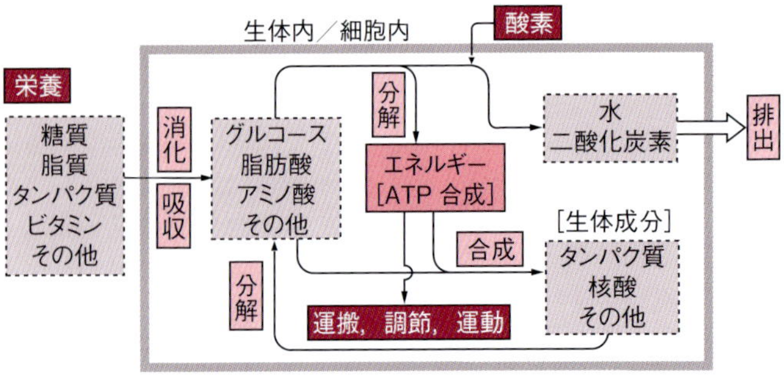

### ■ 図2 酵素の種類 ■

1. 酸化還元酵素
2. トランスフェラーゼ（転移酵素）
3. 加水分解酵素
4. リアーゼ（脱離酵素）
5. イソメラーゼ（異性化酵素）
6. リガーゼ（合成酵素）

で解糖系を経てピルビン酸，乳酸となるが，そこで少量の ATP がつくられる．酸素のある好気的条件下ではピルビン酸がミトコンドリアに移動し，アセチル CoA を経てクエン酸回路に入り，GTP と NADH や FADH$_2$ といった還元型補酵素がつくられる．動物細胞がエネルギー過多になると，低分子の糖分解物が解糖系を逆向きに進み，さらに同化経路に入ってグリコーゲンが合成され（糖新生），逆にグルコースが必要になるとグリコーゲンが分解される．糖代謝にはこのほか，NADPH と核酸に必要なリボースをつくるペントースリン酸回路などもある．脂肪酸の異化では，脂肪酸の加水分解物のアシル CoA から β 酸化を経て大量のアセチル CoA ができるが，これが糖代謝系に入り，エネルギー源として利用される．

### ■ 酸化的リン酸化

ミトコンドリア内部で，還元型補酵素中の水素は補酵素から離れて水素イオン（プロトン）と電子に分かれる．電子は別の分子に渡り，その分子がさらに次の物質に電子を渡す（自身は酸化される）といった反応が順次進むが，このときエネルギーが放出される．エネルギーは膜外へのプロトン汲み出しに使われ，プロトンが内側に戻るときに ATP 合成酵素が活性化されて，ATP がつくられる（酸化的リン酸化）．プロトンと電子は酸素に渡り，水ができる．

■ 図3　酵素反応の様子 ■

■ 図4　代謝エネルギーと ATP ■
(a) 同化と異化
(b) ATP によるエネルギーの移動

■ 図5　糖，脂質代謝とエネルギー代謝の概要 ■

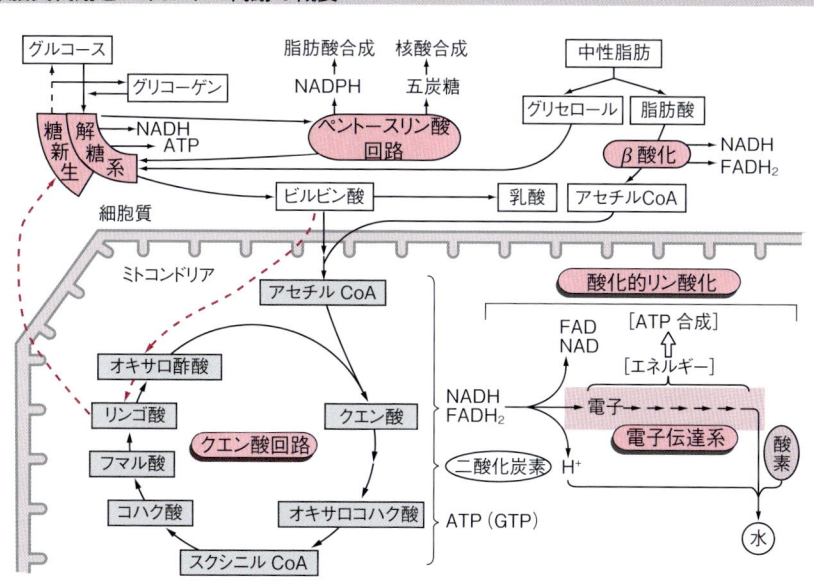

# 1-5 発生：動物が誕生するまで

動植物は減数分裂でつくられた配偶子の受精を経て次世代の個体をつくる．動物では受精卵が卵割を繰り返して胞胚となり，その後3種類の胚葉ができ，それぞれの胚葉から組織や器官がつくられる．発生過程は多くの遺伝子発現調節因子によって調節されている．

## ■ 減数分裂から受精，卵割開始まで

減数分裂によって核相 $n$ の精子や卵の生殖細胞がつくられ，それらは受精によって $2n$ の体細胞に戻る．卵形成では1個の卵原細胞が細胞質を巨大化させながら1個の卵となり，他の細胞は消失する．ヒトの場合，卵巣から排卵されるのは減数第二分裂期の細胞で，それが輸卵管を通って子宮に向かう途中に精子の侵入を受け，細胞分裂が完了する．その後 DNA 合成と細胞分裂が起こり，第一卵割が終了して2細胞の胚となる．卵に精子が侵入すると続く精子の侵入は阻止され，重複受精は起こらない．排卵のタイミングや子宮壁の状態はホルモンによって調節される．

## ■ 初期胚の形成

受精卵でみられる初期の細胞分裂を卵割というが，細胞分裂後の細胞は，細胞質の体積を増やすことなくすぐ次の分裂に入るため，細胞は次第に小さくなる．2, 4, 8 細胞期と卵割が進み，桑実胚が形成され，さらに内部が中腔の胞胚となるが，ここまでの細胞にはまだ個性はみられない．哺乳動物などの胞胚の内部には，将来多様な組織に分化するポテンシャルをもつ細胞集団である内部細胞塊（ICM）が存在する．胞胚までの胚を初期胚という場合がある．哺乳類の

■ 図1　減数分裂の進行過程

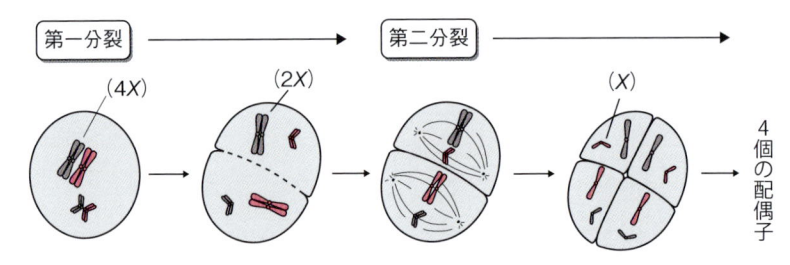

■ 図2　卵と精子の受精（動物の場合）

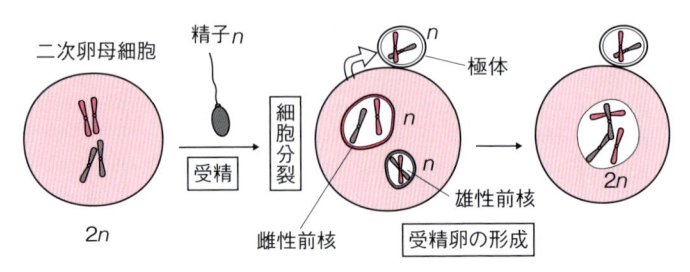

成熟した胞胚は胚盤胞ともいわれるが，この状態で子宮内壁に着床し，そこで子宮壁から栄養などを受け取る胎盤が形成される．

## ■ 中胚葉誘導後にみられる細胞分化と器官形成

胞胚以降の胚の成長過程は，カエルでよく調べられている．まず胞胚の一部が内部に陥入して原腸ができる（原腸胚の形成）．原腸胚では将来の組織のもとになる3種類の胚葉ができるが（⇨内胚葉，外胚葉に加えて中胚葉ができるので，原腸形成過程は中胚葉誘導ともいわれる），細胞の分化もこのときから始まる．続いて胚の背部が陥入して神経胚が形成されると，筋肉や骨，神経などの原型となる組織が形成される．さらに形態形成が進んで尾芽胚になると，成体器官に相当する器官の大まかな配置が完成する．ヒトの場合，受精後約8週目に入ると胚は基本的に成体と相同な器官をもつようになり，以降の胚は胎児とよばれる．

## ■ ショウジョウバエから学ぶ発生の遺伝子制御

ショウジョウバエは世代時間が短く，変異体の取得や遺伝解析が容易で，遺伝子導入も可能なため，遺伝学や発生学の研究によく使われている．ハエのホメオティック変異（ある部位の形態的特徴が他のものに置き換わる．例：触角が脚に変化した*Antp*）の研究から，その原因遺伝子として転写制御遺伝子であるホメオボックス遺伝子が多数発見された．ハエにはこのほか受精直後に働く母性効果遺伝子や，その後に働き身体の前後軸決定に効くいくつかのクラスの形態形成遺伝子，そして背腹軸を決める遺伝子などもある．その多くが転写因子やその活性化遺伝子であり，正常な発生や形態形成には正しい遺伝子発現が必要であることがわかる．ホメオボックス遺伝子群（*Hox*遺伝子クラスター）は哺乳類にも相同なものがあり，類似の遺伝子は植物の形態形成でも働いている．

■ 図3　カエルの発生

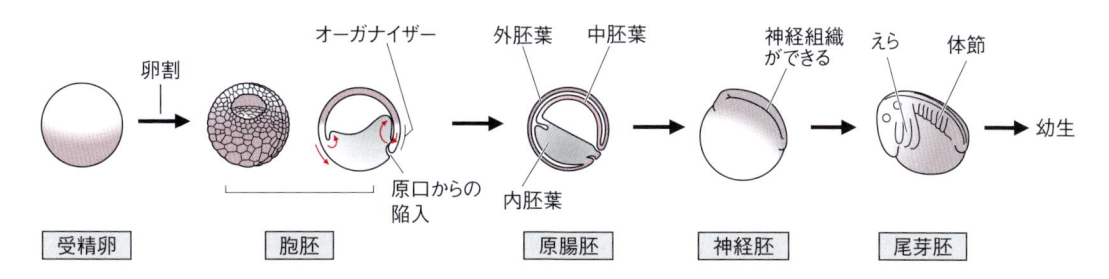

受精卵 → 胞胚（卵割、オーガナイザー、原口からの陥入） → 原腸胚（外胚葉、中胚葉、内胚葉） → 神経胚（神経組織ができる） → 尾芽胚（えら、体節） → 幼生

■ 図4　子宮に着床したヒトの胚盤胞

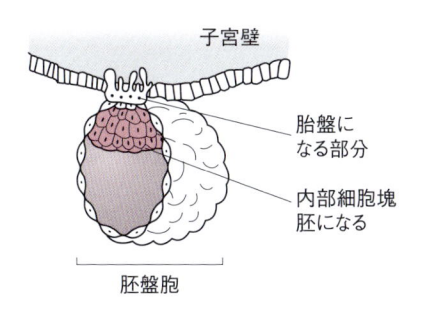

子宮壁／胎盤になる部分／内部細胞塊 胚になる／胚盤胞

■ 図5　母性因子による体軸の決定

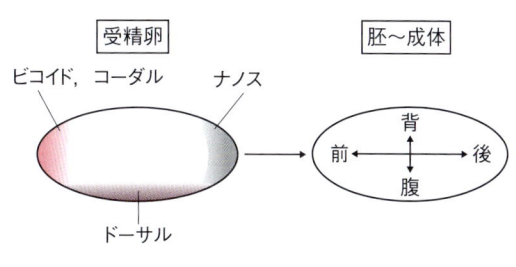

受精卵：ビコイド，コーダル／ナノス／ドーサル → 胚〜成体：前後，背腹

ショウジョウバエの例．体軸決定にかかわる因子名をあげた．

## 1-6 細胞の増殖と死

真核細胞は細胞周期に従って分裂・増殖するが，その制御は細胞周期を正に制御するいくつかのサイクリン-CDK複合体と，負に制御する多数のタンパク質によって行われる．アポトーシスは個体を守るために，細胞が自ら死の遺伝的プログラムをたどる現象である．

### ■ 真核細胞の増殖と分裂

通常，細胞は$G_1$期の状態で保持されているが，増殖刺激を受けるとDNA合成期（S期）に入る．その後$G_2$期を経て細胞分裂期（M期）で細胞が分裂して2個の細胞となり，$G_1$期へ戻る．この循環を細胞周期といい，いったん始まったら途中で停止することはない．細胞分裂には微小管繊維がかかわるので有糸分裂（mitosis）という．$G_2$期の後半，複製した染色体は凝集をはじめ，それがM期には完全に凝集し，赤道面に並ぶ．そこに微小管が結合し，一対の相同染色体が両極に牽引される．これが終わると細胞質が収縮環で絞られて二つに分割され，2細胞となって細胞複製が終了する．これに対し，原核細胞は無糸分裂で増殖する．

### ■ 細胞周期の制御

細胞周期進行は，リン酸化酵素であるCDK（サイクリン依存性キナーゼ）とCDKを活性化するサイクリンの複合体が正の制御因子となって進む．細胞周期を負に制御する因子には，CDK阻害因子（CKI）やキナーゼ，あるいはホスファターゼなど，多くのものが存在する．$G_1$期と→Sの進行で主に働くCKIにp21がある（次頁）．$G_2$→Mの進行には，主にCDK1-サイクリンB複合体がかかわる．細胞周期進行にはこのほか，プロテアソーム依存タンパク質分解の目印となるユビキチン鎖を付加するユビキチンリガーゼもかかわる．細胞にはDNAが損傷したときに細胞周期を止めて損傷を修復したり（修復が無理なほど損傷した場合は細胞死［ア

■ 図1 細胞周期

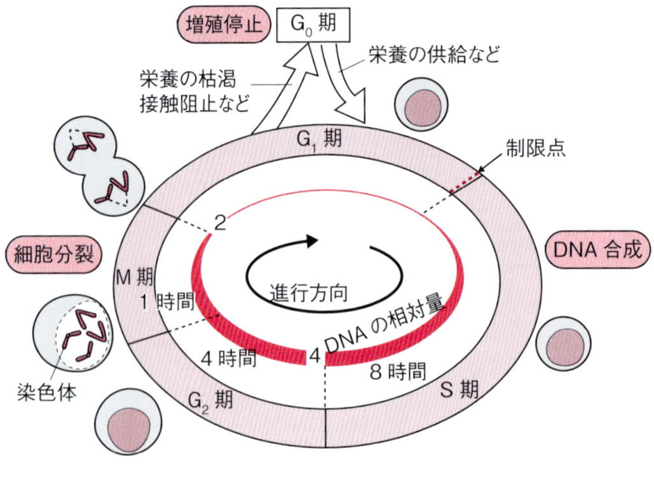

■ 図2 CDKとサイクリンの働き ■

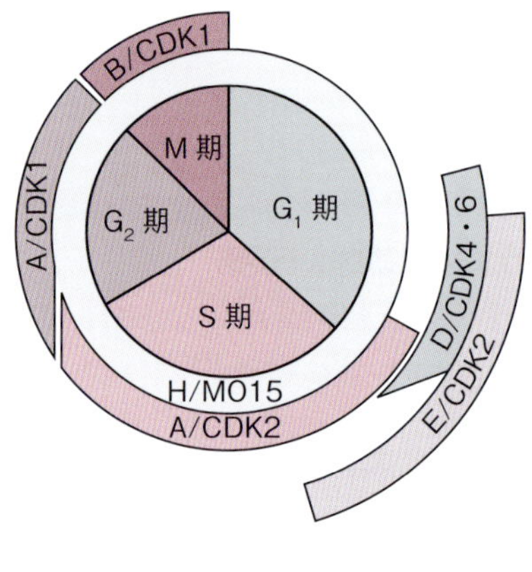

ポトーシス］に向かわせる），DNA複製がすべて終わってからでないとM期に入らないなどの安全機構（チェックポイント）が幾重にも備わっている．

### ■ p53とRb

p53はDNA結合性の転写制御因子で，細胞がDNA損傷につながるストレスを受けると細胞内情報伝達系が働いてリン酸化され安定化し，転写を活性化する．p53によって活性化される遺伝子には，細胞増殖抑制（前述のp21や$G_2 \to M$抑制に関する14-3-3 σなど），DNA修復，アポトーシス誘導（後述）に関する遺伝子などがある．$G_1$期，Rbは転写制御因子E2Fと結合しているが，増殖刺激が細胞に入るとリン酸化されてE2Fを遊離させ，E2FはS期進行に必要な遺伝子を活性化する．細胞増殖抑制に働くp53やRbは，代表的な癌抑制遺伝子（1-7）でもあり，これらの遺伝子の変異は癌化の原因になる．

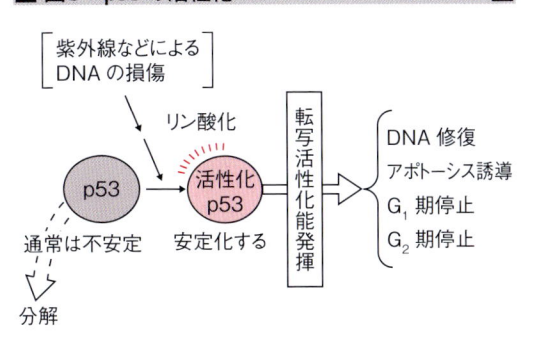

### ■ 細胞の死：アポトーシス

アポトーシスは遺伝子に組み込まれたプログラムに従って細胞が死ぬ現象で，予定細胞死（生理的な死など）やウイルスが感染した細胞，あるいはチェックポイントが働いたときなどにみられる．アポトーシスシグナルが働くと，ミトコンドリアの透過性が亢進してシトクロムcが漏出し，これが刺激となってタンパク質分解酵素であるカスパーゼが活性化し，タンパク質やクロマチンを断片化，分解する．アポトーシスは発生や器官形成にかかわるのみならず，ウイルス感染細胞や傷害を受けた細胞や癌化細胞の死滅，免疫細胞の選択などに関与し，個体維持にとっても必要である．

■ 図3 p53の活性化

■ 図4 アポトーシスの進行機構

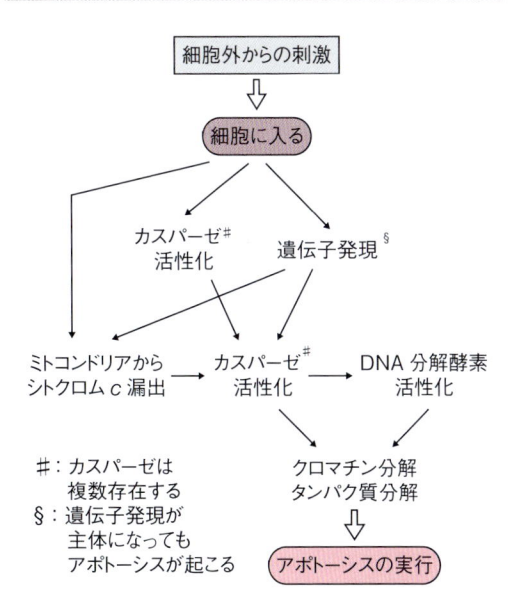

■ 図5 アポトーシスの進行

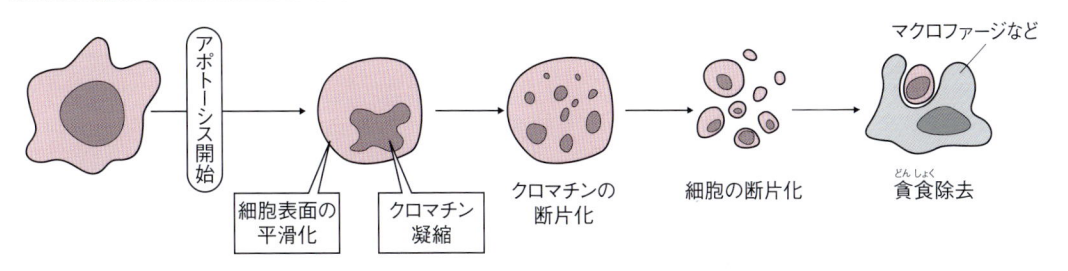

## 1-7 細胞の分化と癌化

> 分化細胞は自己複製能と分化能をもつ幹細胞からつくられ，多細胞生物は組織＜器官＜個体という階層からなる．幹細胞は胚や成体組織のいろいろな場所に存在する．癌細胞は無限増殖能とトランスフォーム能をもち，細胞増殖やその制御に関する遺伝子が変異している．

### ■ 細胞の分化と幹細胞

発生の過程で細胞に個性が生じ，さまざまな特異的機能と形態をもつ細胞がつくられるが，この過程を分化といい，そこにはそのもとになる細胞：幹細胞が存在する．幹細胞は，自己増殖能と分化細胞をつくる両方の性質をもつ．幹細胞がどのような組織（あるいは器官）になるかという能力にはいろいろな段階があり，動物の受精卵や植物細胞には完全な個体を形成する能力：分化の全能性がある．胞胚の内部細胞塊や骨髄細胞は多様な組織に分化できるという，分化の多能性がある（注：一般的に万能細胞とよばれるものに相当する）．成体の組織（例：筋肉，表皮）中にも幹細胞があり，組織再生時にそれらから分化細胞が出現し，組織の再生にかかわる．この場合の幹細胞を組織幹細胞といい，単一組織にしか分化できない．

### ■ 組織と器官の形成

組織とは特定の方向に分化し，同じような形態をとり，同種のもの同士で集まった細胞集団である．まとまることにより一定の機能を発揮する．動物の組織は上皮組織，結合組織，筋（肉）組織，神経組織に大別される．多種多様な組織がそれぞれ特異的な数と配置をとって機能的に深く結びつき，周囲と明確に区別されるような

■ 図1　哺乳動物個体の構成要素の階層性 ■

細胞 → 組織（分泌腺／上皮）→ 器官（膵臓／消化器官）→ 個体（マウス）

■ 図2　幹細胞の性質 ■

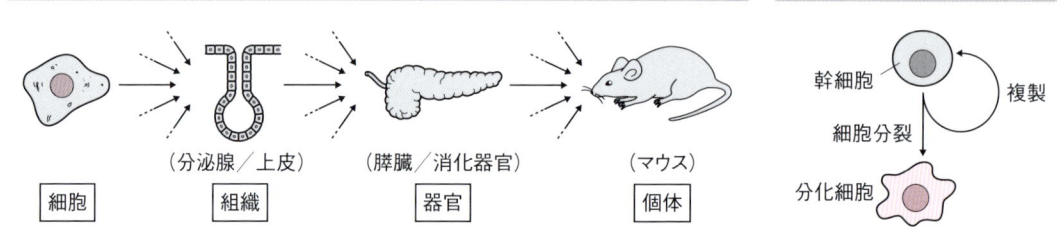

幹細胞 → 複製／細胞分裂 → 分化細胞

■ 図3　幹細胞の種類 ■

| 分化能による分類 | 存在部位による分類 |
|---|---|
| 全能性幹細胞（生殖細胞，ES細胞） | 胚性幹細胞（ES細胞） |
| 多能性幹細胞（骨髄細胞，iPS細胞） | 生殖幹細胞 |
| 単能性幹細胞（表皮幹細胞） | 生体（組織）幹細胞 |
|  | iPS細胞* |

かっこ内は例を示す．＊：人工多能性幹細胞

■ 図4　発癌にかかわる遺伝子の相関関係 ■

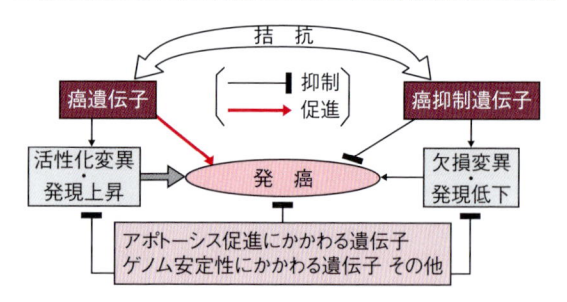

拮抗：癌遺伝子 ⇔ 癌抑制遺伝子（抑制／促進）
癌遺伝子：活性化変異・発現上昇 → 発癌
癌抑制遺伝子：欠損変異・発現低下 → 発癌
アポトーシス促進にかかわる遺伝子，ゲノム安定性にかかわる遺伝子　その他

まとまりをもった単位を器官といい，特定の役割をもつ（例：心臓，小腸）．このため，器官は手術によって個体から除いたり入れ替えたりすることが比較的容易に行える．複数種の器官が集まって共通・関連する目的に使われる場合，それらをまとめて器官系という場合がある（例：消化系，呼吸系）．

## ■ 細胞の癌化

癌細胞は細胞増殖能が亢進して不死化し，細胞の性質も変化している（トランスフォームしている：浮遊状態で増えるなど）．多くは分化が逆戻り（脱分化）した性質を示す．細胞の癌化は増殖性と細胞の特性に関する遺伝子の突然変異による機能不全や機能亢進によって起こり，さらに進行・悪化する．DNAを傷つける能力をもつ化学物質，放射線／紫外線，ウイルス，生物が産生する物質などは発癌要因になりやすい．生体内では小さな癌細胞や前癌状態の細胞がひんぱんに出現しているが，通常それらは免疫監視機構で駆除されていると考えられ，臨床的に進展し悪性度の高い癌は，複数の癌関連遺伝子の突然変異，あるいは発現異常が積み重なってできると考えられる．

## ■ 発癌にかかわる遺伝子

生物は本来発癌のための遺伝子などはもっていないが，細胞増殖促進に働く遺伝子（例：転写制御因子，情報伝達因子，複製関連因子など）の機能亢進が結果的に癌にかかわる．発癌性レトロウイルスの癌遺伝子は相当する細胞の遺伝子（癌原遺伝子）が機能亢進した構造をもつ．多くの癌細胞は劣性形質を示すが，これは癌の原因が癌抑制遺伝子の欠陥にあるためである．細胞には非常に多くの癌化に拮抗する遺伝子：癌抑制遺伝子があり（転写因子，細胞増殖抑制，アポトーシス誘導遺伝子など．例：$p53$, $Rb$），多くの癌ではこれら遺伝子の複数に変異がみられる．DNA癌ウイルスの癌遺伝子産物は癌抑制因子と結合し無力化させる．

■ 図5　癌細胞の性質

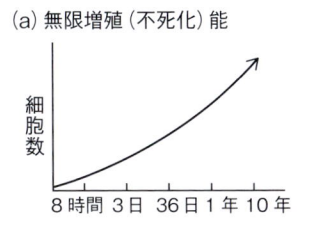

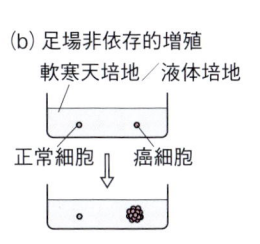

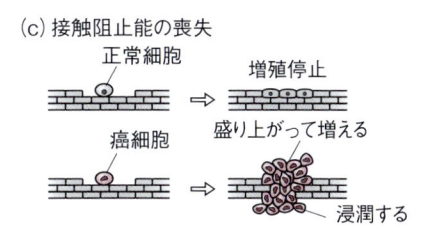

(a) 無限増殖（不死化）能
(b) 足場非依存的増殖
(c) 接触阻止能の喪失

■ 図6　癌抑制遺伝子の種類

| 癌抑制遺伝子 | 異常のみられる癌 | 機能・活性 |
|---|---|---|
| $Rb$ | 網膜芽細胞腫，肺癌，乳癌，骨肉腫 | 転写調節タンパク質（E2F）を抑制 |
| $p53$ | 大腸癌，乳癌，肺癌 | 転写調節 |
| $WT1$ | ウイルムス腫瘍 | 転写調節 |
| $APC$ | 大腸癌，胃癌，膵臓癌 | βカテニン・DLG結合 |
| $NF1$ | 悪性黒色腫，神経芽腫 | GTPase活性化 |
| $BRCA1$ | 家族性乳癌 | 転写制御，DNA修復 |
| $SMAD2$ | 大腸癌 | 転写調節 |
| $PTEN$ | 神経膠芽腫 | ホスファターゼ |

■ 図7　p53の作用

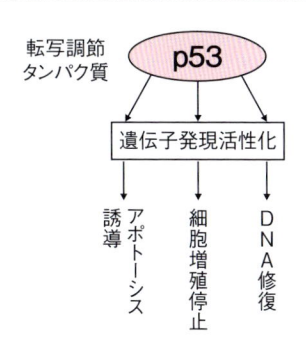

## 1章発展

# 細胞内の酵素活性はさまざまに調節される

生体機能の調節には酵素が中心的な役割を果たす．酵素活性はさまざまな原因で変化するが，細胞内の酵素活性も多様な方式で調節されており，それが円滑な細胞活動を支えている．

### ◆ 触媒能から見た酵素活性の調節

酵素は熱に弱いタンパク質なので，金属触媒と異なり，活性が最も高くなる至適温度があり，また反応に活性化因子（例：金属，補酵素）を必要とするものもある．化学反応では一定の比率で逆反応も起こるが，酵素は両者の反応のバランスを変えることはできず，反応速度を高めるだけである．A→Bが吸エルゴン（吸エネルギー）反応の場合，逆反応は発エルゴン反応となる．前者にはエネルギーが必要で，一般にはATPのような高エネルギーリン酸化合物のリン酸基の加水分解反応が共役する．酵素活性の特異的抑制はいろいろな原因で起こるが，一例として，反応性のない基質類似物質が酵素に結合し，本来の反応を拮抗的に阻害する機構がある．

### ◆ 細胞内代謝調節からの視点

酵素によっては，基質を加えると酵素遺伝子の発現が誘導される（例：オペロンの誘導．2-8）．ある分子Xを合成する連続反応がある場合，Xが反応の初期段階を抑制し，Xの過剰産生を防止する機構があるが（フィードバック抑制），そこにXが初期反応の酵素に結合して反応を抑えるという機構が存在する場合がある．発酵工学では，物質生産を高めるためこの制御を外す工夫が施される．酵素が限定分解されて活性をもつ例がタンパク質消化酵素によくみられるが（例：トリプシン），限定分解が連続して起こり，最終の酵素が生理活性をもつという現象が，血液凝固反応や補体活性化反応などにみられる．細胞内で酵素活性を即座に発揮／停止させる場合には，酵素の化学修飾（例：リン酸化）が有効である．

■ 図　細胞内での酵素活性調節の例

a) 基質などによる酵素の誘導

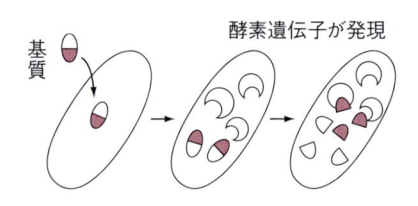

b) 化学修飾による素早い酵素活性の調節

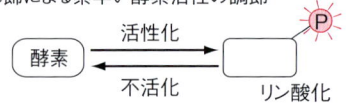

c) 酵素阻害が代謝調節に関わる例

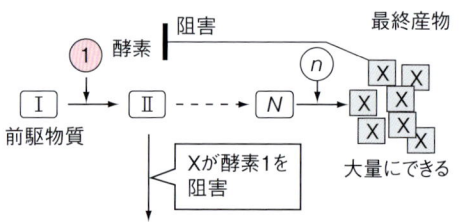

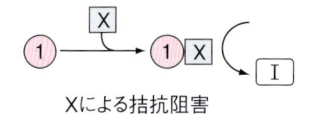

# 2章

# 生命工学の基礎 [2]
## 遺伝子と遺伝情報

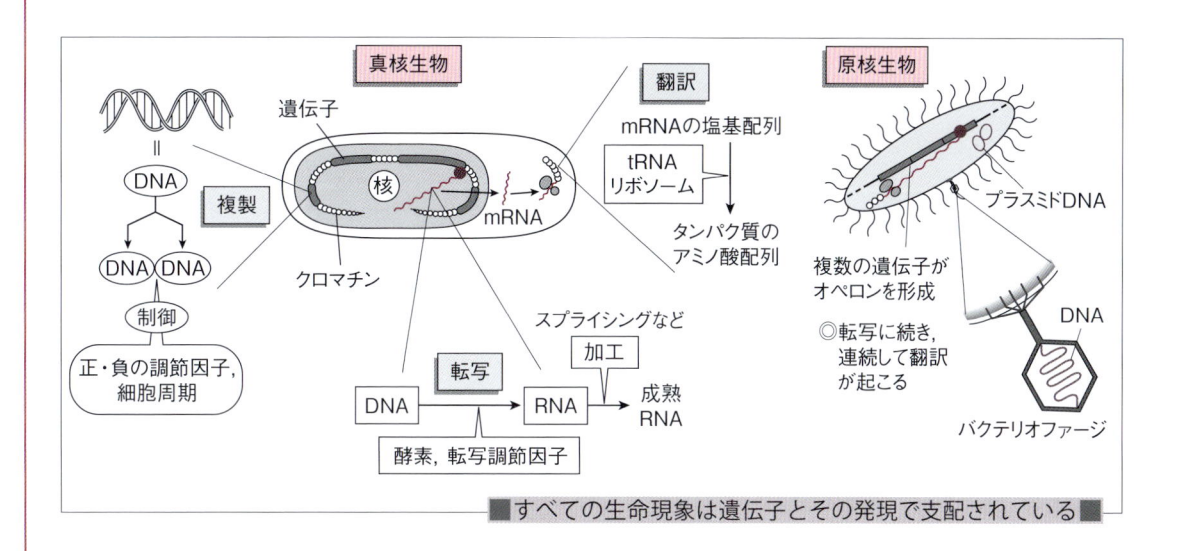

■すべての生命現象は遺伝子とその発現で支配されている■

　生命活動の道筋はゲノム DNA にプログラムされている．DNA は塩基配列という形で遺伝情報をもつが，このルールはすべての生物においても共通にみられる．遺伝情報は遺伝子という形でゲノム DNA に含まれているが，ミトコンドリアやウイルスがもつ DNA や RNA の中にも存在する．DNA は二本鎖が塩基配列の相補性に従ってゆるく結合した分子であるが，複製時には各鎖が分かれ，それぞれの鎖に相補的な鎖が DNA 合成酵素によって合成される．

　遺伝子はゲノム DNA の中に分散して存在しており，必要に応じて発現する．遺伝子が発現する過程，すなわち核で DNA を鋳型に RNA がつくられる過程を転写といい，遺伝情報を含む DNA の一方の鎖の塩基配列を写し取った一本鎖 RNA ができる．複製ではゲノム全体が一気に合成されるのに対して転写は遺伝子ごとに起こり，その程度はゼロから最大値までの範囲で異なり，そこには多くの遺伝子特異的転写制御因子がかかわる．真核生物ゲノムはヒストンの結合した染色体である，クロマチンという状態で存在している．

　典型的な遺伝子では遺伝子発現の中間産物として mRNA がつくられるが，最後は細胞質で mRNA を鋳型として，tRNA で運ばれたアミノ酸がリボソーム上で連結してタンパク質ができる．このため，塩基配列をアミノ酸配列に読み替えるこの反応は翻訳といわれる．

　生命活動が直接・間接に遺伝子によって支配されていることからわかるように，生物のあらゆる現象も遺伝子によって支配されていると考えることができる．ヒトの精神活動といった高次生命現象にも遺伝子による支配がみられる．

## 2-1 染色体，ゲノム，遺伝子

> 細胞の生存と遺伝を担っている真核細胞の染色体は，DNAとヒストンを含む複合体であるクロマチンという形で存在し，何重にも折り畳まれて核の内に収納されている．染色体がもつDNAの1セット分をゲノムといい，その中に遺伝子が散りばめられている．

### ■ 染色体

染色体は真核細胞の核内にあるDNA-タンパク質複合体で，物質的にはクロマチンとよばれる．細胞分裂（M）期になると複製した染色体が高度に凝集し，顕微鏡で観察できる．複製した染色体は染色分体が中心部（動原体といい，その領域にあるDNAはセントロメアとよばれる）で結合している．染色体は相同染色体という対からなり，数と形態は生物種で決まっている．染色体末端部分（末端小粒）はテロメアといい，単純な繰り返しDNA配列からなる．染色体維持に必須な領域は，複製起点，セントロメア，そしてテロメアの3か所であり，それ以外のDNAは遺伝子であっても染色体維持自体には不要である．原核生物ゲノムDNAは環状でタンパク質がほとんど結合していない裸の状態だが，慣例的に染色体という．

### ■ クロマチンの凝縮

1本の染色体に含まれるDNA（直径2nm）の長さは平均10cm程度だが，これが小さな核に収まるためには高度に凝縮される必要がある．クロマチンの基本構造はヒストン（コアヒストン）の八量体にDNAが巻き付くヌクレオソーム構造で，これがビーズのように連結している．ヌクレオソームはリンカーヒストンによって束ねられ30nmの繊維となり，さらに折り畳まれて直径数百nmとなって核内に存在する．染色体は最も凝縮したときには直径約2$\mu$m，長さが数～数十$\mu$mになる．

### ■ ゲノム

染色体1組分のDNAをゲノムといい（注：二倍体細胞は2組のゲノムをもつ），生存に必須な遺伝子を含む．ゲノムの大きさは大腸菌で460万塩基対（bp），ヒトで30億bpと，真核

### ■ 図1 ヒトゲノムの構成

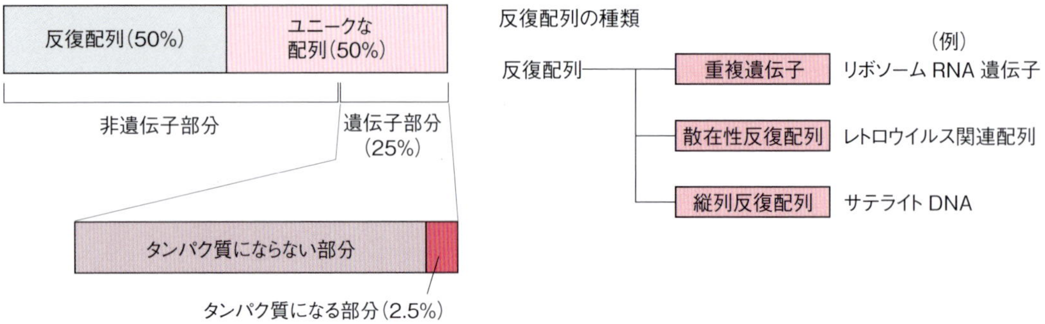

| 反復配列(50%) | ユニークな配列(50%) |
|---|---|
| 非遺伝子部分 | 遺伝子部分(25%) |

タンパク質にならない部分 / タンパク質になる部分(2.5%)

反復配列の種類
- 反復配列
  - 重複遺伝子 ― （例）リボソームRNA遺伝子
  - 散在性反復配列 ― レトロウイルス関連配列
  - 縦列反復配列 ― サテライトDNA

生物の方が原核生物より大きく，また，一般には多細胞生物は単細胞生物より大きい．ただ，真核生物では必ずしも進化度が高いほどゲノムが大きいわけではない．これはゲノムの中に多量に含まれる非遺伝子領域の量，さらには縦列反復配列や散在性反復配列（レトロトランスポゾンの増殖の結果と考えられる）といった反復配列の量の違いによるところが大きい．ゲノムに含まれる典型的遺伝子の数は単細胞生物で約500〜5000個，真核生物で約5000〜30000個である．ヒトは約22000個の遺伝子をもち，マウスはそれよりやや少ない．

### ■ 遺伝子

遺伝子は狭義にはタンパク質をコード（指定）する領域のDNAと定義されるが，広義にはRNAに転写される領域を示す．遺伝子の中にはタンパク質をコードしないものもある（例：tRNA遺伝子）．近年，タンパク質をコードしないRNAに転写されるDNA配列が，遺伝子間スペーサー領域，あるいは遺伝子の内部などにも多数あることがわかり，遺伝子の概念が変わりつつある．

#### コラム：生物がもつ最少の遺伝子数

人工培養できるマイコプラズマは約500個の遺伝子をもっているが，これが自己増殖できる生物の最少遺伝子数のようである．細胞内共生細菌のカルソネラは葉緑体なみの16万bpのゲノム中に182個の遺伝子しかない．必須遺伝子の多くをもたないために自己増殖することができず，その増殖は全面的に宿主に依存している．

■ 図2　染色体各部の名称と機能

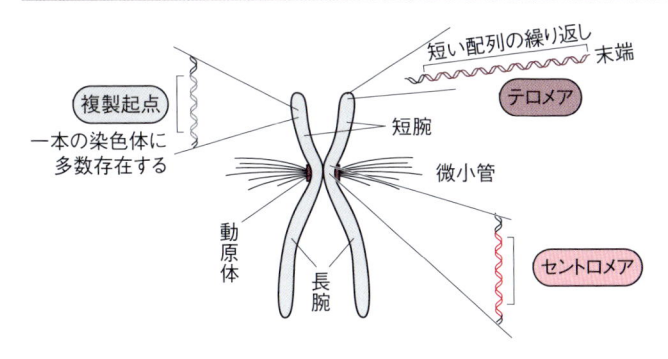

■ 図3　ヌクレオソームとクロマチン

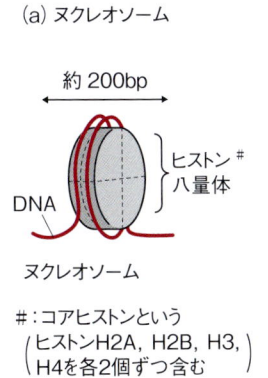

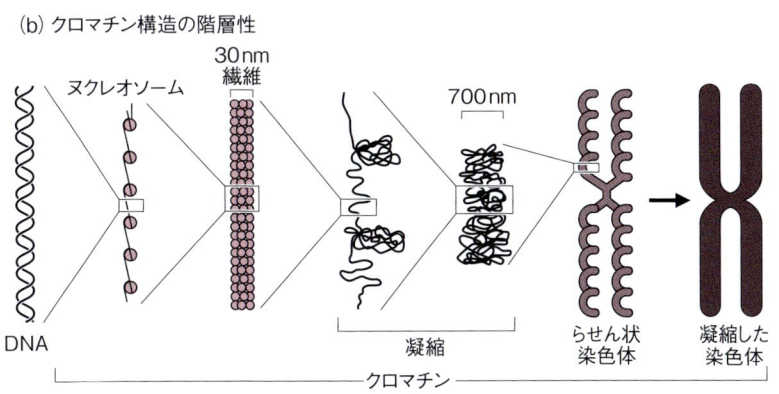

## 2-2

# DNAの構造：二重らせん

> DNAはヌクレオチドがリン酸ジエステル結合で多数結合した重合分子で，ヌクレオチドはデオキシリボースに塩基とリン酸が結合した分子である．DNAは2本の鎖が逆向きで，A：TあるいはC：Gという塩基対で結合したもの全体が，右にねじれる二重らせん構造をとる．

### ■ 核酸とヌクレオチド

核酸は最初，核に含まれる酸性物質として発見された．その後，構造が解析され，それがDNA（デオキシリボ核酸）であることがわかった．細胞にはもう一つリボ核酸（RNA）という核酸もあるが，これは細胞質に多い．染色体（あるいはクロマチン）は主成分がDNAであるので，酸と反応する塩基性の色素が結合しやすく「染色」されやすい．DNAをつくっている物質の単位をヌクレオチドといい，塩基にデオキシリボースという糖が結合したものにリン酸が付いている．塩基はアデニン（A），シトシン（C），チミン（T），グアニン（G）の4種類があり窒素を含む．リン酸は糖に最大3個まで連続して結合することができる．ちなみに三リン酸型ヌクレオチド（例：ATP）はリン酸基同士の結合に大きなエネルギーを蓄えており，リン酸が外れるときにそのエネルギーが放出される．

■ 図1　ヌクレオチドの名称

| 塩基 | ヌクレオシド | | ヌクレオチド | | |
|---|---|---|---|---|---|
| | 糖[†] | 名称 | 一リン酸 | 二リン酸 | 三リン酸 |
| プリン[#] | | | | | |
| アデニン(A) | R | アデノシン | アデニル酸(AMP) | ADP | ATP |
| | D | デオキシアデノシン | デオキシアデニル酸(dAMP) | dADP | dATP |
| グアニン(G) | R | グアノシン | グアニル酸(GMP) | GDP | GTP |
| | D | デオキシグアノシン | デオキシグアニル酸(dGMP) | dGDP | dGTP |
| ピリミジン[#] | | | | | |
| シトシン(C) | R | シチジン | シチジル酸(CMP) | CDP | CTP |
| | D | デオキシシチジン | デオキシシチジル酸(dCMP) | dCDP | dCTP |
| ウラシル(U) | R | ウリジン | ウリジル酸(UMP) | UDP | UTP |
| | D | デオキシウリジン | デオキシウリジル酸(dUMP) | dUDP | dUTP |
| チミン(T) | D | （デオキシ）チミジン | （デオキシ）チミジル酸(TMP) | TDP | TTP |

[†] R：リボース，D：デオキシリボース
ヌクレオシドはリン酸のついていないヌクレオチド．
[#]：塩基は構造により，大きくプリン塩基とピリミジン塩基に分けられる．

## ■ DNAは鎖状の重合分子

ヌクレオチドは，中のリン酸が別のヌクレオチドの糖部分に結合した形で，大きな分子になることができる．このような反応がさらに続き，ヌクレオチドがある程度結合（重合）した分子ができるが，これをオリゴ（少）ヌクレオチドといい，これがさらに長くなったポリ（多）ヌクレオチドがDNAである．ヌクレオチドは1個のリン酸と2個（di：ジ）のエステル結合を介して糖部分が結合するが，この結合様式をリン酸ジエステル結合という．つまり，DNA鎖は糖とリン酸が連なった骨格をもち，そこから塩基が出ている構造をもつ．どのようなDNAでも骨格は共通だが，塩基の種類（配列）はDNAの種類に特異的である．糖に結合しているリン酸の位置は5′と3′であるので，DNAは5′と3′の末端をもつことになる．DNAが酸性なのはリン酸を多量に含むためである．

## ■ DNAの二重らせん構造

細胞にある実際のDNAは上のような一本鎖の分子ではなく2本で1組になっている．塩基は2本の鎖の内側にあって保護されており，しかも塩基同士はAにはT，GにはCという組合せ（これを塩基対という）の水素結合でゆるく結合している．結合がゆるいために温度を上げるとこの結合が切れて一本鎖になる（⇨DNAの変性）．遺伝情報はどちらか一方の鎖のDNAの塩基配列に含まれる．なお2本の鎖のうち一方が3′→5′であれば他方は5′→3′と，方向性は逆になっている．DNAの一方がある塩基配列をもつ場合，塩基対の法則により，他方の塩基配列も自動的に決まるが，この性質を相補性という．DNA二本鎖の立体構造は直線的ではなく，全体が右にねじれている．この状態を二重らせんといい，ワトソンとクリックによって発見された（1962年，ノーベル生理学・医学賞）．らせんは約10bpで1回転し，そこに広い溝と狭い溝ができるが，DNA結合タンパク質の多くがこの溝に結合する．

### こぼれ話：左巻きDNA

通常のDNA二重らせんはB型DNAとよばれ，右巻きである．しかし細胞中のDNAには部分的に左巻き部分がある．左巻きDNAは概観がジグザグに見えることから，Z型DNAとよばれる．

### ■ 図2　DNAの二本鎖形成 ■

(a) 塩基を介した二本鎖形成　(b) 二重らせん構造

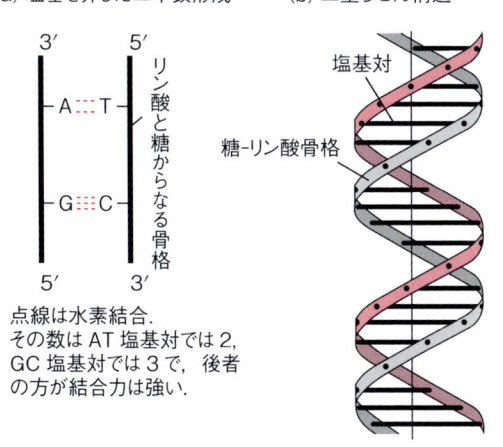

点線は水素結合．その数はAT塩基対では2，GC塩基対では3で，後者の方が結合力は強い．

### ■ 図3　DNAの変性 ■

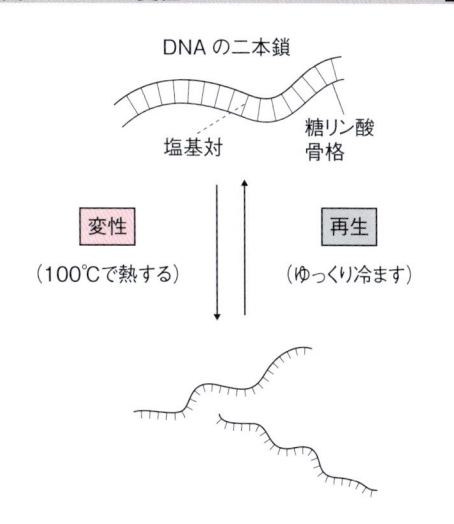

変性（100℃で熱する）
再生（ゆっくり冷ます）

# 2-3 細胞でのDNA合成：複製

> DNA複製酵素のDNAポリメラーゼは，プライマーを3'の方向に伸ばす形で鋳型に相補的なDNA鎖をつくり，また誤って取り込んだヌクレオチドを除く校正機能ももつ．DNA重合反応が一方向にしか進まないため，2本あるDNAの一方の鋳型鎖上では不連続複製がみられる．

## ■ いろいろなDNAポリメラーゼ

DNA鎖を合成する酵素はDNAポリメラーゼ（DNA pol）といい，細胞内には複数のDNA polがある．大腸菌では複製はDNA pol Ⅲで行われ，他のDNA polは損傷修復に使われたり，ごく短い部分の修復合成に使われたりする．真核生物にも多様な酵素が存在するが，主要なDNA複製酵素はDNA pol δとDNA pol εである．DNA pol αはプライマー合成（後述）に使われ，またDNA pol γはミトコンドリアのDNA複製に使用される．その他のDNA polは種々の修復過程で使われる．

## ■ 酵素反応の法則

DNA合成反応は例外なく3'端側へ伸びる．酵素はDNAの一方を鋳型に，個々の塩基に相補的な塩基をもつ三リン酸型の基質ヌクレオチドを選択し，それを鋳型DNAと塩基対を形成している核酸#の3'端にリン酸ジエステル結合で結合させる．この際 基質からリン酸が2個除かれ，DNAにはリン酸が1個だけ残る．

## ■ 複製の法則
### ：半保存的複製と半連続複製

細胞内でDNAが複製される場合，複製起点（ori）のDNA部分が変性し，そこに種々の調節因子，DNAを変性させる酵素，プライマー

---

#：この核酸をプライマーといい，試験管反応では短い一本鎖DNAを使うが，細胞中ではRNAが使われる．

**コラム：DNAポリメラーゼの校正能**

複製酵素は合成したDNAのヌクレオチドをさかのぼって1個ずつ除く3'→5'エキソヌクレアーゼ活性も含む．これにより間違って取り込まれたヌクレオチドは除かれ合成が再開される（校正機能）．

**コラム：風変わりな真核生物のDNAポリメラーゼ**

逆転写酵素（例：レトロウイルスのDNA合成酵素）はRNAを鋳型にしてDNA合成を行う．末端デオキシヌクレオチド転移酵素（TdT）は鋳型がなくてもDNA 3'末端にヌクレオチドを順次連結する．

■ 図1　複製にかかわるDNAポリメラーゼ

| 大腸菌 | 真核生物 |
|---|---|
| DNA pol Ⅰ　ラギング鎖で部分的に働く | DNA pol α　プライマーを合成する |
| DNA pol Ⅲ　主要な複製酵素 | DNA pol γ　ミトコンドリアのDNA複製 |
| | DNA pol δ　ラギング鎖複製 |
| | DNA pol ε　リーディング鎖複製 |

合成酵素，そしてDNA polが結合する．変性（一本鎖）部分は左右に広がり，一本鎖を鋳型に新生DNA鎖がつくられる．つまりDNAの複製は，もとの二本鎖が新しいDNA（娘DNA）に1本残るようにして複製される（⇨ 半保存的複製）．小さなDNA（大腸菌の環状DNA，プラスミドDNA，ウイルスDNA）は1個の *ori* をもつが，真核生物の巨大な線状ゲノムDNAは複数の *ori* をもつ．複製過程でDNA一本鎖部分が広がる（進む）部分を複製のフォークというが，DNA合成は一つの方向にしか進めないため，DNA合成反応がフォークに向かって進むリーディング鎖と異なり，フォーク進行方向と逆の方向に鋳型上でDNAが合成されるDNA鎖（ラギング鎖）側では特殊な複製機構が必要となる．この場合，まず鋳型上で短いDNA（岡崎断片）がフォークとは反対方向（3'方向）につくられる．次に，この断片の5'端に残るプライマーRNAが除かれてDNAとして複製し直され，最後にDNA連結酵素（DNAリガーゼ）によって長い1本のDNAに連結される．この過程を不連続複製という．このためDNA複製は全体としては半連続的に進むことになる．

■ 図2　半保存的複製の概念図

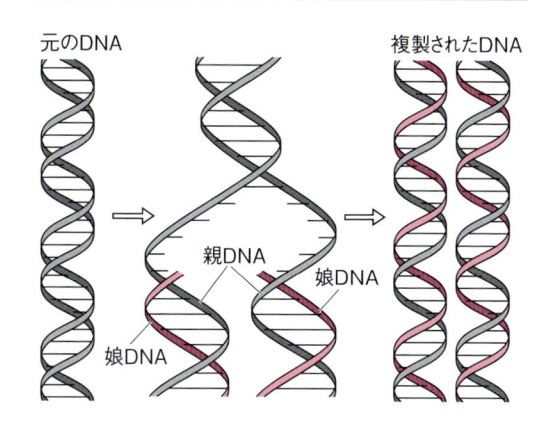

■ 図3　DNAポリメラーゼによるDNA鎖合成

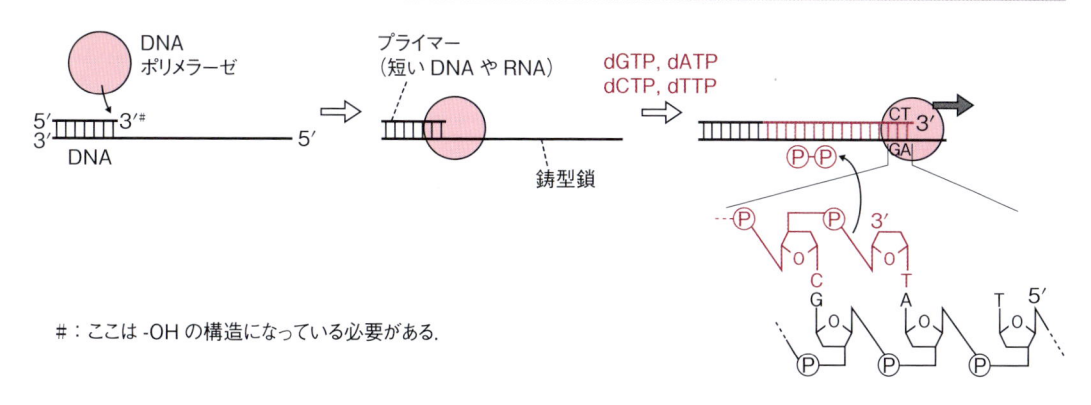

\#：ここは -OH の構造になっている必要がある．

■ 図4　DNAの半連続複製

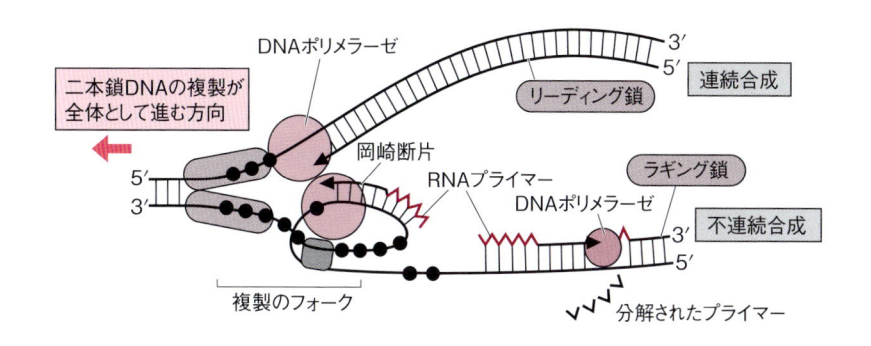

## 2-4 ウイルス：感染して細胞を冒す

ウイルスは遺伝現象を伴って増えるが，DNA か RNA のいずれかの核酸しかもたず，細胞はなく，自身だけでは増えられないなど，生物とは言い難い．動物ウイルスの中には RNA が DNA に変換されるレトロウイルスや発癌性ウイルスなど，さまざまなものがある．

### ■ ウイルスとはどのようなものか

ウイルスは光学顕微鏡では見ることができず，はじめは生物に病気を起こす病毒として見つかった．細胞をもたず，自身で増えることができないため，単なる粒子と見なされるが，遺伝現象を伴って増え，生物的な側面ももつ．ウイルスは粒子内に DNA か RNA をゲノム（便宜的にこうよぶ）としてもち，周囲の殻タンパク質は感染率の向上と核酸保護に利く．ウイルスの増幅に必要な，ウイルス自身の遺伝子でコードされたタンパク質をもつものもある．ウイルス核酸の複製や遺伝子発現後に細胞内で大量のウイルス粒子がつくられ，細胞を殺して出てくるが，増殖に細胞の代謝系を利用するため，生きた細胞でしか増えることができない．ヒトには多くの DNA ウイルス（例：アデノウイルス，ヘルペスウイルス）と RNA ウイルス（例：ポリオウイルス，インフルエンザウイルス）がある．ウイルスは感染できる生物種と組織に特異性があるが，これは細胞がウイルス受容体をもつかどうかと，ウイルスの複製や遺伝子発現に細胞の因子が利用できるかによって決まる．感染性ウイルスは，軟寒天で封じ込んだ細胞シートでの感染細胞の広がり（死細胞斑：プラーク）を特殊な染色法で染め分けして検出することができるが，この方法（プラークアッセイ，2-5）

### ■ 図1　ウイルスの生活環

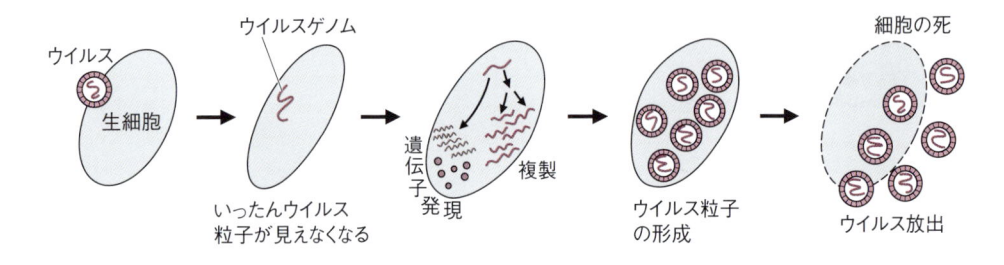

ウイルス → 生細胞 → ウイルスゲノム / いったんウイルス粒子が見えなくなる → 遺伝子発現／複製 → ウイルス粒子の形成 → 細胞の死／ウイルス放出

### ■ 図2　ウイルスの形態

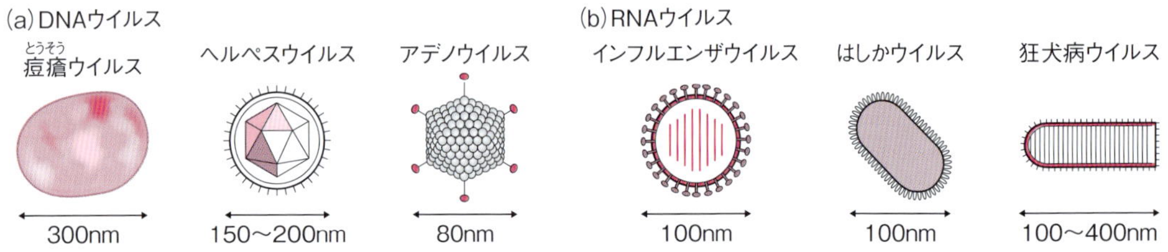

(a) DNAウイルス
- 痘瘡ウイルス　300nm
- ヘルペスウイルス　150〜200nm
- アデノウイルス　80nm

(b) RNAウイルス
- インフルエンザウイルス　100nm
- はしかウイルス　100nm
- 狂犬病ウイルス　100〜400nm

はダルベッコによって開発された（1975年，ノーベル生理学・医学賞）．

### ■ レトロウイルス

脊椎動物 RNA ウイルスの一種で，感染後，もっている逆転写酵素によって RNA が DNA に変換され，それがゲノムに組み込まれる（注：逆転写酵素は DNA 組込み活性ももつ）．ゲノムに組み込まれたウイルス DNA から転写によってウイルスゲノム（RNA）がつくられ，さらにはタンパク質も合成されてウイルス粒子が形成され，出芽によって細胞外へ放出される．レトロウイルスにはニワトリや哺乳動物に白血病やがんを起こすものがあるが，エイズの原因となる HIV-1 もここに含まれる．

### ■ 癌ウイルスとその検出

癌の原因となるウイルスで，多数存在する．ヒトのがんと関係あるものとして，DNA 型にはパピローマウイルス，B 型肝炎ウイルスなどが，RNA 型としてはヒト成人 T 細胞白血病ウイルス，C 型肝炎ウイルスなどがある．癌ウイルスはウイルス DNA が宿主 DNA に組み込まれ，しかも細胞増殖促進能に関連する遺伝子をもつため，感染細胞が癌化する．癌ウイルスで癌化した細胞からはウイルスが放出されない場合が多い．通常の細胞は細胞同士の接触があると増殖を止めるが，癌細胞は盛り上がって増え続ける．そこで，癌ウイルスの力価を測定する場合，まず細胞にウイルス液をかけて培養するが，癌化した感染細胞は盛り上がって増えるので（その部分をフォーカスという），フォーカスを数えることでウイルスの検出・定量ができる．これをフォーカスアッセイという．

**コラム：ウイロイド**

植物病原体には短い RNA のみからなるウイロイドが存在する．プラスミドと違い，細胞を殺す．

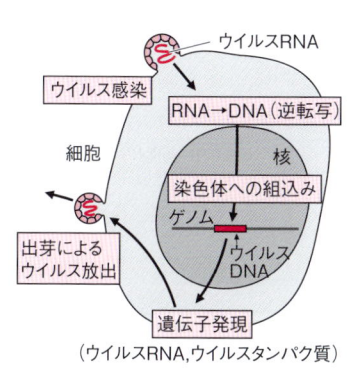

■ 図3 レトロウイルスの生活環 ■

■ 図4 発癌性のあるヒトのウイルス ■

| ウイルス名 | ヒトにおける発癌 | 腫瘍の種類 |
|---|---|---|
| **DNA 型ウイルス** | | |
| パピローマウイルス（16 型など） | ＋ | 乳頭種，子宮頸癌 |
| EB ウイルス | ＋ | リンパ腫 |
| 伝染性軟疣腫ウイルス | ＋ | 軟疣腫（いぼ，良性） |
| B 型肝炎ウイルス（HBV） | ＋ | 肝細胞癌 |
| **RNA 型ウイルス** | | |
| T 細胞白血病ウイルス（HTLV-1） | ＋ | 白血病 |
| C 型肝炎ウイルス（HCV） | ＋ | 肝細胞癌 |

■ 図5 ウイルスの測定法 ■

(a) 細胞を殺すタイプのウイルス

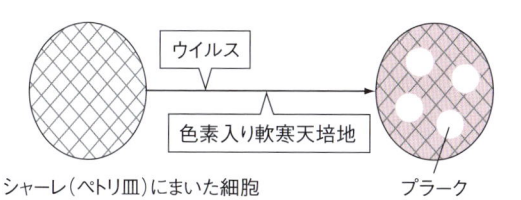

(b) 癌ウイルス

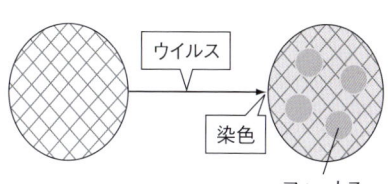

# 2-5 ファージ：細菌のウイルス

> ファージとは細菌のウイルスのことで，多様なゲノムをもち，多くの種類があり，中には感染後にウイルスが見えなくなる溶原化という現象を示すものもある．遺伝子工学では大腸菌でDNAを増やしたり，一本鎖DNAを得たりするためのベクターとしても用いられる．

## ■ 大腸菌には多くのファージが知られている

細菌で増殖するウイルスをファージ，あるいはバクテリオファージ（⇨ 細菌を食べるものという意味）といい，近年は，細菌感染症のための薬としての利用価値も検討されている．大腸菌には多くのDNAファージやRNAファージがあり，DNAファージはさらに，二本鎖線状DNAをもつもの（例：T系，λ，P1）と一本鎖環状DNAをもつもの（例：φX174, M13, f1）がある．形態はオタマジャクシ状（付着のための尾や尾部線維をもつ）や繊維状などとさまざまである．遺伝子工学では，大腸菌でDNAを増やす道具として使われる．

## ■ λファージの増え方

λファージが大腸菌に感染すると，ファージDNAは末端の相補的な一本鎖部分（cos）を使って環状化する．θ型複製に続いてσ型複製が起こるため，細胞内には多量体化したファージDNAが蓄積する．ファージの遺伝子発現後，ファージゲノムは単位長さで切断されてファー

### コラム：ファージの検出法：プラークアッセイ

大腸菌にファージ液を混ぜてファージを感染させ，次に軟寒天培地を加えシャーレに入れて固める．一晩培養すると，一面に大腸菌が増えて表面が白くなるが，ファージ感染菌があると，そこで増えたファージが周囲の細菌に次々に感染し，死んだ細菌の領域（これを溶菌斑プラークという）が出現する．プラーク数からファージの力価（感染力）を測定することができる．

■ 図1 ファージの形態 ■

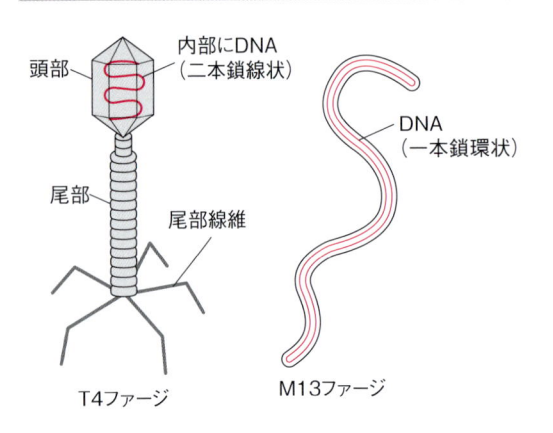

T4ファージ／M13ファージ

■ 図2 ファージの検出：プラークアッセイ ■

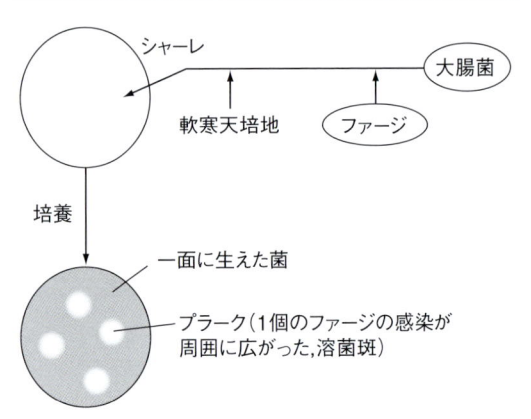

## 2-5 ファージ：細菌のウイルス

ジの殻内に入り，ファージ粒子が形成される．ファージ感染細胞の抽出液と多量体化ファージDNAを混ぜて，感染性ファージを試験管内で人為的につくることもできる．ファージゲノムは約50k塩基対（bp）だが，内部の約20kbpはファージ増殖には必須ではない．そのため遺伝子組換え実験でこの部分を削り，代わりに別のDNA断片を挿入させるベクターとして使うことができる．

### コラム：溶原化

λファージDNAはある頻度で宿主ゲノムに組み込まれ，そのまま宿主染色体の一部となってしまう．このようにファージがみられなくなる現象を溶原化という．ファージDNAはプロファージといわれる．溶原化はファージのつくるタンパク質で維持されているが，それが熱やDNA傷害剤などで不活化されると，ファージDNAはゲノムから切り出されて増殖が再開する．P1ファージの溶原化の場合，ファージDNAはプラスミド状で増える．

### ■ 繊維状ファージの増え方

M13，fd，f1などの一本鎖環状DNAをもつ繊維状ファージは，感染後まずDNAが二本鎖環状（プラスミド状，2-6）となり，それがσ型複製で大量に複製する．プラスミド状DNAからは一本鎖環状DNA（ファージDNA）もつくられ，これがタンパク質に包まれて繊維状のファージとして菌体から突き出るようにして出てくる．ファージ感染細胞からはプラスミド状の複製中間体DNAが得られ，培養液からは一本鎖のウイルスDNAが得られる．前者は遺伝子工学でDNA操作の材料として使われ，後者はDNA合成の鋳型として使われる．

### コラム：環状DNAの複製

通常の1か所の*ori*から両方向に複製が起こるθ型複製に対し，輪が回転するようにしてDNAが複製するしくみをσ型複製，あるいはローリングサークル型複製という．

■ 図3　λファージの増殖

細菌 → 感染 → 環状化・複製 → 遺伝子発現 → 形態形成 → 溶菌

（ゲノムDNA，ファージ）

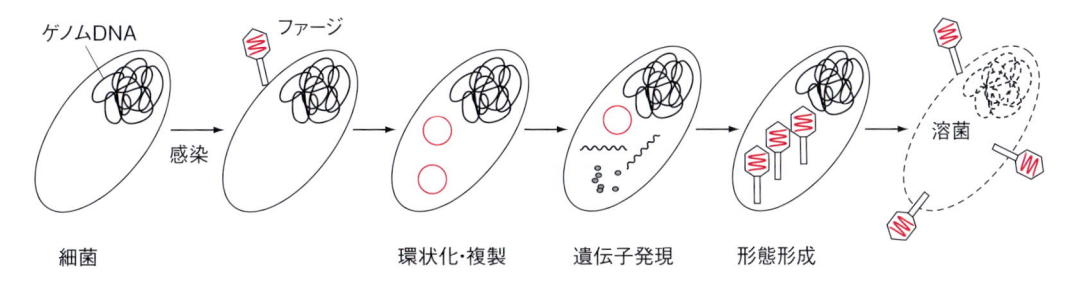

■ 図4　M13ファージの感染と増殖

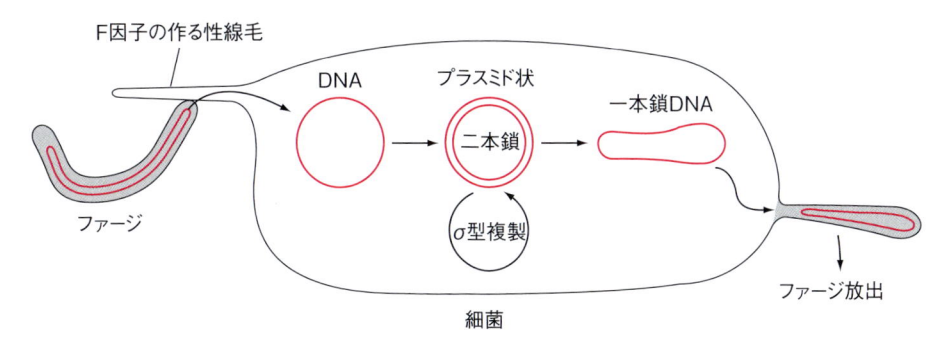

F因子の作る性線毛／ファージ／DNA／プラスミド状 二本鎖／σ型複製／一本鎖DNA／ファージ放出／細菌

## 2-6

# 細胞内に潜む，非ゲノム DNA

染色体外の小型の環状 DNA をプラスミドといい，細胞と共存することができる．大腸菌には ColE1, F 因子, R 因子などのプラスミドがある．DNA 上を転移する性質をもつ DNA をトランスポゾンというが，中には RNA を経由して転移するレトロトランスポゾンもある．

### ■ プラスミド
### ：細胞と共生する小さな DNA

細菌細胞には，生存には必須ではないが，染色体とは別に小さな環状 DNA：プラスミドが存在する場合がある．プラスミドは少数の遺伝子をもち，細胞に 1～数十個（コピー）存在する．プラスミドは細胞に有利な遺伝子をもつため，細胞から排除されることはなく，細胞と同調して θ 型複製機構で増える．真核生物では，酵母を除けば典型的な DNA プラスミドの存在は知られていない．大型のプラスミドは 1 細胞中のコピー数が 1～数個と少なく，他方小型のものは数十個におよぶ．同じ種類の（同じ複製起点をもつ）プラスミドは 2 種類以上 一つの細胞中で安定に存続できない．この性質を不和合性というが，この現象は複製因子が限定的にしか存在しないことや，娘細胞への分配の偏りが細胞分裂のたびに増幅されることで説明することができる．

### ■ 大腸菌のプラスミド

ColE1 は他の細菌を殺す毒素のコリシンをつくる小型プラスミドで，遺伝子工学で使用される大部分のベクター（4-3）の材料となる．F 因子（2 章発展）は性腺毛をつくる．F 因子をもつ細菌（雄菌）が性繊毛を介して F 因子のない雌菌と接合すると，F 因子が σ 型複製をしながら雌菌に入り，雌菌が雄菌に変わる．F 因子が雄菌ゲノムに組み込まれるとゲノム DNA ごと雌菌に挿入され，そこで相同組換えが起こる．組換えは遺伝子を交換する「性」の性質と同等で，細胞に有利に働くと考えられる．細菌を殺す抗生物質を無毒化する遺伝子を運ぶプラスミドは R（resistance：耐性）因子といい，いくつかの種類がある．R 因子中の耐性遺伝子は後述のトランスポゾンで運ばれるので，他の DNA に移動しやすい．R 因子に他の耐性遺伝子が入って多剤耐性プラスミドができ，細菌がそのようなプラスミドをもつと多くの薬が効かなくなって危険である．

### ■ 図1　主なプラスミド

| 生物 | プラスミド |
|---|---|
| 大腸菌 | ColE1（コリシン産生）<br>F 因子（稔性を与える）<br>R 因子（薬剤耐性遺伝子を運ぶ） |
| いくつかの細菌 | R 因子 |
| アグロバクテリウム | Ti プラスミド |
| 酵母 | 2μm DNA |

### ■ 図2　プラスミドの大きさとコピー数

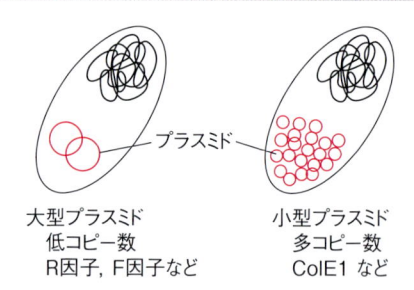

大型プラスミド
低コピー数
R因子, F因子など

小型プラスミド
多コピー数
ColE1 など

## ■ 土中細菌のプラスミド：Ti

土中細菌のアグロバクテリウムはTiとよばれるプラスミドをもつが，そこにはT-DNAという細胞増殖を促進する遺伝子やT-DNA断片を植物細胞に組み込ませる遺伝子がある．これを利用し，このプラスミドを植物細胞への遺伝子導入のベクターに使うことができる．Tiをもつ細菌が植物組織に取り付くとT-DNAの影響で幹が異常増殖し，クラウンゴールという瘤をつくる．

## ■ トランスポゾン：転移する遺伝子

数百〜数千bpのDNA単位が，ゲノムなどの他のDNAに移る現象があり，そのDNAをトランスポゾン（Tn）という．末端に短い繰り返し配列（正あるいは逆向きの）をもつことが特徴だが，転移先の塩基配列との相同性はない．転移と共に複製が起こる場合があるが，その場合はDNA量の増加がみられる．大腸菌には多数のTnがあるが，それぞれ独自の薬剤耐性遺伝子（例：ペニシリン耐性，カナマイシン耐性）をもつ．真核生物にはRNAを経由して増幅・転移するレトロトランスポゾンとよばれるTnが存在するが，逆転写とDNA組込みにかかわる酵素遺伝子をもつ．この場合は転写されたTn RNAがDNAに変換され，それがゲノムに再度組み込まれるため，ゲノムサイズの膨張が起こる．レトロウイルスDNA（2-4）もレトロトランスポゾンの一種である．

■ 図3　プラスミドの不和合性

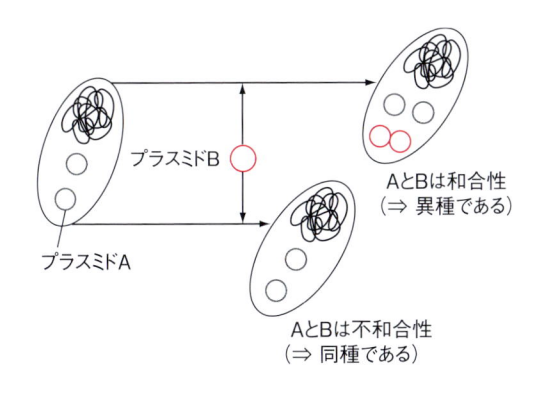

■ 図4　アグロバクテリウム中のTiプラスミド

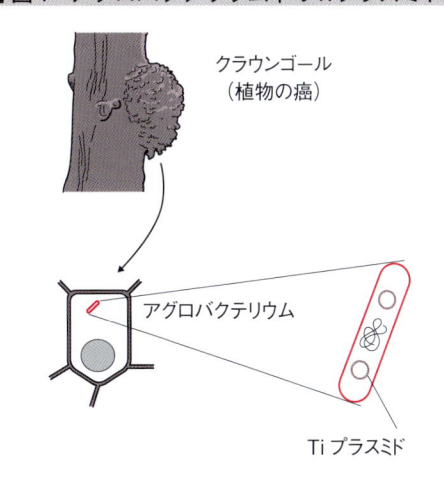

■ 図5　2種類のトランスポゾン

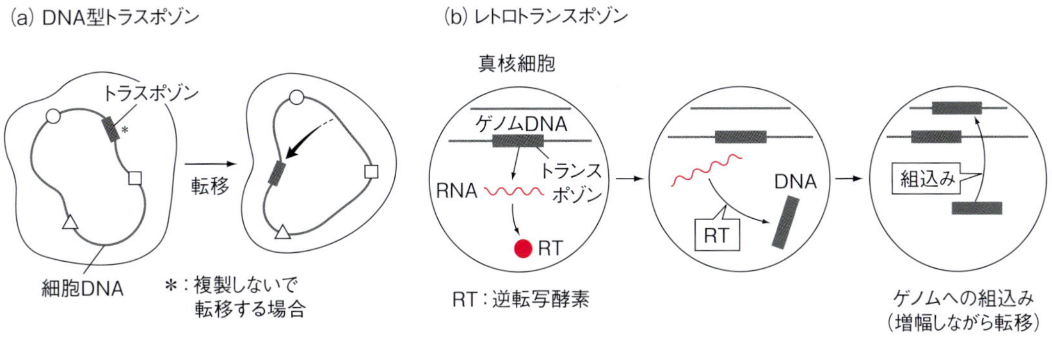

# 2-7 遺伝子の発現：RNA 合成「転写」

> 酵素が鋳型 DNA をもとに RNA をつくる遺伝子発現過程を転写といい，酵素が結合する DNA 領域をプロモーター，転写調節因子の結合する領域をエンハンサーという．真核生物の RNA は合成後に種々の修飾を受け，イントロン部分が除かれた後に連結される．

## ■ RNA の合成：転写

遺伝子発現は DNA → RNA →タンパク質と進むが，この原則をセントラルドグマという．遺伝子発現の最初，DNA をもとに RNA がつくられることを転写といい，遺伝情報をもつ DNA 鎖（コード鎖）と同じ配列が写し取られる．RNA を合成する酵素は RNA ポリメラーゼ（RNA pol）という．複製と同じく，転写も 3′ 端の方向へしか進まないが，プライマーは必要ない．真核生物には複数種類の RNA 合成酵素があり，mRNA は RNA pol II で合成される．真核生物の転写は RNA pol に加えて基本転写因子が必要である．酵素は遺伝子の一端の DNA に結合し，DNA を部分的に変性させ，鋳型鎖に相補的なヌクレオチドを取り込みながら反対の端に進む．転写は遺伝子ごとに起こり，効率は遺伝子特異的で，制御は特異的な転写調節タンパク質によって行われる．原核生物遺伝子には転写を終結させるシグナル配列があるが，真核生物遺伝子の mRNA の場合，RNA 鎖はタンパク質コード領域の下流にあるポリ A シグナルの少し下流で切断される．

## ■ 転写開始のシグナル配列：プロモーター

転写開始のために RNA pol が結合する DNA 領域をプロモーターという．遺伝子のプロモーター側を「遺伝子の上流」と表現する．大腸菌遺伝子のプロモーターには－10 領域などの共通配列（コンセンサス配列）がみられるが，真核生物遺伝子のプロモーターはいくつか類似の構造はあるものの共通性は低い．ファージの RNA pol の結合配列は比較的明確で，T7 ファー

■ 図1　セントラルドグマ　■

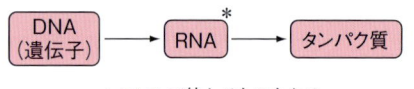

■ 図2　転写のプロモーターと遺伝子　■

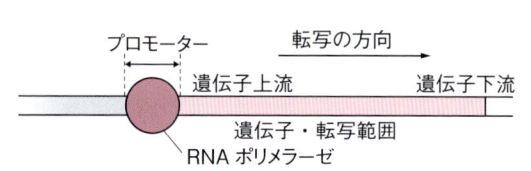

■ 図3　RNA は転写の鋳型を写しとってつくられる　■

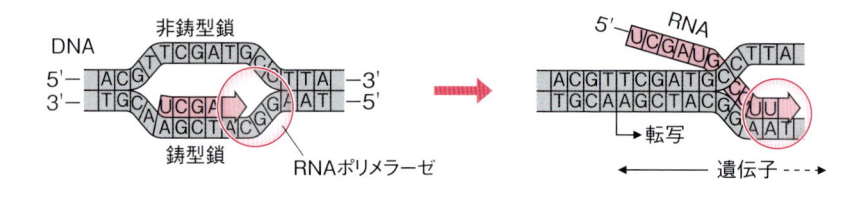

ジや SP6 ファージのプロモーターは，遺伝子工学では目的 DNA を試験管内転写させるために利用される．プロモーターは正しい転写開始部位から遺伝子下流に向かって RNA pol をスタートさせる機能がある．

### ■ 転写活性化配列と転写調節因子

プロモーターの周辺（多くはそのさらに上流部位）に転写を高める配列が存在する場合がある．このような配列をエンハンサーといい，真核生物遺伝子では，遺伝子からさらに数百〜数千bp上流に存在する場合もある．エンハンサーが複数存在する場合が多い．エンハンサーには転写調節因子（転写調節タンパク質）が結合し，それが活性化能を発揮する．エンハンサーは誘導的転写や組織特異的転写にもかかわる．コーンバーグが発見した（2006 年，ノーベル化学賞）メディエーターは，RNA pol Ⅱ と転写調節因子とを結合させる働きがある．

### ■ 真核生物 mRNA における修飾

mRNA は合成後に，5′端にはキャップという特殊なヌクレオチド構造が，3′端には多数のA（ポリ A 鎖）が付けられるが，ともに mRNA の成熟と安定性，さらには翻訳の効率化に必要である．RNA が核から出るときに RNA 内部のイントロン部分が抜け，エキソン部分の RNA 部分がつながるスプライシングという現象が起こる（シャープとロバーツ，1993 年，ノーベル生理学・医学賞）．スプライシングはタンパク質コード配列の再構成に必要であるが，エキソンが部分的に使われる場合もある（選択的スプライシング）．

■ 図4　原核生物のプロモーターの構造 ■

| −35 領域 | | −10 領域 | |
| --- | --- | --- | --- |
| TTGACA | 15〜20 bp | TATAAT | 5〜8bp |

■ 図6　代表的な転写調節タンパク質結合配列 ■

| タンパク質名 | 結合配列 |
| --- | --- |
| SP1 | GGCGGG |
| E2F | TTTCGCGC |
| CREB | TGACGTCA |
| MRF4 | CANNTG |

■ 図5　プロモーター付近の因子群（真核生物）■

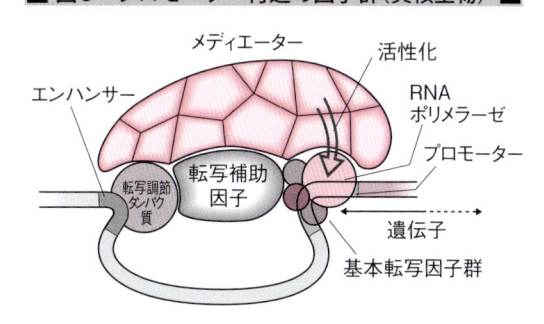

■ 図7　真核生物の mRNA の加工と成熟 ■

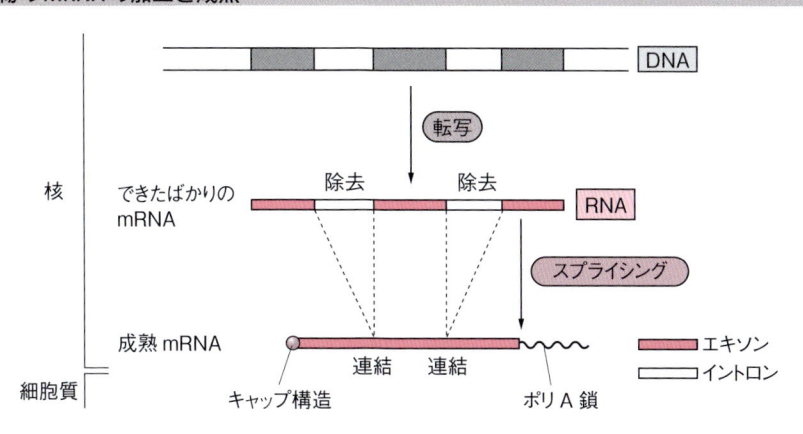

## 2-8

# オペロンとその利用

> オペロンとは細菌の遺伝子発現方式の一つで，縦列に並んだ関連性の高い複数の遺伝子が一つのプロモーターからまとめて転写され，その後遺伝子ごとに翻訳されるというシステムである．プロモーター付近には転写のON／OFFを司るオペレーター配列が存在する．

### ■ オペロンとは

真核生物の転写では一つの遺伝子を一つの転写単位としてRNAが合成されるが，原核生物では縦列している複数の関連する遺伝子が，最上流にある一つのプロモーターからまとめて転写される現象がみられる．このようなしくみをオペロンといい，アミノ酸代謝（例：トリプトファン合成）や糖代謝（例：ラクトース[乳糖]やアラビノースの利用，アミノ酸の利用）など，多くの例が知られている．オペロンのもう一つの特徴は，プロモーターに隣接して，プロモーターからの転写を実際にon-offさせるための調節配列：オペレーターをもつことである．オペレーターは機能的には転写を阻止するための配列であり，実際そこには負の転写調節タンパク質が結合する．

#### コラム：ほかにもある原核生物の集中遺伝子発現制御機構

培地中のリン酸濃度が変化したり培地中にグルコースが加えられたりすると，複数の遺伝子が一斉に転写調節されるが，このような散在する関連遺伝子の発現を共通の調節要因で調節するしくみをレギュロンという．浸透圧や熱ショックなども引き金になるが，調節タンパク質のリン酸化やcAMP結合（次ページのグルコース効果では結合低下が起こる）など，低分子による修飾が調節にかかわる．

### ■ 図1 ラクトースオペロン（lacオペロン）の働き方

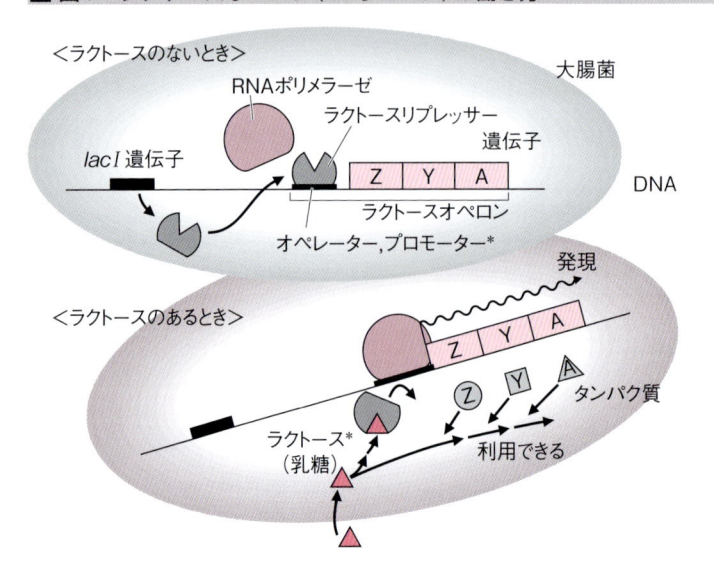

Z：β-ガラクトシダーゼ（β-Gal）
（ラクトースをグルコースとガラクトースに分解する）

Y：ガラクトシドパーミアーゼ
（ラクトースの取り込み）

A：ガラクトシドアセチルトランスフェラーゼ
（ラクトースの活性化）

＊：実験ではIPTGを使う

## ■ *lac* オペロンの挙動とその検出

大腸菌を培養している培地にラクトースを加えると，細菌はそれを β-ガラクトシダーゼ（β-Gal）によってグルコースとガラクトースという単糖に加水分解し，それらをエネルギー代謝に利用するが，このときに *lac* オペロンが働く．β-Gal はこのオペロンの遺伝子の一つで，ほかにラクトースの取り込みと活性化に関与する二つの酵素遺伝子がコードされている．通常，染色体の *lacI* 遺伝子から転写抑制性の DNA 結合性タンパク質であるリプレッサーがつくられ，これが *lac* オペロンのオペレーターに結合するため転写は起きない．しかし培地にラクトースを加えると細胞に入ってリプレッサーに結合し，リプレッサーを不活化する（DNA に付けなくする）ために転写が起き，結果，ラクトースが積極的に利用されるようになる．ラクトースのように転写を誘導するものをインデューサーというが，実験ではより誘導能の強い IPTG（イソプロピル-β-チオガラクトピラノシド）が使われる．

## ■ *lac* オペロンの検出

*lac* オペロンが働いているかどうかは，オペロンの最初の酵素である β-Gal 活性を検出することで知る．このためには，大腸菌の生えているところに β-Gal の基質である X-gal を加えて判断する．X-gal は無色であるが，β-Gal で加水分解されると分解物が反応して青色に呈色する．この原理は遺伝子工学において，ベクター DNA が細胞に入ったかどうか，あるいは目的 DNA がベクターに入ったかどうかを見るマーカー（目印）として汎用される（⇨ 青白選択．4-6）．

### コラム：グルコース効果

*lac* オペロンが働いているところへグルコースを加えるとオペロンの転写が低下し，効率的な炭素源であるグルコースが優先的に利用される．この現象をグルコース効果，あるいはカタボライト抑制という．

■ 図2　β-Gal 活性の検出

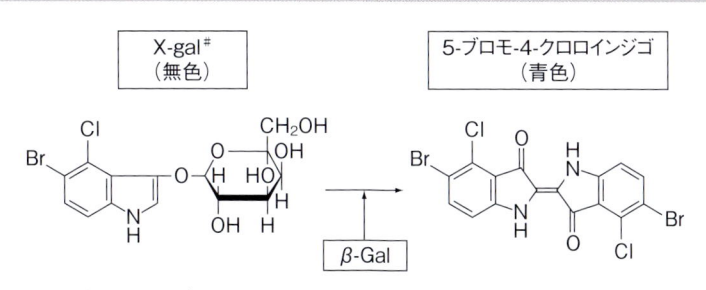

#X-gal：5-ブロモ-4-クロロ-インドリル-β-D-ガラクトピラノシド

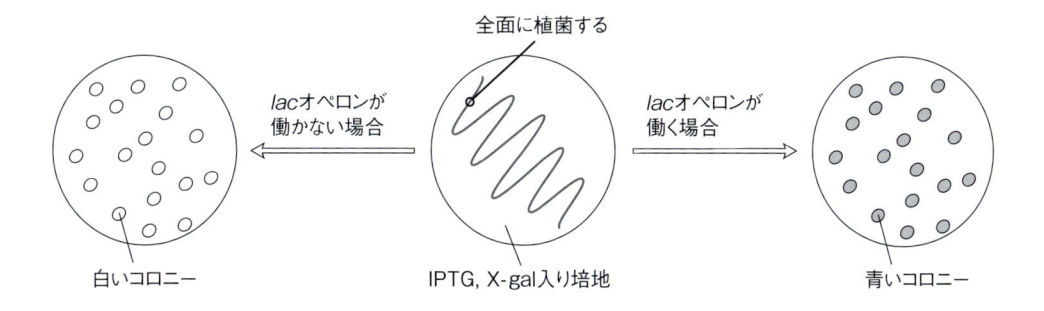

# 2-9 翻訳：塩基配列からアミノ酸配列への変換

塩基配列で書かれた遺伝情報がアミノ酸配列に変換され，ポリペプチド鎖（タンパク質）がつくられる過程を翻訳といい，tRNA で運ばれたアミノ酸が mRNA と結合したリボソームの働きで重合する．アミノ酸は連続する 3 塩基：コドンによって暗号化されている．

## ■ mRNA に含まれる遺伝暗号

　DNA にあるタンパク質をコード（暗号化）する遺伝子情報はいったん RNA に写し取られ，真核生物ではスプライシングにより意味をもつコード領域が一つにつながる．コード領域は mRNA の中央部にある．mRNA がもつ塩基配列で書かれた遺伝情報がアミノ酸に読み替えられるため，タンパク質合成は翻訳といわれる．タンパク質を構成するアミノ酸は 20 種に限定される．4 文字の塩基（A，U，G，C）で書かれている情報を 20 種のアミノ酸を割り当てるためには少なくとも 3 塩基の連続した単位（コドンという）が必要であるが，実際，アミノ酸はコドンで指定されている．mRNA のコドンの取り方を読み枠といい，アミノ酸によっては複数のコドン（同義コドン）をもつ．特定の三つのコドン（終止コドン）は指定するアミノ酸をもたず，翻訳終止シグナルとして使われる．

## ■ 翻訳のしくみ

　翻訳は mRNA がリボソームと結合してから始まる．最初のコドン（開始コドン）は AUG で，メチオニン（大腸菌はフォルミルメチオニン）を指定する．原核生物の場合，mRNA の 5′ 端近くの特定のリボソーム結合配列（SD 配列）がシグナルとなり，そのすぐ下流の AUG が翻訳開始コドンとなる．真核生物では 5′ 端のキャップ構造直近の AUG が開始コドンとな

■ 図1　遺伝暗号表（コドン表）　■

| 第1文字 | 第2文字 U | 第2文字 C | 第2文字 A | 第2文字 G | 第3文字 |
|---|---|---|---|---|---|
| U | UUU UUC フェニルアラニン／UUA UUG ロイシン | UCU UCC UCA UCG セリン | UAU UAC チロシン／UAA UAG 終止 | UGU UGC システイン／UGA 終止／UGG トリプトファン | U C A G |
| C | CUU CUC CUA CUG ロイシン | CCU CCC CCA CCG プロリン | CAU CAC ヒスチジン／CAA CAG グルタミン | CGU CGC CGA CGG アルギニン | U C A G |
| A | AUU AUC AUA イソロイシン／AUG メチオニン（開始） | ACU ACC ACA ACG トレオニン | AAU AAC アスパラギン／AAA AAG リシン | AGU AGC セリン／AGA AGG アルギニン | U C A G |
| G | GUU GUC GUA GUG バリン | GCU GCC GCA GCG アラニン | GAU GAC アスパラギン酸／GAA GAG グルタミン酸 | GGU GGC GGA GGG グリシン | U C A G |

■ 図2　tRNA の構造　■

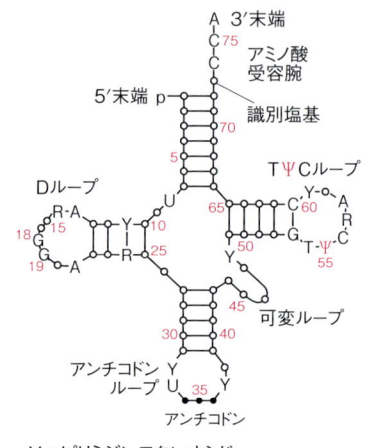

Y：ピリミジンヌクレオシド
R：プリンヌクレオシド
ψ（プソイドウリジン）：特殊塩基の一種

るが，内部リボソーム結合配列（IRESという．増殖関連遺伝子に多くみられる）という特異的配列が使われる場合もある．開始コドンが決まると翻訳は自動的にその読み枠で進み，mRNAに読み枠を決める機能はない．まずメチオニンを伴ったtRNAがmRNAのAUGと水素結合し，次に2番目のアミノ酸を伴ったtRNAが結合する．tRNAはコドンと相補的なアンチコドン部分でmRNAと結合する．リボソームの働きでアミノ酸同士が結合するとリボソームが3塩基分下流に移動し，あとは同じような反応が繰り返される．リボソームが終止コドンに達するとポリペプチド鎖とmRNAはリボソームから離れる．これらの反応には多数の翻訳因子とGTPが使われる．

## ■ コード領域に突然変異が起きたら

塩基置換が，他のアミノ酸に変わるミスセンス変異になると，さまざまなレベルでタンパク質機能に影響が出る．終止コドン（⇨ この場合はナンセンスコドンとよぶ）となるナンセンス変異が発生すると短縮型の異常ポリペプチドができるが，実際には翻訳やポリペプチド鎖の不安定性によってタンパク質はほとんどできない．塩基数が3の倍数で変化すると大きさの異なるタンパク質となり，3以外では読み枠変化（フレームシフト）が起こり，下流のアミノ酸配列は完全に変化する．いずれの場合も変異の内容により影響の程度はまちまちである．

■ 図3　mRNA，リボソーム，tRNAのかかわる翻訳機構の概要

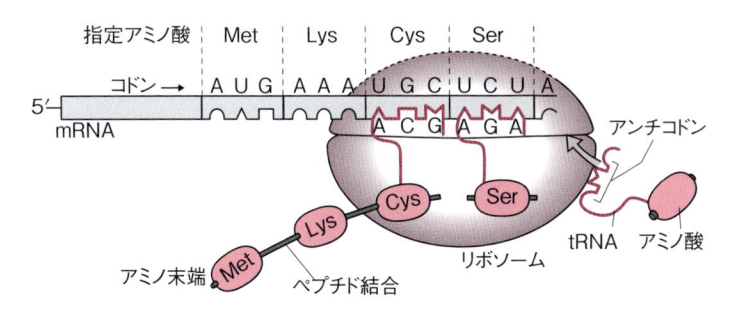

**コラム：リコーディング**

翻訳の途中でリボソームが終止コドンやナンセンスコドンを読み過ごしたり，特殊なアミノ酸を充てたり，読み枠をずらすなどして翻訳を続ける機構を，リコーディングという．

■ 図4　突然変異の翻訳への影響

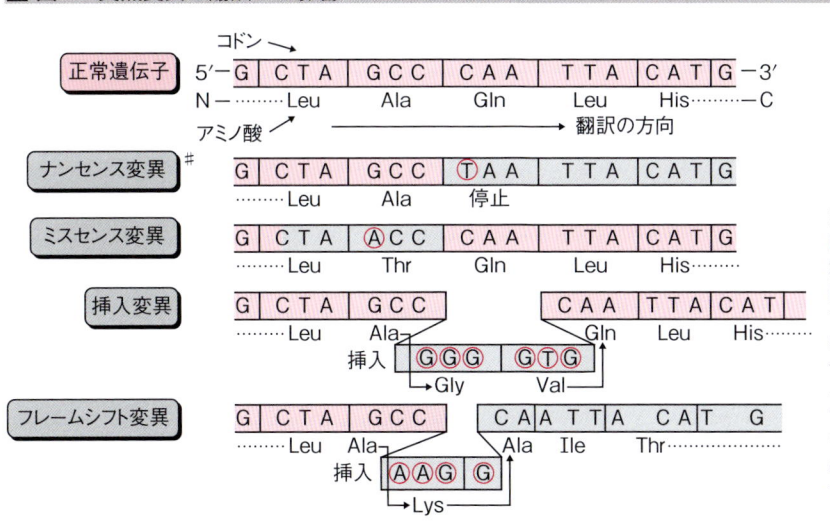

コドンを区切り，アミノ酸は3文字表記で表した．塩基配列はDNAのコード鎖のみを示している．フレーム（読み枠）はコドンのとり方を意味する．3の倍数で塩基の欠失が起こると欠失変異となる．フレームシフト変異ではいずれ停止コドンが現れる．
＃：タンパク質はほとんどできない．

## 2-10 真核細胞でのタンパク質合成・成熟機構

真核生物において，遊離リボソームはサイトゾルや核のタンパク質をつくり，膜結合型リボソームは小胞輸送されたり分泌されたりするタンパク質をつくる．合成されたタンパク質は，限定分解や修飾といった加工を経て成熟し，状況によっては積極的に分解処理される．

### ■ 翻訳の場所とタンパク質の局在

転写と翻訳が同じ場所で起こる原核生物に対し，真核生物ではmRNAはいったん核外に出て，そこでリボソームと結合して翻訳される．リボソームはサイトゾル（細胞質のドロドロした部分）に遊離の状態で存在する場合と，小胞体膜外表面に結合した状態で存在する場合（膜結合型リボソーム）がある．遊離リボソームで翻訳されるタンパク質はその後サイトゾル，核（核質や核小体），ミトコンドリア，葉緑体などに移動して利用されるが，この場合，タンパク質中の特定のアミノ酸配列（移行シグナルという）が移動の目印となる．他方，膜結合型リボソームで翻訳されたポリペプチドはN端のアミノ酸配列（シグナルペプチド）の切断と共役して小胞体内腔に移動し，折り畳まれた後，ゴルジ体に移動して種々の修飾を受け，その後小胞に包まれて必要な場所に運ばれていく．細胞外へ分泌されるタンパク質は細胞膜まで運ばれ，その後放出される．

### コラム：細胞内のタンパク質濃度が高すぎると

タンパク質を細胞内で生理的条件を超えて，人為的に大量かつ急激に合成させると，タンパク質が細胞内で不溶化したり，場合によっては結晶状の構造体（封入体という）となり，利用できなくなる場合がある．

■ 図1　タンパク質の合成から局在化まで

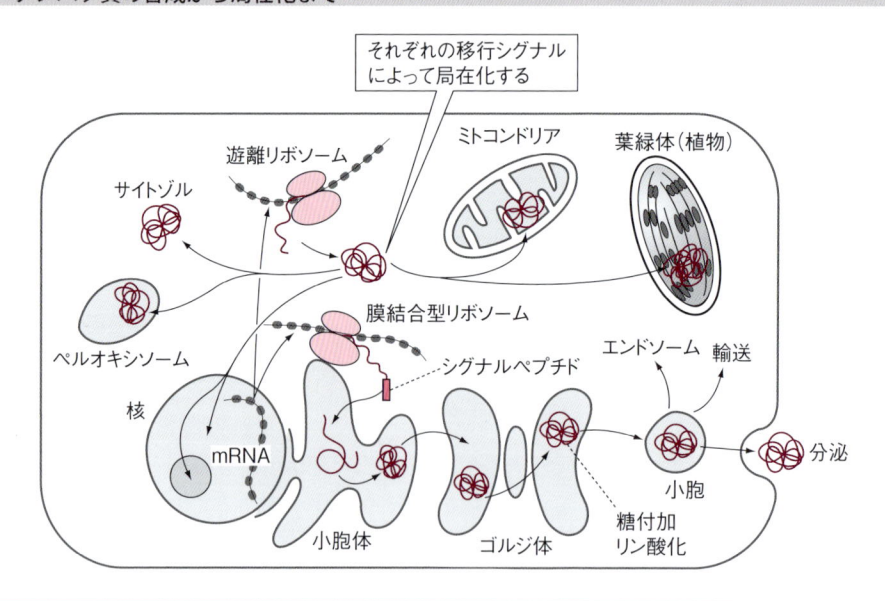

## ■ タンパク質の成熟

ポリペプチドとタンパク質は類似の用語であるが，翻訳されたばかりの鎖状分子をポリペプチド，それが機能をもつようになったものをタンパク質と呼び分ける場合がある．細胞内でポリペプチド鎖がつくられるとまずそれが特異的高次構造をとり（1-3），さらには不要な部分が切り取られたり，正しく折り畳まれるなどして機能をもったタンパク質へと成熟する．タンパク質によってはサブユニット構造をとって成熟するものもある．タンパク質の成熟にはこのほかにも金属の結合，リン酸化や糖付加といった低分子の結合，小型タンパク質の共有結合などの様式がある．真核生物ではタンパク質の折り畳みは細胞質や小胞体などで，化学修飾などは主にゴルジ体で行われる．タンパク質が翻訳された先から局所的に折り畳まれてしまうと，本来の高次構造をとれなくなる場合があるが，細胞にはこれを回避し，タンパク質の折り畳みを正しく行わせるシャペロンというタンパク質が存在する．シャペロンは熱で高次構造が崩れたタンパク質の構造回復にも働く．

## ■ タンパク質の細胞内分解

真核細胞には2種類のタンパク質分解系があり，生命活動の維持と不要物質の処理に使われている．一つはタンパク質を含む小胞がリソソームと融合し，リソソーム酵素で処理される機構で，寿命の長いタンパク質，細胞に取り込んだ異物，そして自己消化などで働く．もう一つはユビキチンという小型のタンパク質（チカノーバーら，2004年，ノーベル化学賞）の重合体が結合したタンパク質がプロテアソームによって分解される機構で，比較的寿命の短い制御タンパク質（例：転写調節因子，細胞増殖因子）や成熟に失敗した熱などで変性したタンパク質などが分解される．

---

■ 図2　タンパク質の成熟様式

1. 部分切断，タンパク質スプライシング
2. 折り畳み／三次構造形成，SS結合形成
3. サブユニットの集合
4. 共有結合 ─ リン酸化
              糖付加
              ユビキチン化 など
5. その他 ─ 金属イオン結合
             他分子との結合 など

■ 図3　シャペロンの働き

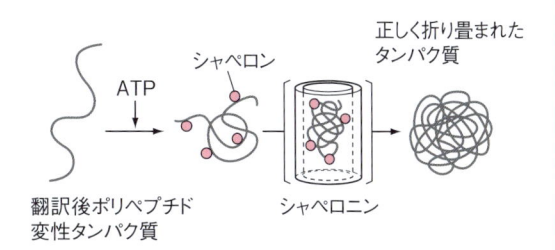

翻訳後ポリペプチド／変性タンパク質 →(ATP, シャペロン)→ シャペロニン → 正しく折り畳まれたタンパク質

■ 図4　細胞内でのタンパク質分解

(a) リソソームによる分解

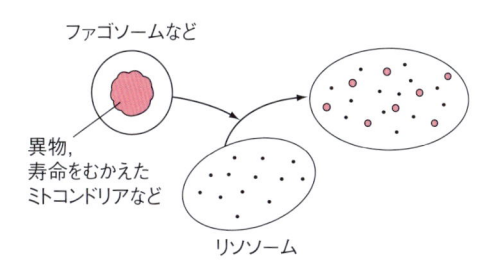

ファゴソームなど／異物，寿命をむかえたミトコンドリアなど → リソソーム

(b) プロテアソームによる分解

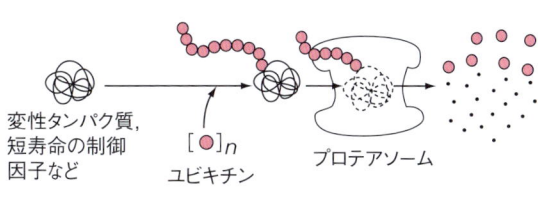

変性タンパク質，短寿命の制御因子など → ［●］n ユビキチン → プロテアソーム

## 2-11 多くの生命現象が遺伝子で決まる

生命現象はどれくらい遺伝・遺伝子によって決まるのであろうか？ 癌などは遺伝とは無縁のように見えるが，かかりやすさには遺伝子の関与が疑われる．精神活動や寿命と遺伝子の関係などもすでに明らかにされており，生命現象には何らかの形で遺伝子がかかわっている．

### ■ 遺伝子の働きが見える明確な例

典型的な遺伝子はタンパク質をつくるため，必須酵素が突然変異で欠陥あるいは欠損すれば，その個体は病気になったり，場合によっては発生（生存）すらできなくなったりする．ヒトの場合，典型的な遺伝病（例：フェニルケトン尿症，色素性乾皮症）は特定の酵素欠損で起こることが知られている．タンパク質性ホルモンでは，成長ホルモン（⇨ 小人症）やインスリン（⇨ I型糖尿病）欠陥の例もある．遺伝子発現が原因で発生異常が起こって奇形が生まれる場合などは，遺伝子発現（制御）と形質の直接の関係がわかる．ともあれ，生物が正常に生存し成長するためには，個々の遺伝子の構造に欠陥がなく，かつその発現が正しく行われることが必須なのである．

### ■ 遺伝とは無縁と思える病気も……

病気の中には感染症のように，遺伝とは無縁と思われるものがある．よく「かぜにかかるかどうかは体力次第」というが，体力の実体は免疫力なので，免疫に関する遺伝子に個人的差異や先天的な発現の違いがあるならば，感染症罹患にも遺伝がかかわるといえよう．事実，マウスではある病原体に強い系統と弱い系統がある．II型糖尿病は生活習慣が原因で発症するとされている．しかし白色人種は黄色人種に比べてII型糖尿病になりにくいことがわかっており，人種の違いはまさに遺伝子の違いである．遺伝が関与しないでも個体に個性が出るのは，栄養状態で体重に差が出るなど（⇨ 環境変異という），ごく少数の例しかないかもしれない．

■ 図1　多くの事柄が遺伝子で決められる

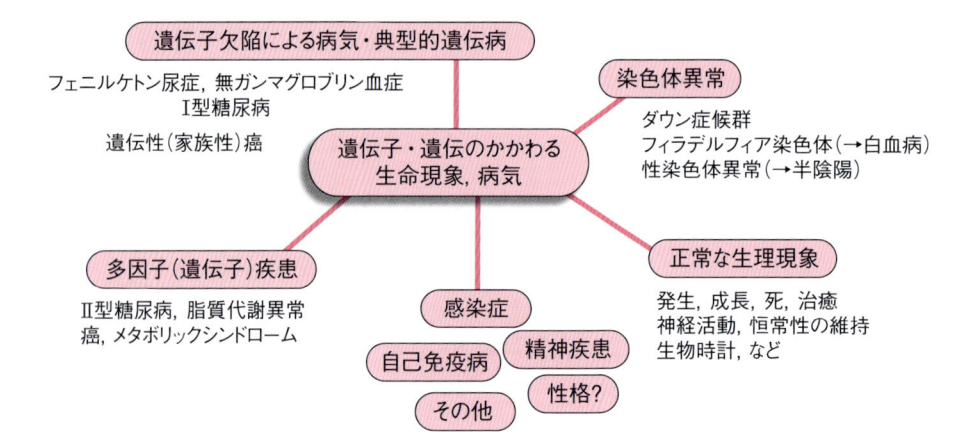

遺伝子欠陥による病気・典型的遺伝病
フェニルケトン尿症, 無ガンマグロブリン血症
I型糖尿病
遺伝性（家族性）癌

染色体異常
ダウン症候群
フィラデルフィア染色体（→白血病）
性染色体異常（→半陰陽）

遺伝子・遺伝のかかわる生命現象, 病気

多因子（遺伝子）疾患
II型糖尿病, 脂質代謝異常
癌, メタボリックシンドローム

感染症
自己免疫病
精神疾患
性格？
その他

正常な生理現象
発生, 成長, 死, 治癒
神経活動, 恒常性の維持
生物時計, など

## ■ 癌は遺伝するか？

癌は遺伝子の変異で起こるが，生殖細胞にその変異が伝達しない限り遺伝はしない．これは癌が体細胞変異の産物であるため，概念的にはホクロやコブに近い．他方，ゲノムには多数の癌遺伝子や癌抑制遺伝子があり，それらの発現や機能が先天的に影響を受けているとすると，「癌になりやすい・なりにくい」という形質は遺伝しうる．また，いくつかの癌（例：家族性大腸ポリポーシス）では特定の癌抑制遺伝子や癌遺伝子に変異や欠陥があり，遺伝することがわかっている．

## ■ 高次機能などにも遺伝子がかかわる

生物は約24時間を1日とする体内時計をもつが，時計の振動数を決めるしくみの正体は転写調節因子である．線虫では寿命を決める遺伝子がいくつかあり，ヒトではDNA修復関連遺伝子の欠陥により早期老化症という病気が起こる．なお，癌を抑える $p53$ 遺伝子を余分にもつマウスは癌で死なない代わり，短命になる．神経や精神活動といった高尚な生命活動にも特定のタンパク質がかかわっており，長期記憶や学習の成立に，転写調節タンパク質が必要なことが明らかにされている（カンデル，2000年，ノーベル生理学・医学賞）．性格が遺伝子で決まるかどうかは詳しくはわかっていないが，「温和な犬種」，「凶暴な犬種」があるように，これにも遺伝子がかかわるのかもしれない．生物のすべてがゲノムによって支配されているとするならば，すべての生命現象に遺伝子がかかわると考えてもよいだろう．

■ 図2　遺伝性の癌

| 病名[*1] | 発生する癌の部位[*2] |
|---|---|
| 遺伝性非ポリポーシス大腸癌（$MSH2$, $MLH1$ など） | 大腸 [子宮体部，胃，卵巣，小腸，腎盂，尿管] |
| 家族性大腸ポリポーシス（$APC$） | 大腸 [胃，十二指腸] |
| 遺伝性乳癌・卵巣癌症候群（$BRCA1$, $BRCA2$） | 乳腺・卵巣 [前立腺，膵臓] |
| リ・フラウメニ症候群（$p53$） | 骨 [乳腺，血液，脳，副腎皮質] |
| ウィルムス腫瘍（$WT1$） | 腎臓 |
| 網膜芽細胞腫（$RB$） | 眼 [骨，筋肉] |
| 遺伝性黒色腫（$INK4a$） | 皮膚 [膵臓] |

[*1]：（ ）は原因となる癌抑制遺伝子
[*2]：主な部位．[ ] はその他の部位

■ 図3　生物時計ができるしくみ

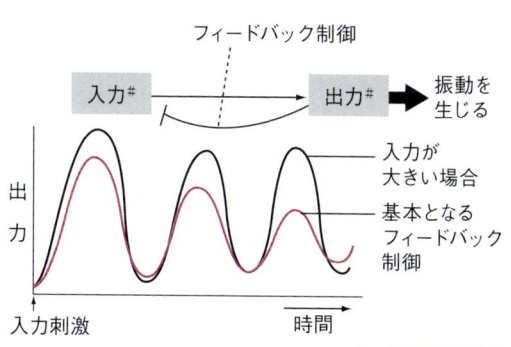

#：転写調節因子

■ 図4　老化・寿命を説明する二つの仮説

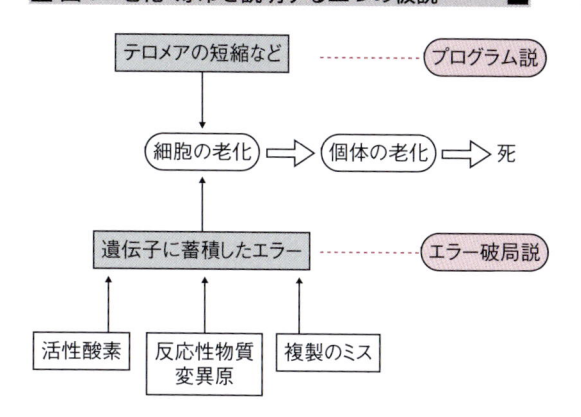

■ 図5　記憶・学習ができあがるしくみ

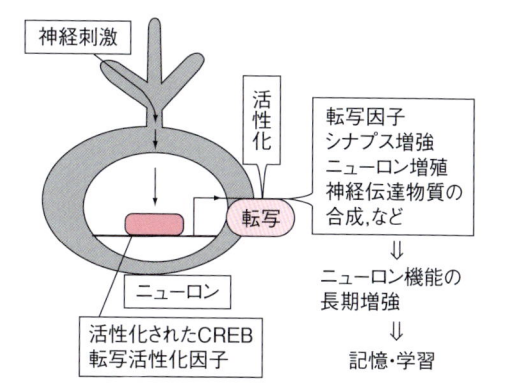

## 2-12 生体分子の網羅的解析

> 細胞内の分子やその動態の全体，あるいは総体をオーム，その解析をオミックスという．オミックスにはDNA，RNA，タンパク質，糖などの一群を対象とするもののほか，分子相互作用や生体反応，代謝を扱うものまであり，解析にはそれぞれ独特の手法が用いられる．

### ■ オーム（-ome）とオミックス（-omics）

すでに述べたように染色体全DNAの配列をゲノムというが，その分析はゲノミクスという．これにならい，細胞の全RNAはトランスクリプトーム，その解析をトランスクリプトミクス，さらに全タンパク質はプロテオーム，その解析をプロテオミクスという．オームとオミックスの用語はより広い意味でも使われる．物質同士の相互作用（例：タンパク質同士）はインタラクトーム，代謝産物の総体はメタボロームというが，後者の解析のメタボロミクスでは，液体クロマトグラフィー，ガスクロマトグラフィーなどの分離・分析機器が用いられる．細胞内情報（シグナル）伝達を扱うシグナロミクスでは情報伝達物質に特異的な阻害剤が使用される．

### ■ ゲノミクス

ゲノミクスはDNAシークエンサーを使って行われ，近年利用頻度が高くなっている次世代シークエンサーは解析の速度を大幅に速めている．ゲノミクスは生物ゲノムの配列情報を得るという単純な目的以外に，突然変異や病気の原因遺伝子を同定する目的でも使われ，ヒトにおける多型解析や個人識別にも使われる．また，複数のゲノム情報の比較から，進化・系統

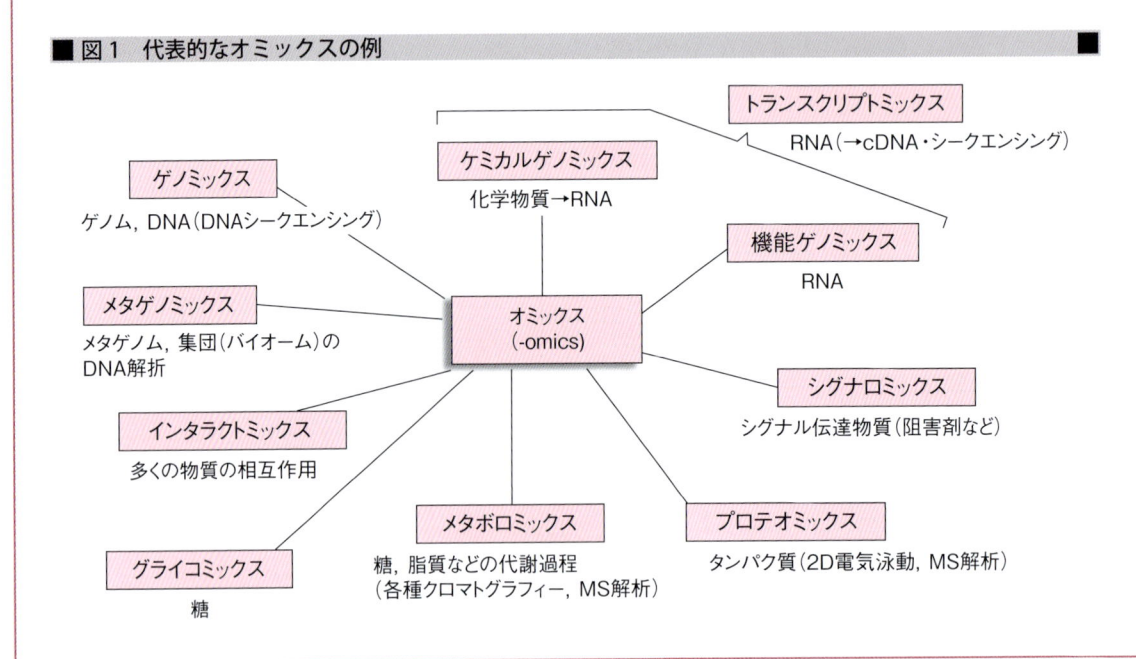

■ 図1 代表的なオミックスの例

- ゲノミクス：ゲノム，DNA（DNAシークエンシング）
- メタゲノミクス：メタゲノム，集団（バイオーム）のDNA解析
- インタラクトミクス：多くの物質の相互作用
- グライコミクス：糖
- ケミカルゲノミクス：化学物質→RNA
- トランスクリプトミクス：RNA（→cDNA・シークエンシング）
- 機能ゲノミクス：RNA
- シグナロミクス：シグナル伝達物質（阻害剤など）
- プロテオミクス：タンパク質（2D電気泳動, MS解析）
- メタボロミクス：糖，脂質などの代謝過程（各種クロマトグラフィー, MS解析）

関係を解き明かす，比較ゲノミクスという領域でも力を発揮する．機能ゲノミクスとはDNAを遺伝子として解析することで，DNA配列に意味をもたせることを目的としている．遺伝子の発現パターンなどからその機能を知ろうとするもので，実施する内容はトランスクリプトミクスとあまり違わない．このバリエーションであるケミカルゲノミクスは，細胞に与えた化学物質によって発現が変化する遺伝子を同定する戦略である．

## ■ 網羅的な解析手法

生体分子の網羅的解析には個々の試料を一つずつ解析するやり方がある．たとえばゲノミクスではすべてのDNA断片をとにかく解析する（⇨ その後，パソコン上でデータをつなげる）．mRNA解析では調製したcDNAを一つ一つシークエンスし，タンパク質解析ではそれぞれを分離後に一つずつ分析する．もう一つのやり方に，ハイスループット法（⇨ 多数に通し，付けるという意味）といい，結合性を利用する方法がある．ガラスなどの基板に同定済み分子を多数付け，そこに対象となる物質を反応させ，結合したものの位置から，結合物質を決定できる．核酸であればハイブリダイゼーションによってDNAやRNAを同定でき（⇨ 基板に付ける方をプローブという），核酸，タンパク質，その他の分子と相手の分子との結合性解析にも利用できる．小さな基板（チップ）を使うのでチップ技術，あるいは縦横多数の列に付けるのでアレイ解析ともいわれる．

### コラム：メタゲノム解析

ゲノミクスはある特定の生物を材料とするが，自然環境の中に棲んでいる微生物の中には培養できない未同定のものも多数存在する．このような集団内の生物種を分離しないで，一つのまとまりととらえてゲノム解析を行う場合があり，メタゲノム解析といわれる．

■ 図2　網羅的に解析する

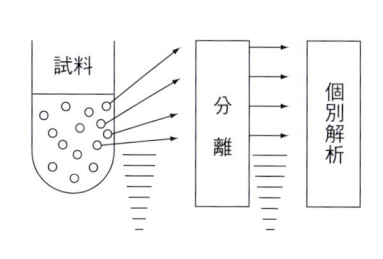

(a) 個別に解析する

(b) ハイスループット解析

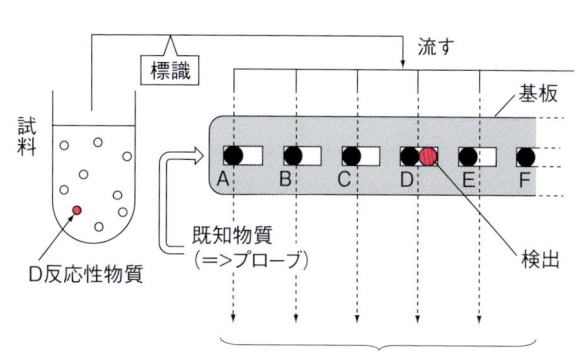

試料中に"D"関連物質があることがわかる

■ 図3　メタゲノム解析

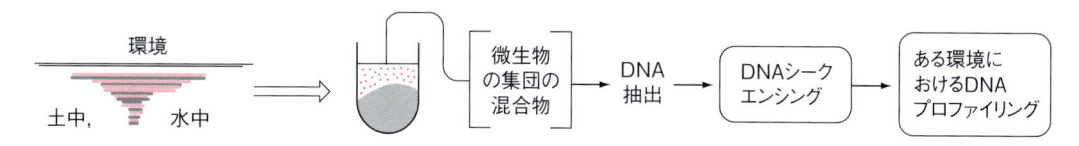

環境（土中，水中）→ 微生物の集団の混合物 → DNA抽出 → DNAシークエンシング → ある環境におけるDNAプロファイリング

# 2-13 クロマチンの修飾

> クロマチンはさまざまに修飾されている．修飾にはDNAのメチル化，アセチル化などのヒストンの化学修飾，ヌクレオソームの位置の変更などがあり，そのような修飾の全体はエピゲノムといわれる．エピゲノムは遺伝子発現調節に関与し，分化や癌化などで変化する．

クロマチンには種々の修飾がみられるが，それはDNAにかかわるもの，タンパク質（⇨ヒストン）にかかわるもの，そして両者にかかわるもの（⇨ヌクレオソーム）に分けることができる．修飾にはさまざまな様式があり，その影響は遺伝子発現の調節という形で現れる．修飾パターンは娘細胞に受け継がれ，それが遺伝現象に影響を与え，時には分化や癌化などとも関連する．

## ■ DNAのメチル化

DNAのなかでも，シトシンの5'位はメチル化修飾を受けるが（損傷とはならない修飾），とりわけ5'-CpG部分（これをCpGアイランドという）はメチル化されやすい．細胞には新規のメチル化を行う酵素以外に，一方の鎖がメチル化されている場合に相補鎖をメチル化（維持メチル化という）する酵素があるため，結果

### コラム：ゲノム刷り込み

ゲノムインプリンティングの訳で，生殖細胞にあるDNAメチル化などの修飾パターンがその後も維持される現象．刷り込みパターンは個人で異なり，発生や癌化で変化する．本来の「刷り込み」は，孵化した鳥のヒナが最初に見た動くものを親と思ってあとを追い，その後もその行動が続く現象をいう．

■ 図1　クロマチンの修飾

クロマチン修飾
- DNAの化学修飾（シトシンのメチル化）
- ヒストンの化学修飾 ── [アセチル化，メチル化，リン酸化，ユビキチン化　など]
- ヌクレオソームの位置 ── [ヌクレオソーム形成や欠矢，位置の変化]

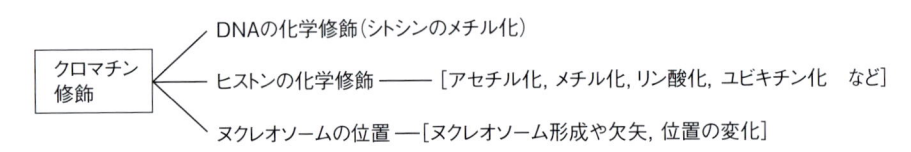

■ 図2　DNAのメチル化

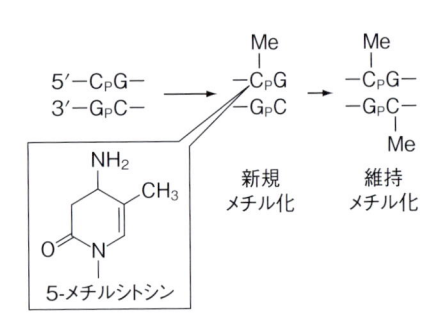

5'-CpG-　　　　Me　　　　　Me
3'-GpC-　　　-CpG-　　　-CpG-
　　　　　　-GpC-　　　-GpC-
　　　　　　　　　　　　　　　Me
　　　　　　新規メチル化　　維持メチル化

5-メチルシトシン

■ 図3　コアヒストンの修飾

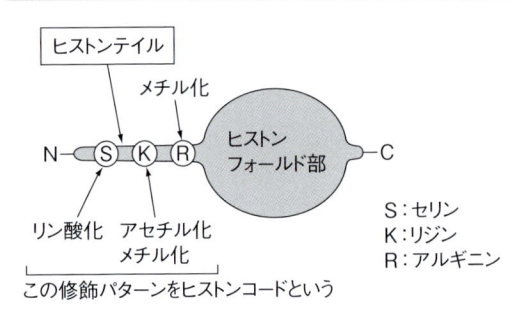

ヒストンテイル
メチル化
N—(S)(K)(R)—ヒストンフォールド部—C

リン酸化　アセチル化・メチル化

S：セリン
K：リジン
R：アルギニン

この修飾パターンをヒストンコードという

的に娘細胞のゲノムも親細胞と同じメチル化パターンとなる．遺伝子発現調節領域にあるCpGアイランドは，遺伝子発現制御にかかわることが多い．

### ■ ヒストンやヌクレオソームの修飾

ヌクレオソームを構成するコアヒストンにおいて，N末端部分（⇨ヒストンテイル）は種々の酵素で高度に化学修飾されている．修飾の種類はメチル化，リン酸化，アセチル化などとさまざまだが，この修飾パターンは遺伝子発現を変化させ，また細胞増殖を通して維持される．これとは別にヌクレオソームの位置や密度が変化する現象があり，クロマチンリモデリング（⇨クロマチンの再編成）といわれる．リモデリングにより転写調節因子などの結合が影響されると，遺伝子発現が変化する．クロマチンの形成状態は，DNA分解酵素による切断されやすさなどから知ることができる（⇨ヌクレオソーム部分は切断されにくい）．

### ■ エピゲノム解析

遺伝はゲノム（＝塩基配列）によって起こるが，修飾されたクロマチンも遺伝（⇨後成的遺伝：epigenetics）にかかわり，これを引き起こす主体をエピゲノムという．後成的遺伝は「塩基配列によらない遺伝」であり，ゲノムが同一であるのにその部分が特異的遺伝現象にかかわる場合，そこにエピゲノムが関係している可能性がある．以上のことから，遺伝現象は塩基配列コードを中心に，それにエピゲノムコードと制御コードを加えた三つのコードの総和で決まるということができよう．

> **コラム：クロマチン免疫沈降法**
>
> あるクロマチン部分に目的タンパク質が結合しているかどうかを知る場合，まず抗体でDNA-タンパク質複合体を取得し，次に回収したDNAの中に目的のDNA領域があるかどうかをPCRで調べる方法がある．増幅DNAの量から結合タンパク質量を推定することができ，ヒストンや転写調節因子の解析に利用される．

■ 図4　クロマチン免疫沈降法

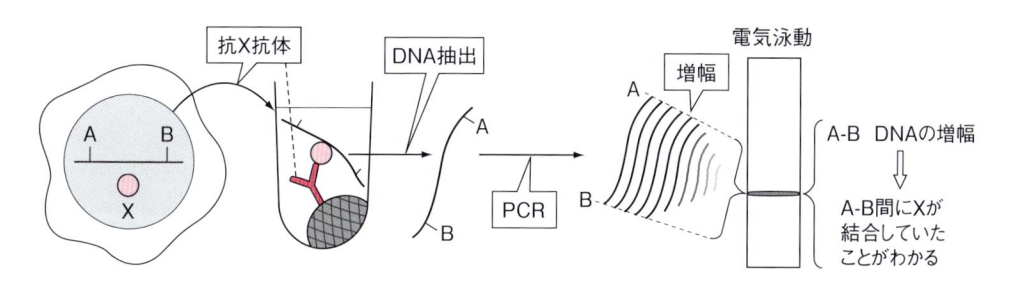

■ 図5　エピゲノムの維持と変化

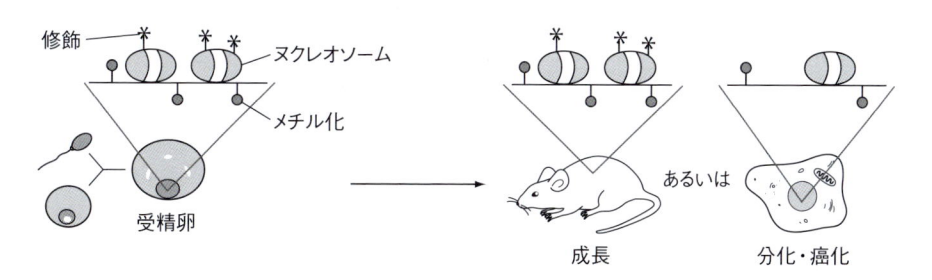

## 2章発展

# F因子：細菌に性の性質を与えるプラスミド

細菌には性はないが，F因子をゲノム中にもつ大腸菌（雄菌）がゲノムDNAをF因子のない雌菌に送り込むと，雌菌の中でDNA組換えが起こるという，性に特徴的な現象がみられる．

### ◆ F因子というプラスミド

原核生物である細菌は無性生殖で増える．大腸菌のプラスミドの一つ，F因子（Fプラスミド）は複数のトランスポゾンと遺伝子をもち，中に性繊毛をつくる遺伝子などがある．F因子をもつ菌（雄菌）は繊毛を使ってプラスミドをもっていない細菌（雌菌）に付着・接合し，細胞質間の連絡路をつくる．その後プラスミドが複製し，性繊毛を通って雌菌に移動し，雌菌は雄菌に変わる（⇨ F因子は不安定で，一定の頻度で細胞から失われる）．F因子の中で，細胞の遺伝子をもっているようなものをF′（Fプライム）という．

### ◆ F因子は性の性質を付与する

F因子はトランスポゾンをもつため高頻度に宿主細胞のゲノム内に入り込むことができるが，このようにして生じた細菌をHfr菌（高頻度組換え菌）という．Hfr菌も雄菌として挙動するが，この場合F因子を含むゲノムDNAが複製し，それが雌菌に移入されるので，雌菌内でゲノムDNA間の相同組換えが高頻度に起こる．ところで，精子と卵が接合すると新しい組合せのゲノムができることからわかるように，ゲノムや遺伝子を交換したり組換えたりすることが有性生殖の本質と考えることができる．このことから，Hfr菌を介して起こる組換えは有性生殖の一種と見ることができ，F因子は稔性因子ともいわれる（稔性＝有性生殖ができる性質）．

> **コラム：有性生殖の利点**
> 有性生殖は増殖性だけを考えると不利だが，変異で不利な遺伝子が生じても組換えによって正常なゲノムを確保して組み立てることができるなど，結果的にメリットが大きい．

■ 図1　F因子（Fプラスミド）の挙動 ■

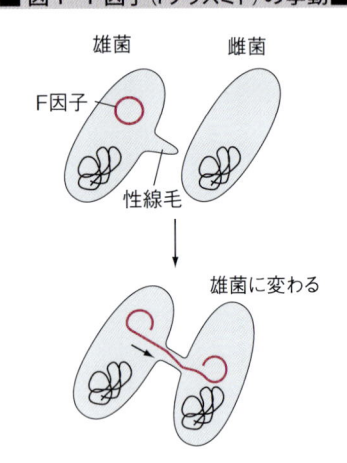

■ 図2　F因子はゲノムの組換えを起こす ■

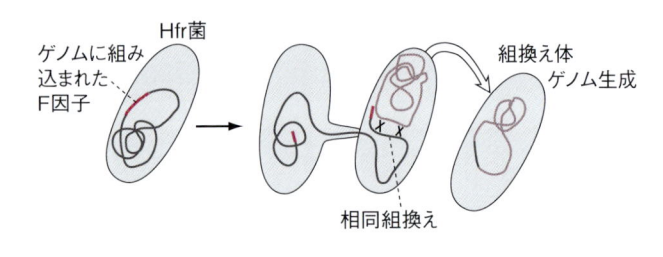

■ 図3　性の本質はDNAの再編 ■

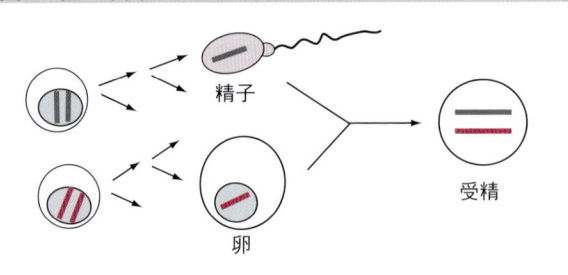

# 3章

# 核酸の性質と基本操作

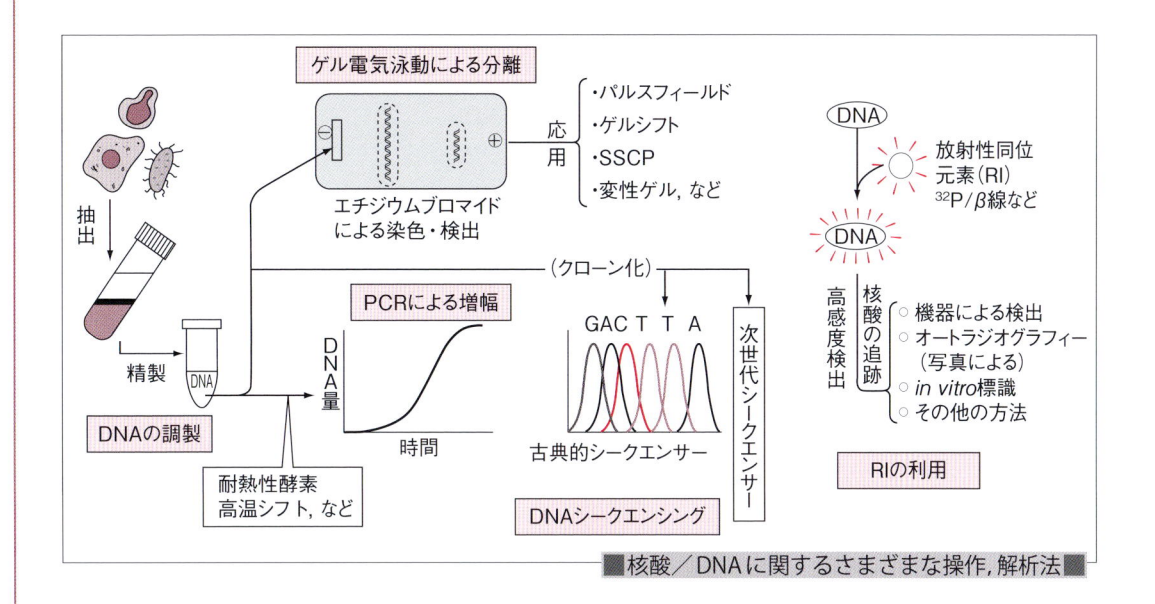

■核酸／DNAに関するさまざまな操作, 解析法

　核酸自体に遺伝情報があり，それを使って生命活動を直接制御したり遺伝子産物をつくったりすることができ，またその合成，構造解析，検出が容易にできるなどの理由により，核酸に関する生命工学は他の分野に比べて格段に進んでおり，生命工学の中心をなしている．

　核酸（DNAとRNA）のなかでもDNAは，扱いやすさや，酵素処理や化学合成の容易性といった多くの利点により，その利用性はきわめて高い．DNAを細胞から抽出する場合，細胞を壊し，DNAに結合しているタンパク質をDNAから分離し，DNAを水に溶けた形で抽出してエタノールを使って濃縮するという手法が基本となる．DNAは二本鎖構造をとり，塩基対が相補的であるため，二本鎖形成反応：ハイブリダイゼーションを利用したさまざまな分析技術が可能である．さらに合成DNAであるオリゴヌクレオチドを使うことにより，DNA合成，PCR，DNAシークエンシングなどが行える．DNAシークエンシングは，ゲノム解析など多くの分野で成果を上げているが，近年，圧倒的な解析能力をもつ次世代シークエンサーが登場し，DNA構造解析に革命的な進歩をもたらしている．DNAの分離や分析には主に電気泳動が使われるが，これにもさまざまな方法がある．

　生体分子の分析などに汎用されるものに，$\beta$線や$\gamma$線といった放射線を出す（放射能のある）放射性同位元素（RI）がある．RIは必要以上に被ばくしないように注意して使う必要があるが，高感度に検出することができるという性質を利用し，物質の反応，生体内での分子の追跡，構造解析など，多くの局面で用いられる．

## 3-1 抽出とゲル電気泳動による分離・検出

細胞からDNAを抽出する場合はタンパク質を変性させ，遠心分離によってDNAと分け，エタノール沈殿によって精製・濃縮する．DNAを分離する一般的方法にゲル電気泳動があり，DNA検出法にはエチジウムブロマイドによる染色法や，各種の標識法がある．

### ■ DNAの抽出・精製

DNAを安定な条件で扱う必要があり，pHは中性〜微アルカリ性に合わせる．高温になると変性し，100℃近くになるとリン酸ジエステル結合が部分的に切れて断片化する．生物のかかわる環境でDNAを分解する主な原因はDNA分解酵素（DNase）なので，DNAを扱う場合には必ずDNase阻害剤を加える．DNaseはマグネシウムイオンなどの二価金属イオンを活性発揮に必要とするため，操作を通して金属イオンと結合するキレート試薬（例：EDTA，クエン酸）を加える．

細胞内には大量のタンパク質があり，DNAにもタンパク質が結合しているので，DNA抽出はDNAをタンパク質と分けることがポイントとなる．まずフェノールなどのタンパク質変性剤を加えて細胞を壊し，その後遠心分離する．フェノールが水より重いため，抽出DNAは上部の水層に集まり，変性タンパク質はその下にくる．抽出したばかりのDNA溶液にはまだ雑多な物質が混ざっており，DNAを精製する必要があるが，一般的な方法はエタノールを加えてDNAを沈殿させることである（エタノール沈殿）．遠心分離によってDNAを沈殿として集め，それを溶かすことにより濃い精製DNA溶液が得られる．低分子物質や脂質などはこの操作で除かれる（多糖類が入る場合があるが，他の方法で除ける）．

### ■ 図1 生物材料からDNAを抽出する方法

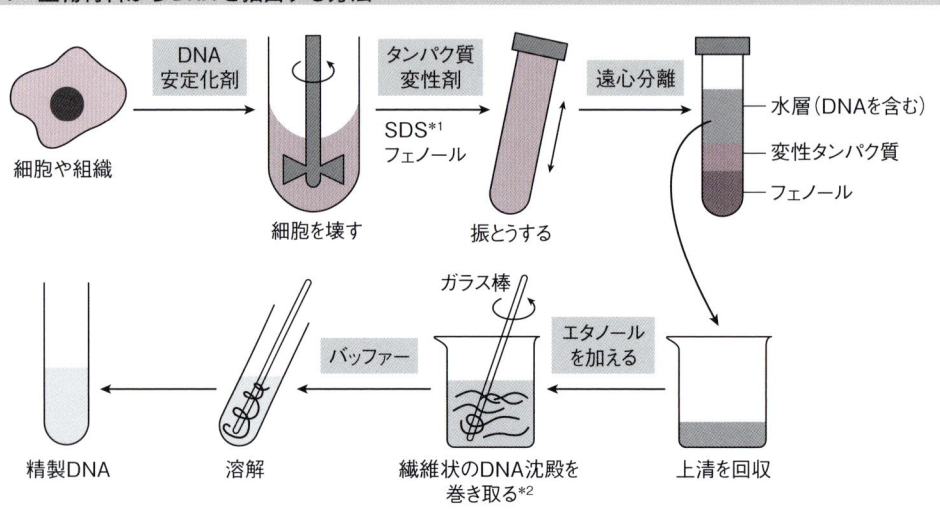

*1：SDS＝ドデシル硫酸ナトリウム　*2：DNAはガラスに付きやすいため

## ■ DNAの分離：ゲル電気泳動

DNAを大きさ（長さ）で分離する一般的な方法はゲル電気泳動である．DNAは負電荷をもつので，電圧をかけると陽極に移動するが，ゲル（⇨ 網目構造をとって内部に多量の水を含む．ゼリー状物質）中では小さい分子ほど速く移動するため，DNAを長さで分離できる．DNA変性剤を加えれば，一本鎖DNAとしても分離できる．使用されるゲルはポリアクリルアミドか寒天に似たアガロースのいずれかで，後者は長いDNAの分離に適している．ゲル電気泳動はDNAシークエンス解析，巨大DNAの分離，DNA−タンパク質検出，変異解析などと応用範囲が広い．

## ■ DNAの検出

DNAの存在を知る普通の方法は染色である．DNA二本鎖に入り込むエチジウムブロマイド（臭化エチジウム）溶液に電気泳動したゲルを浸けて紫外線を当て，DNAをオレンジ色に光らせる．他のアプローチは，検知しやすい物質をもつヌクレオチドで合成したDNAを使う方法である．一つは蛍光色素結合ヌクレオチドを使うもので，レーザー光を当てて光らせる．他の方法は放射性リンをもつヌクレオチドを使う方法で，DNA位置を写真に記録する（3-7）．

### コラム：遠心分離機による核酸の分離

DNA／RNAは大きいほど速く沈降するので，遠心分離法で分離でき，密度の大きな塩化セシウム溶液を使うとDNAとRNAの分離もできる．エチジウムブロマイドがプラスミドDNAに結合し難く，それが結合したDNAがしないものに比べて塩化セシウム溶液中での比重が線状DNAより小さくなることを利用して，プラスミドを分離・精製することができる．

■ 図2　DNAはゲル電気泳動で分離できる

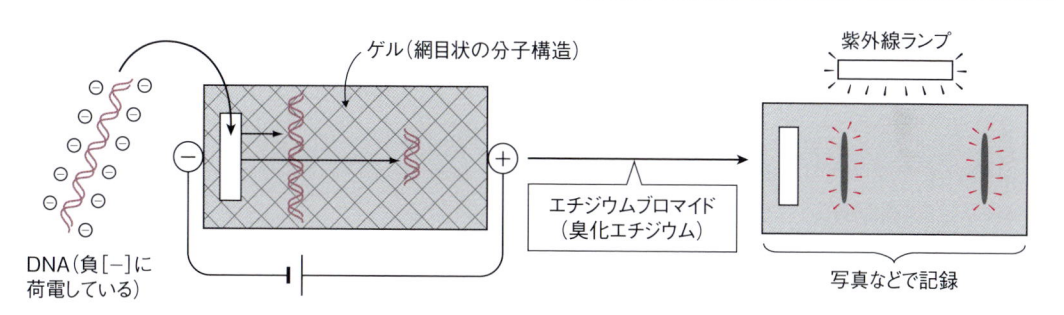

■ 図3　DNAはいろいろな方法で検出できる

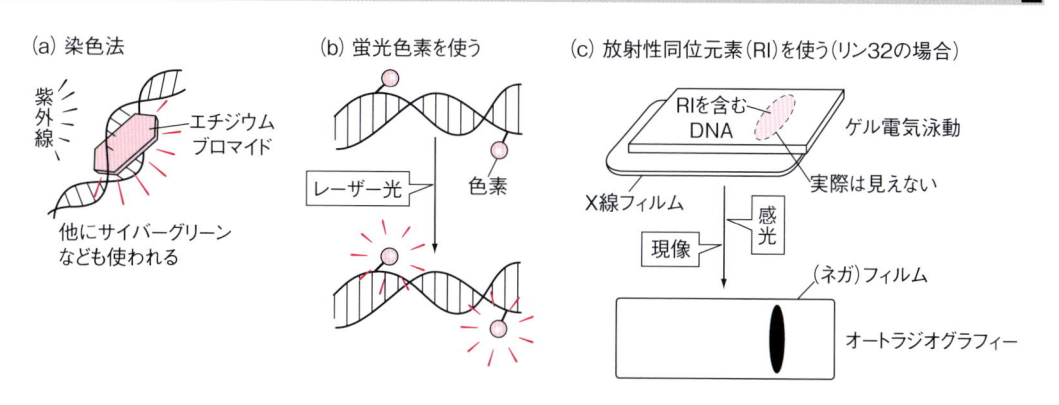

(a) 染色法
(b) 蛍光色素を使う
(c) 放射性同位元素(RI)を使う(リン32の場合)

## 3-2

# DNAの変性と二本鎖形成反応

DNAは熱すると変性して簡単に一本鎖となり，それを冷ますとまた簡単に二本鎖に戻る．変性しやすさは，DNA構造や環境要因などによって決まる$T_m$に依存する．相補性が一定程度あれば，本来異種の組合せの一本鎖核酸同士の間でも二本鎖を形成させることができる．

### ■ DNAは変性して簡単に一本鎖になる

二本鎖DNAを熱すると塩基対をつくっている水素結合が壊れてそれぞれの一本鎖に分かれるが，この現象をDNA（あるいは核酸一般）の変性という．一方，熱で変性したDNAを徐々に冷やすと，各一本鎖は元の相補鎖と塩基対をつくって二本鎖に戻るが，これをアニール（anneal，あるいはリアニール．焼きなましの意味）という．

### ■ $T_m$とそれを変化させる要因

DNAの熱変性は感覚的に「融解する」という印象があるが，DNAが50％変性する温度を融解温度 melting temperature（$T_m$）といい，$T_m$が高いということは「変性しにくい．安定である」と同義である．通常，天然のDNAの$T_m$は約70〜80℃程度である．DNAの種類によって$T_m$は異なり，基本的にはGC含量で決まる（⇨ GC塩基対がAT塩基対より安定なため，GC含量が高いDNAほど$T_m$も高い）．さらにDNAが長くなるほど$T_m$は高くなる（⇨ いったんある部分がアニールすると，連鎖的にアニール反応が起こるため）．他方，$T_m$は周囲の溶液条件でも変化する．$T_m$を下げるものとして水素結合切断試薬（例：尿素，ホルムアミド，ホルムアルデヒド）や高いpH，有機溶剤があり，逆に上げるものとして一価陽イオン濃度（例：ナトリウムイオン，カリウムイオン），重金属などがある．DNAヘリカーゼ（DNAを変性させる酵素）はDNA局所の$T_m$を下げる働きがあり，複製，転写，修復，組換えといったDNA分子の状態の変化するDNAダイナミクス時に働く．

■ 図1 核酸（DNA）の変性とアニール

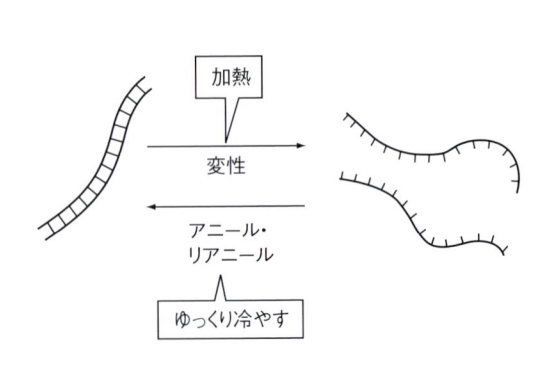

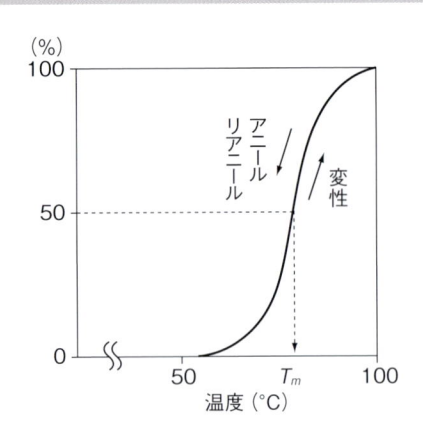

## ■ ハイブリダイゼーション

一本鎖DNAがアニールする場合は必ずしも元の相補鎖でなくとも，ほぼ同じ塩基配列をもつ一本鎖でもよい．このように，もともと二本鎖であった一本鎖DNA同士でなくともアニールする現象をハイブリダイゼーション（核酸の雑種［ハイブリッド］形成）といい，核酸を扱う場合の重要な性質である．RNAも一本鎖DNAとハイブリダイズすることができ，不均質二本鎖（ヘテロデュプレックス）をつくる．ハイブリダイゼーションを行う場合は，まずDNAの構造と使用する溶液から$T_m$を算出するが，実際の操作ではそれより少し低い温度にして二本鎖ができやすいようにする．変性剤であるホルムアミドを加えると1%につき$T_m$が0.6℃下がるので，60%のホルムアミドを加えると40℃付近の温度で操作することができる．

## ■ ハイブリッドの検出

ハイブリダイゼーションは通常，一方の核酸をフィルターなどの基板に固定し，他方の核酸は溶液中に溶かした状態で行われることが多い．このとき，溶液中のDNAは蛍光あるいは放射性リンを含むヌクレオチドで標識しておく．こうすると，ハイブリダイゼーションを終えて洗浄したフィルターに標識が残るので，標識を検出することで，フィルターに付いている目的核酸を検出することができる．この場合，核酸検出のために用いる既知の標識核酸をプローブ（検知針という意味）という．

■ 図2　$T_m$を下げる要因

DNA自身の要因
・GC含量が少ない
・DNAが短い

環境要因
・一価陽イオンが少ない
・有機溶媒がある
・pHが高い
・DNAヘリカーゼがある

■ 図3　ハイブリダイゼーション

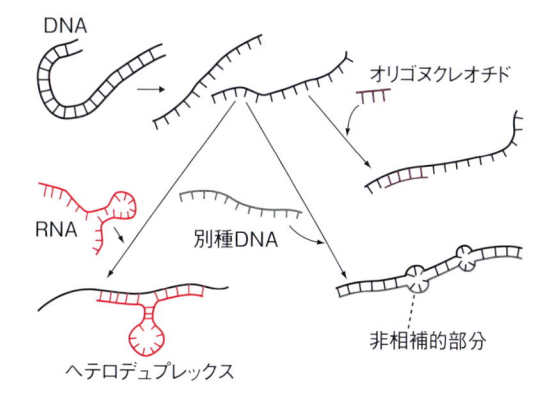

■ 図4　プローブを使ってDNAを検出する

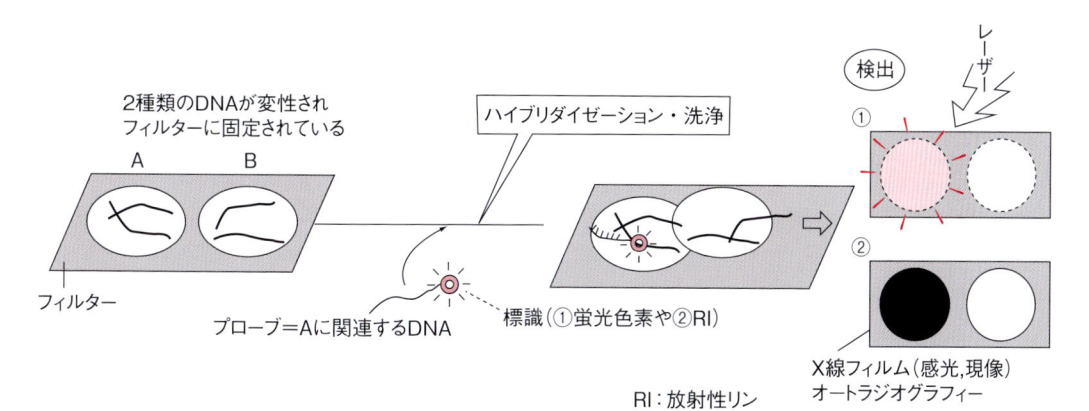

RI：放射性リン

## 3-3 DNAを合成する

> DNAは酵素的，化学的に合成できる．酵素反応では鋳型をもとに，プライマーと基質を加えて反応させるが，逆転写酵素を使うとRNA鋳型をもとにDNAをつくることもできる．化学合成では鋳型は必要なく，100塩基長程度の長さのDNAやRNAが簡単につくれる．

### ■ 酵素によるDNAの合成

実験室ではDNAポリメラーゼ（DNA pol）でDNAを合成するが，反応には鋳型となる一本鎖DNA，基質ヌクレオチド，そして合成開始部分の配列をもつ一本鎖の短いDNA（オリゴヌクレオチド）のプライマーが必要である．鋳型DNAは通常は一本鎖であるが，合成速度の速い耐熱性酵素を使えば，高温での反応で二本鎖をそのまま使える（⇨ DNAシークエンス法に応用される）．細胞の複製酵素は複雑な構造をして使い難いため，単量体であるファージ（例：T4, T7）由来酵素，あるいは大腸菌DNA pol I由来のクレノー断片かPCR用酵素などが使われる．DNA全体にわたって断片化DNAを合成する場合は，ランダムな配列をもつプライマーの混合物を使用するが，この方法は主にプローブ（3-2）に使う標識DNA合成に使われる．まんべんなくDNAを標識する方法には，DNA pol Iを使うニックトランスレーションもある．

### ■ 逆転写酵素によるDNA合成

RNAを調製し，レトロウイルスの逆転写酵素を用いてRNAを鋳型にプライマーを加えてDNAを合成するが，目的や使用されるRNAにより操作が少しずつ異なる．真核生物のmRNAに対する全長DNAを合成する場合は，RNAの3'端にあるポリA鎖にアニールするように，オリゴdT（TのみのオリゴヌクレオチドT）をプライマーとする．RNAの特定部分を対象にするのであればそれに合ったプライマーを使い，RNA全体を対象にするのであれば，前述のランダムプライマーを使う．これは一本鎖の相補的DNA（⇨ cDNAという）の合成法で，ハイブリダイゼーション用プローブとしてはこれでも使用できる．一方，DNAを二本鎖にする場合は，cDNAから種々の方法で二本鎖DNA（二本鎖

> **コラム：DNAの修復合成**
> 3'端が欠けた二本鎖DNAの末端を，DNAの修復合成反応で揃えることができる．ファージ由来酵素やクレノー断片を用い，一本鎖部分を鋳型にDNAを合成する．

### ■ 図1　DNAポリメラーゼを用いるDNA合成

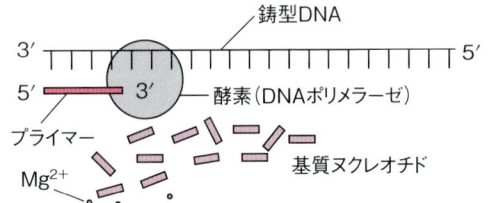

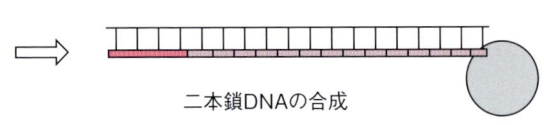

cDNAという）を合成する．cDNA全長を得る場合はRNAを適当に分解した後にDNA pol Iでニックトランスレーションを行い，その後リガーゼでDNAを連結する．

### ■ 核酸の化学合成

DNAは化学合成反応によってつくることもでき，初期のインシュリンcDNAをもとにしたインシュリン生産は化学合成DNAから行われた．ビーズに3'末端のヌクレオチドを固定し，反応液を変えながら脱保護，縮合，洗浄を繰り返す．5'リン酸以外の官能基は反応しないように保護し，最後にビーズから切り離して脱保護する．この方法で塩基数100個程度までの一本鎖DNAが簡単に合成できる．現在は自動化機械で簡単に行え，RNA合成にも応用でき，遺伝子工学に多大な貢献をしている．化学合成法では，縮重塩基（ある位置の塩基が複数である場合）や特殊塩基をもつ核酸，安定性を高めた修飾核酸などもデザイン通りにつくることができる．

■ 図2　ハイブリダイゼーションのプローブDNA合成

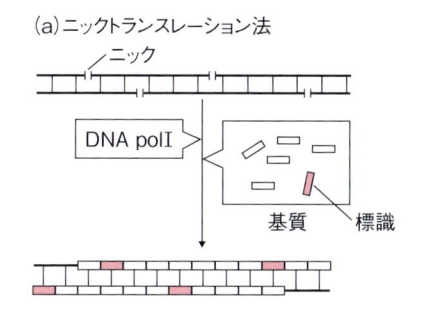

(a)ニックトランスレーション法

(b)ランダムプライマー法

■ 図3　cDNAの合成

[オリゴdTを使う方法]

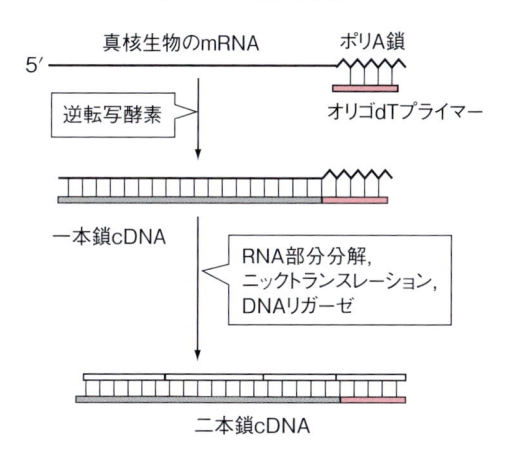

■ 図4　固相法によるDNAの化学合成
（3塩基DNAの場合）

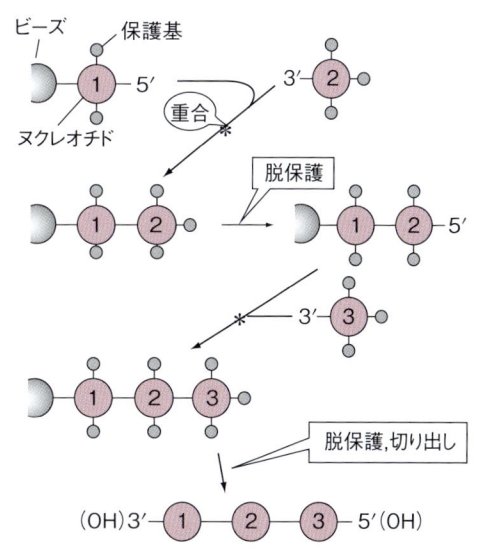

注）保護基の数は実数ではない．5'-OHとなっている．

## 3-4 シークエンシングとゲノム計画

現在主流となっているDNAシークエンシングは，蛍光標識されたジデオキシヌクレオチドを基質に加えた反応物を専用のシークエンサーで解析する方法だが，新たに登場した次世代超高速シークエンサーは，古典的シークエンス法を過去のものにしつつある．

### ■ 標準的なDNAシークエンシング

1990年代半ばまでは放射性同位元素と酵素を使ってDNAを合成し，それをゲル電気泳動で分離・分析するといった方法が主流だった．以降は機械（DNAシークエンサー）による方法がとって代わったが，合成停止にジデオキシヌクレオチド（ddNTP）を用いること（サンガー，1980年，ノーベル化学賞）は共通である．ddNTPはDNAに取り込まれるが，-OHとなるべき糖の3′がデオキシになっているのでその後の鎖伸長反応は起きない．4種類の塩基それぞれで一定の確率で鎖停止反応を行わせ（いろいろな長さのDNAを合成するため），さらにddNTPには塩基別の蛍光色素を付けておく．反応物を毛細管に入ったゲルと高電圧で短時間に分離し，レーザーで反応停止物を検出する．一つの反応試料で1k塩基程度が解読できる．少量の二本鎖DNAを試料とし，PCR（3-5）とシークエンシングを組み合わせたサイクルシークエンシング法も用いられる．

#### コラム：マクサム-ギルバート法

もう一つの古典的なDNAシークエンス法（ギルバート，1980年，ノーベル化学賞）．放射性同位元素で末端を標識したDNAを塩基特異的に分解し，分解産物をゲル電気泳動で分離して配列を解析する．

### ■ 次世代／超高速シークエンサー

2000年代半ばから登場した新しい原理に基づくシークエンサーで，1回の解析でトータル数千万～数億という大範囲の塩基が解読できる．現行の機種は，酵素反応は行うが電気泳動

■ 図1 ジデオキシ法とDNAシークエンサーを使う標準的DNAシークエンシング

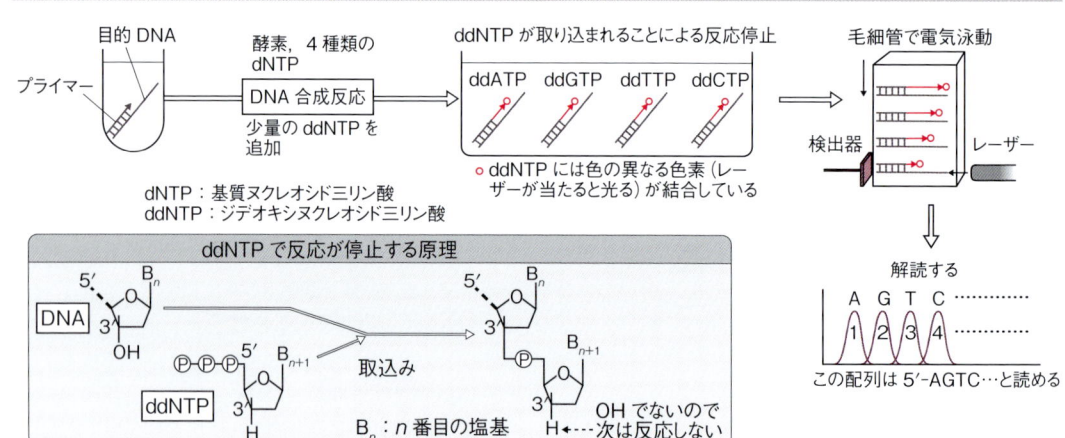

による断片解析は行わず，膨大な数の試料を同時並行的に解析してコンピューターで連結させる．パイロシークエンス，合成シークエンスなど，いくつかの方法がある．物理的プロセスだけで解析できるさらに飛躍的な高性能をもつ機種も実用化されつつある．このような機器の出現により，近い将来，膨大な数の配列解析作業も日常的なものになると予想されている．

■ ゲノム計画とゲノム解析

ゲノムの全塩基配列を解析しようという計画をゲノム計画という．古典的な方法では，まずゲノムDNAを適当に断片化してからそれを適当なベクターに挿入してクローニング（クローン化．DNAを細胞内で純化，増幅する）する．その後個々のクローンをランダムにシークエンス解析し，最後にコンピューター上でつなげる．ただ，空白部分をつなげるためには，隣接DNAクローンを探し出すか，さらに膨大な数のクローンを再度解析する必要がある．1980年代から小さなゲノム（例：ある種のウイルス，大腸菌）が少しずつ解読されはじめ，大腸菌の600倍以上あるヒトゲノムの解読計画が1990年に始まり，2003年に完成した．その後もチンパンジーやイネなどでゲノムが解読されているが，超高速シークエンサーが実用化された現在では，解析自体がトピックスとなることはあまりなく，そこからもたらされる意義，たとえば進化系統関係の解明，病気遺伝子の有無，突然変異の影響などが注目される．

■ 図2　DNAシークエンサーの性能

| | 世代 | 原理 | 読み取れる塩基長 | 平行して分析する個数 | DNA増幅 | 利用度 | コスト |
|---|---|---|---|---|---|---|---|
| DNAシークエンサー | 1 | ジデオキシ法によるDNA合成反応と，反応物の分離と検出 | 500〜1000 | 10〜100 | ×〜◯ | ◎ | 低 |
| 次世代シークエンサー | 2 | 対象DNAの増幅とDNAポリメラーゼによる反応．生じるシグナルを独自の方法で検出する | 30〜500 | $1 \times 10^6$ 〜 $5 \times 10^7$ | ◯ | ◯ | 高 |
| | 3 | 1分子のDNAをDNAポリメラーゼで合成し，シグナルを時間や位置分解能に基づいて検出する | 5000〜12000 | 単一 | × | ◯〜△ | 高 |
| | 4 | 1分子の核酸をDNA合成することなく，物理的方法で直接検出する．数万塩基／秒以上の能力がある | $1 \times 10^4$ 〜 $5 \times 10^6$ 以上 | 単一 | × | △ | （未定） |

■ 図3　パイロシークエンス法

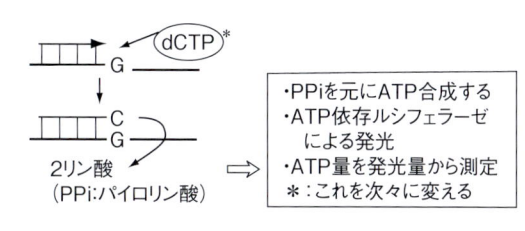

・PPiを元にATP合成する
・ATP依存ルシフェラーゼによる発光
・ATP量を発光量から測定
＊：これを次々に変える

2リン酸
（PPi：パイロリン酸）

■ 図5　ゲノム解析結果の利用

ゲノム解析結果
・ゲノム構造の決定
　遺伝子の同定
・進化・系統関係の解析
・病気の原因を解明
・突然変異の実態を解明　　など

■ 図4　古典的なゲノム解析の方法

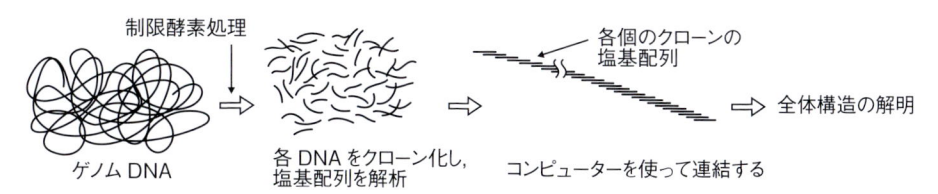

ゲノムDNA → 制限酵素処理 → 各DNAをクローン化し，塩基配列を解析 → 各個のクローンの塩基配列　コンピューターを使って連結する → 全体構造の解明

## 3-5

# PCR とその応用

> PCRは耐熱性DNAポリメラーゼの反応だけで特定のDNAを増幅することのできる方法である．PCRはこのほかDNAの定量，塩基配列解析，突然変異導入や変異の検出，間接的なRNA定量にも使え，さらに増幅したDNAを遺伝子組換え実験に供することも可能である．

### ■ 酵素反応だけでDNAを増やす

試験管内反応でDNAを複製させるには，鋳型DNA，基質，酵素，プライマーが要る．DNAが二本鎖なため，加熱・変性の必要があるが，酵素は熱に不安定なので冷ましたあとで加え直す必要がある．しかし熱耐性酵素を使うと最初に加えるだけでよく，しかも反応温度を95℃：DNA変性，50℃：プライマー結合，70℃：DNA合成と周期的に変えるだけで反応が連続して起こって，DNAを増やすことができる．K.マリスによって開発されたこの方法がPCR（ポリメラーゼ連鎖反応）で，DNA操作に革命的な機動性をもたらした（1993年，ノーベル化学賞）．

### ■ 定量PCR

PCR産物はゲル電気泳動で検出するが，DNAが充分増幅しないと産物を検出できないのに，

■ 図1　PCRの原理

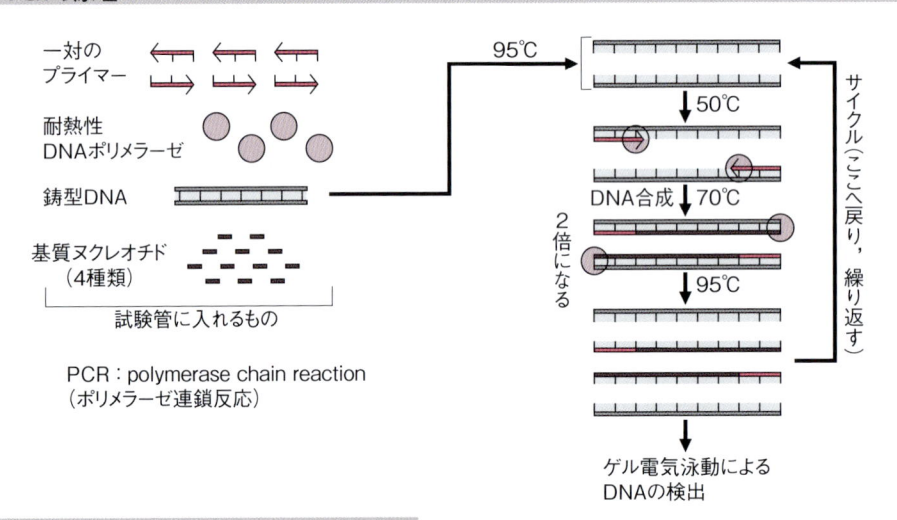

PCR：polymerase chain reaction
（ポリメラーゼ連鎖反応）

■ 図2　定量PCR
　　　［DNA結合色素を使ったリアルタイムPCR］

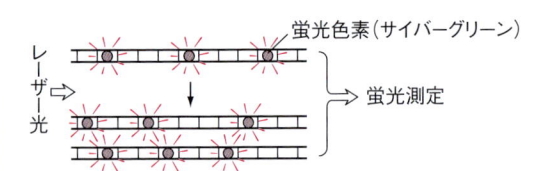

### コラム：PCRによる塩基配列解析

PCRはDNAシークエンスにも使える．DNAに対し片方のみのプライマーでジデオキシシークエンス反応を行い，その後変性とプライマー結合を経て再びシークエンス反応を行い，さらにこれを繰り返す．

反応は時間がたつほど弱くなるため定量性は低下する．他方，定量的にDNAが増幅している反応初期はDNAが少なすぎて検出できない．しかし反応の進行や生成物の量に応じて蛍光を発するような試薬を用いてPCRの進行を逐一追跡すれば定量的PCRが可能になる（リアルタイムPCRともいう）．

### ■ DNA多型の検出

ゲノム中で多数繰り返しているミニサテライトDNAは変異しやすく個人間にも多型があるため，その領域のPCRは犯罪捜査や親子鑑定といった個人識別の手段となる．PCRによる個人識別解析の精度は非常に高く，理論上は指紋のようにすべてのヒトを区別できる（DNA指紋）．医療では遺伝子診断や病原体の型別判定にPCRが力を発揮している．PCRでDNAを区別できる原理にはいくつかある．増幅部分に挿入や欠失があれば，増幅産物は異なるサイズのDNAとして現れ，プライマー部位の変異や欠失があれば，増幅そのものが起こらない．配列がわずかに異なるDNAを特殊条件下で電気泳動すると，バンド位置が変化するので，点突然変異が推定できる（例：SSCP法）．

### ■ 遺伝子発現の解析や遺伝子組換え実験への応用

遺伝子発現量（RNA量）の測定にもPCRが使える．RNAそのままだとPCRできないので，いったん逆転写酵素でcDNAにし（二本鎖，一本鎖どちらでもよい），それをもとにPCRを行ってDNAを定量する．この手法をRT-PCR（逆転写PCR）という．ある種のPCR用酵素はTdT活性（2-3）をもち，DNAの3′端側にAを付ける．このため，線状にしたときに3′端にTの一本鎖部分をもつベクターを使うと，PCR産物を遺伝子組換えに直接利用できる（⇨ T/Aクローニング法）．変異をもつプライマーでプラスミドを丸ごとPCRすると，プラスミドDNAに部位特異的突然変異を導入できる．

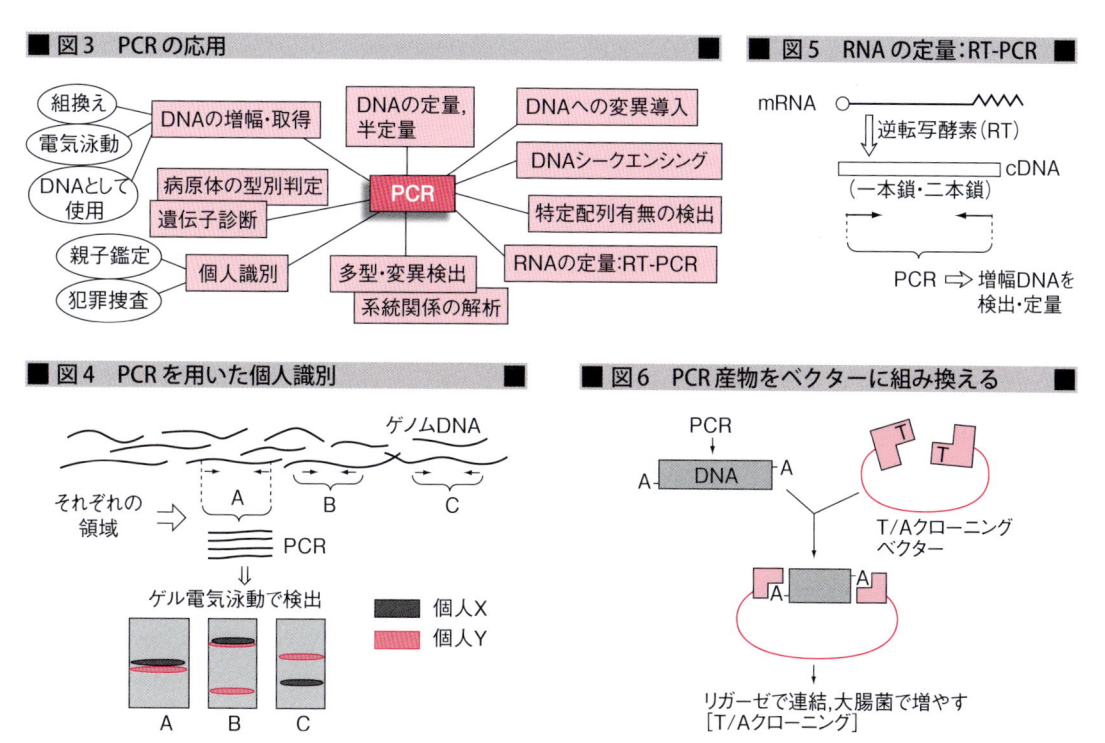

■ 図3　PCRの応用

■ 図5　RNAの定量：RT-PCR

■ 図4　PCRを用いた個人識別

■ 図6　PCR産物をベクターに組み換える

## 3-6

# 核酸をプローブで検索・解析する

フィルターにしみこませた核酸を標識DNAプローブでハイブリダイゼーションして解析する技術をブロッティングという．プローブが多い場合はプローブを固定化したマイクロアレイ法を使う．RNAを溶液中ハイブリダイゼーションを利用して解析する方法もある．

### ■ フィルター上の核酸を検出する：ブロッティング

フィルター（メンブランフィルター）に付いた核酸の特定配列を検出する場合，放射性同位元素（RI）で標識したDNAプローブをフィルター上の核酸とハイブリダイズさせ，洗浄後，結合プローブの位置を写真フィルムに記録し（⇨ オートラジオグラフィー），目的核酸配列の有無やそのサイズを解析する．フィルターに試料をしみ込ませた（blot）物質をプローブなどの特異的検出試薬で検出する手法を，一般にブロッティングという．

### ■ サザン法とノーザン法

ブロッティングによりDNA断片を検出する手法をサザンブロッティング（あるいはサザン法）といい，E. Southernにより開発された．DNAを制限酵素で切断し，ゲル電気泳動でDNAを分離した後ブロッティングし，DNAプローブで検出する．「ネズミのX遺伝子を使ってヒトゲノム中のXを検出する」といった古典的なDNA検出法で，目的DNAを特定の長さの制限酵素切断としてとらえる．RNAを電気泳動し，DNAプローブで目的RNAを検出する方法は，サザン（南）の名称をもじってノー

■ 図1 サザンブロッティング

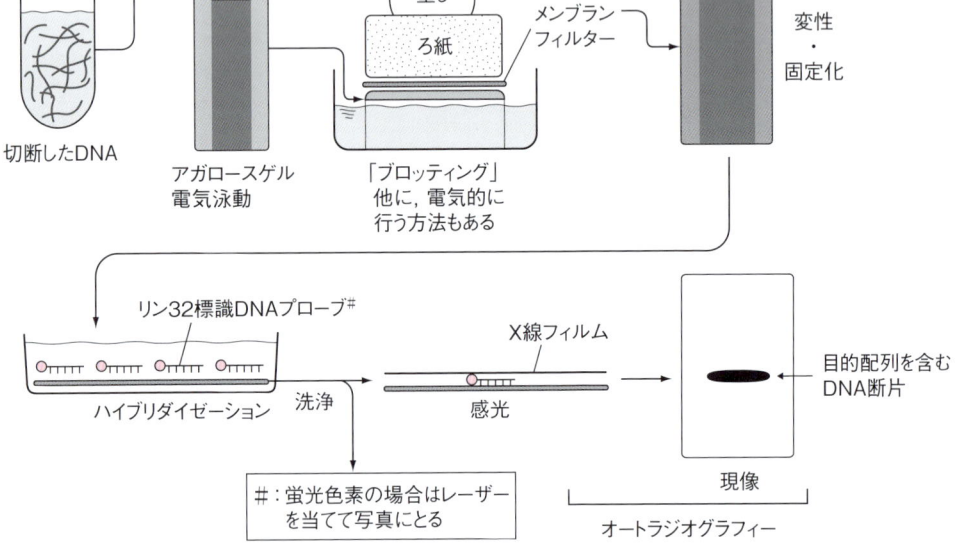

## 3-6 核酸をプローブで検索・解析する

**解説：ブロッティングの応用**

細菌コロニーやファージプラークの DNA を写し取り，ハイブリダイゼーションで目的クローンを探し出す方法をそれぞれコロニーハイブリダイゼーション，プラークハイブリダイゼーションという．

ザン（北）ブロッティング（ノーザン法）といい，RNA の量と長さ（⇨ 転写開始部位やスプライシングパターン，あるいは分解の状態）がわかる．

### ■ 遺伝子発現の網羅的解析：DNA マイクロアレイ

ノーザンブロッティングを膨大な数のプローブで行おうとすると，プローブ数だけフィルターが必要で，実際上実行不可能である．この困難を逆転の発想で克服したのが DNA マイクロアレイ（DNA チップ）である．微小（マイクロ）基板に多種のプローブ DNA を列（アレイ）状に並べたものを使うが，標識はされておらず，逆にそこにハイブリダイズさせる溶液中の核酸（試料 RNA からつくった cDNA 混合物）を蛍光標識する．洗浄後に基板に付いた蛍光を検出し，RNA 中にどのような転写産物があったかを明らかにする．典型的なハイスループット解析の例でもある．プローブには主にオリゴヌクレオチドを使い，癌関連遺伝子などと目的に応じて選ぶこともできる．

### ■ プローブとヌクレアーゼを組み合わせる RNA 検出法

RNA を鋳型 DNA のある部分をプローブとして溶液中でハイブリダイズさせ，一本鎖核酸を消化する S1 ヌクレアーゼを作用させた後，RNA とハイブリダイズして消化をまぬがれたプローブをゲル電気泳動で検出する（S1 マッピングという）．RNA が DNA のどの部分に相当するかがわかり，転写開始部位やスプライシング部位の解析に用いられる．プローブに RNA，酵素に RNase（一本鎖 RNA を分解）を使い，消化されずに残った RNA を検出する方法もある（RNase 保護法という）．

■ 図2　ノーザンブロッティングの例 ■

■ 図3　DNAマイクロアレイ解析 ■

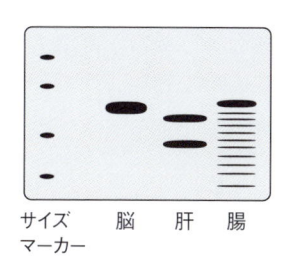

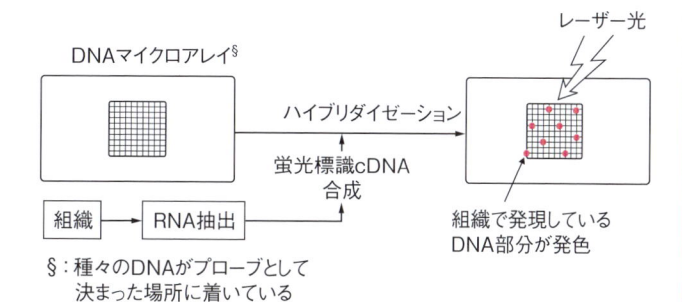

■ 図4　S1マッピング法 ■

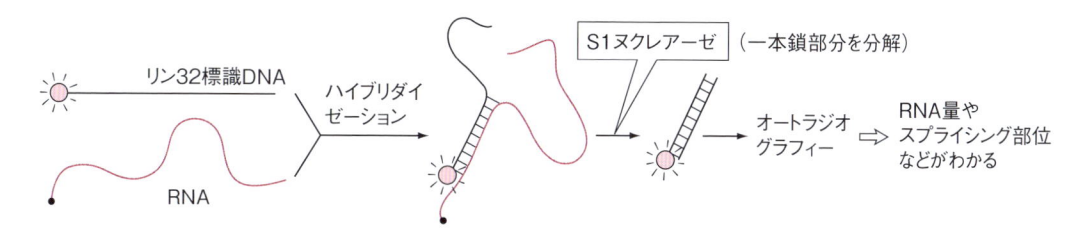

# 3-7

# バイオ実験に放射性物質を利用する

放射性同位元素は，放射線を高感度に検出できるなどの理由で，生体分子の検出や反応追跡用の標識物質として使用される．扱われる放射線は主に $\gamma$ 線か $\beta$ 線で，検出には計測機器を使う方法や，画像として記録させるオートラジオグラフィーという手法がある．

## ■ 放射性同位元素の性質と検出

元素の中で放射線を出して原子核が壊変／崩壊するものを放射性同位元素（RI：radioisotope）という（注：放射能とは放射線を出す性質）．生命工学で使われる放射線は $\beta$（ベータ）線と $\gamma$（ガンマ）線で，リン 32，炭素 14，水素 3（トリチウム），硫黄 35（いずれも $\beta$ 線）やヨウ素 125（$\gamma$ 線）がよく使われる．X 線は $\gamma$ 線より波長の短い放射線で，X 線発生装置やある種の RI を扱う際に出る．放射線は物質を通過するが，通過の程度はエネルギーに依存し，トリチウムの $\beta$ 線は空気中でもほとんど進まないが，$\gamma$ 線はプラスチック板を容易に通り抜ける．放射線が当たると分子が電荷をもつなどして反応性が上がるが，この性質が RI の検出に使われる．放射線は液体シンチレーションカウンター（$\beta$ 線用）や $\gamma$ カウンターなどで測定するが，簡易的には GM サーベイメーターなども使える．

## ■ RI 存在場所の画像記録

$\gamma$ 線やエネルギーの高い $\beta$ 線（例：リン 32 や硫黄 35）は写真フィルムを感光するので，X 線フィルムを密着後に現像すると，RI の場所がわかる．ゲル電気泳動でリン 32-ヌクレオチドを含む核酸を分離して上の措置を行うとゲル中の核酸を検出できるが，このように画像で RI を記録する技術をオートラジオグラフィーという．RI をもつ分子を組織切片や身体全身レベルで検出する方法もある．放射線が当たると光る物質を塗った板を使って放射線をより高感度に検出する方法や，電気泳動ゲルにそのような光を出す物質をしみ込ませ，光を写真フィルムで検出する手法などもある．

■ 図1 生命工学で汎用される RI

| 元素と質量数 | 崩壊形式 | 半減期 | エネルギー（MeV） | |
|---|---|---|---|---|
| | | | $\beta$ 線 | $\gamma$ 線 |
| ³H（トリチウム） | $\beta^-$ | 12.3 年 | 0.0185 | — |
| ¹⁴C | $\beta^-$ | 5760 年 | 0.156 | — |
| ³²P | $\beta^-$ | 14.3 日 | 1.71 | — |
| ³⁵S | $\beta^-$ | 87.1 日 | 0.169 | — |
| ¹²⁵I | $\gamma$, EC | 60 日 | — | 0.035 |
| ¹³¹I | $\beta^-$, $\gamma$ | 8.1 日 | 0.605 (86%) 0.25 (14%) | 0.637, 0.363 0.282, 0.08 |

EC：軌道電子捕獲．%はそのエネルギーの放射線の比率を示す．
トリチウムの $\beta$ 線はエネルギーが小さく，空気中でもほとんど進まない

## ■ 生命工学でのRIの利用され方

RIにはさまざまな使われ方がある．一つは生体や細胞に入れ，対象物質の存在位置や生体内での移動や変化を解析するトレーサーとしての役割がある．このためには対象物質にRIを取り込ませる（標識する）必要があるが，それにはRIをもつ低分子を使い関連分子に普遍的に取り込ませる方法と（例：無機リン酸によるRNA標識），目的分子自体を標識する方法がある（例：標識アミノ酸）．生体で目的分子を短時間だけ標識する操作をパルス標識といい，その後の分子状態を追跡するために行われる（パルス-チェイス解析）．RIは試験管内反応にも使われ，酵素反応機構を解析したり，反応物の分析（例：DNAシークエンシング）に利用されたりする．特定物質が細胞／組織に取り込まれることを利用し，細胞／組織の機能を調べたりすることもでき，また放射線のもつ細胞殺傷能を利用し，特定の癌の治療という目的でも使われる（例：放射性ヨウ素による甲状腺癌治療）．これらとは別に，炭素14の量を測定して化石や地層の年代を決定する技術や，X線やγ線を細胞に当てて突然変異を誘起する技術，抗体と標識タンパク質Xを用いて生体内のX（例：酵素やホルモン）の量を測定するという技術（放射免疫測定：RIA）もある．

■ 図2　RIの検出方法

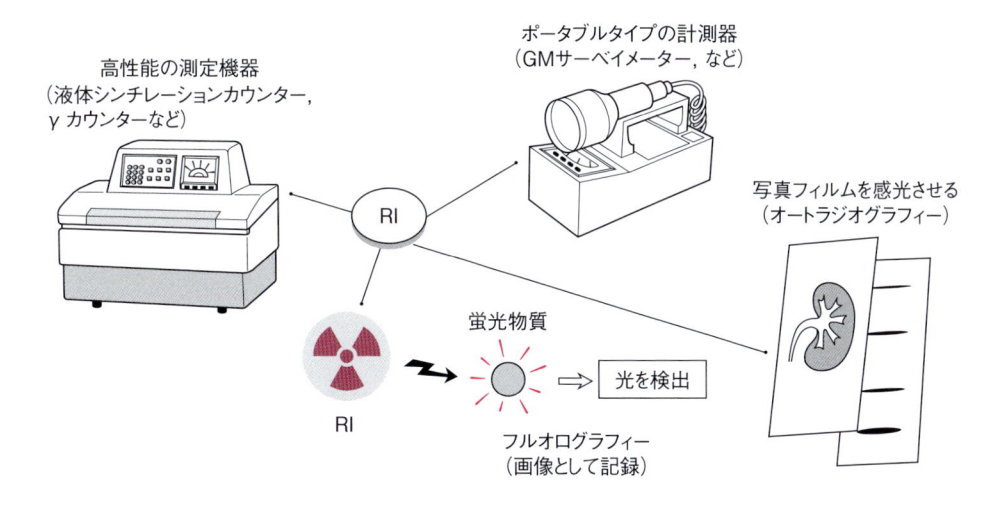

■ 図3　RIの利用方法

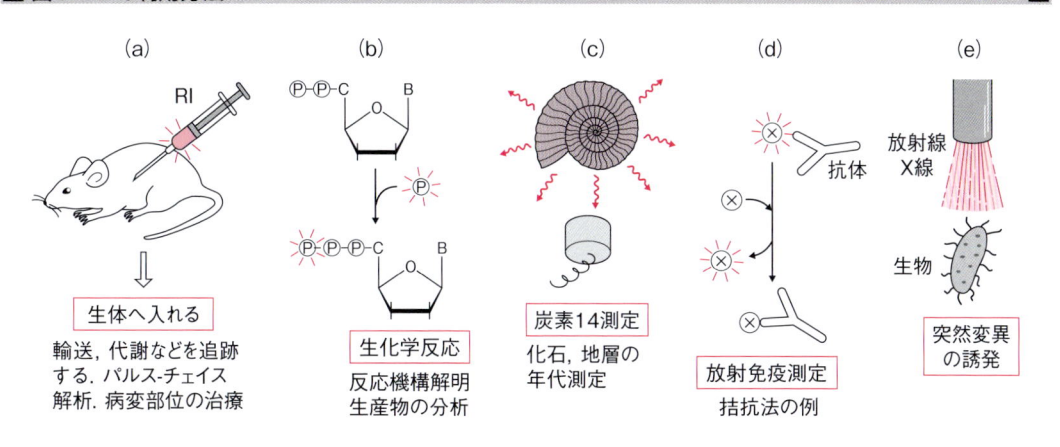

## 3-8 放射線は危険性に注意して使われる

放射線被ばくによって身体的影響が出ることがあるため，操作では遮へいや短時間操作などで被ばく量を減らす努力が必要である．内部被ばくは影響が大きく，とくに注意が必要である．RIに関する事柄には細かな法的規制があり，使用制限と安全操作が義務づけられている．

### ■ 放射線被ばくとは

人間が放射線に当たることを被ばく（被曝）というが（注：原水爆による被ばくは被爆と記す），外部被ばくと内部被ばくがある．外部被ばくは体外にある放射線源からの被ばくで，内部被ばくはRIが体内に入って起こる．被ばく量が一定以上になると健康に悪影響がおよぶが，これは放射線によってタンパク質やDNAなどの生体分子が損傷するからである．内部被ばくでは取り込まれたRIが一定の割合で体外へ排出されるものの，細胞／分子に直接放射線が当たり，またRIのエネルギーが弱くても，RIをもつ分子自体が原子崩壊に伴って壊れるため，同じ被ばく量でも影響は外部被ばくに比べて大きい．放射線のヒトへの影響は線量当

#### トピックス：外部被ばくの許容量

一般（⇨ RI使用施設の外）の1年間の外部被ばくの線量限度は1mSvだが，RI作業従事者の場合は50mSvである．生命工学関連操作で，通常の量のRIを通常の操作で使う限り，この量に達することはごくまれである．外部被ばく量は身に付けた小型の線量計で測定する．

#### ■ 図1　放射線にかかわる単位

| | |
|---|---|
| ① 壊変（崩壊） | ・$3.7 \times 10^{10}$ dps（壊変／秒）= 1 Ci（キュリー）<br>・1Ci = $3.7 \times 10^{10}$ Bq（ベクレル）　1 μCi = 37 kBq<br>　　　　　　　　　　　　　　　　　1 mCi = 37 MBq |
| ② エネルギー | ・1MeV（メガ電子ボルト）= $1 \times 10^{6}$ eV<br>　　　　　　　　　　　= $1.6 \times 10^{-6}$ erg（エルグ）<br>　　　　　　　　　　　= $3.8 \times 10^{-14}$ cal（カロリー） |
| ③ 照射線量 | ・1R（レントゲン）= 10 mSv<br>　　　　　　　　　= 8.77 mGy（空気） |
| ④ 吸収線量 | ・1rad（ラッド）= 100 erg/g　100rad = 1Gy（グレイ） |
| ⑤ 線量当量 | ・1rem（レム）= 1rad × RBE（生物学的効果比）<br>　100rem = 1Sv（シーベルト）<br>　　　　　　 = 1J（ジュール）/kg |

#### ■ 図2　放射能標識

#### ■ 図3　放射線防護三原則

- 線源に近づきすぎない
- 遮へいする
- 被ばく時間を短くする

量（単位は Sv：シーベルト）で表す．放射線が全身に当たると被ばく量に応じて白血球減少から死亡までのさまざまな影響が出る．100〜200mSv／年以下の影響は理論的にゼロではないが，明確ではない（注：細胞の修復能により理論値より低くなるかもしれない）．

### ■ 安全操作の規準

前述の理由により，RIを使って操作する場合は，被ばくの軽減に努める必要があり，「使用時間を短く」「RIまでの距離を長く」「遮へい」の3点に留意する．エネルギーの大きなβ線はアクリル板で遮へいするなどの措置をとる必要がある．RIのヨウ素は揮発しやすくタンパク質に結合するので，防護装置／器具を確実に使用する．RIの物質量（単位はベクレル Bq）は一定量でも，時間がたつと放射線量が減るが，半分になる時間を半減期といい（RIで異なる），要注意期間の目安となる．

日本では，RIはRI実験施設としての基準を満たした場所（その内部を放射線管理区域といい，図2の放射能標識で示される）でのみ使用できる．RI実験施設では施設の設置基準などによって，使用できるRIの種類とその量が決められ，また実験後にはRI汚染がないことを確かめたうえで管理区域外に出ることができる．X線発生装置を使用する場合も照射室はX線が漏れ出ないように一定の基準がある．

#### コラム：意外に多い自然の，あるいは規制対象外の放射線

日常生活でも自然放射線（宇宙線など，およそ1〜2mSv／年）によってヒトは常に放射線にさらされている．成層圏を飛ぶ飛行機を長時間利用すると数回でこの量に達し，ラドン温泉，ラジウム温泉や，ある種の夜光塗料からは放射線が出ている．医療機関でのX線（レントゲン線）の照射も問題にされるが，胸部X線撮影や胃透視などでは1〜数回で1年分の自然放射線同等の被ばくになり，CT検査ではその量はさらに多い．病院では検査や治療を目的にRIを体内に注射することがあるが，これらの措置は，「診断，治療」という理由で許されている．

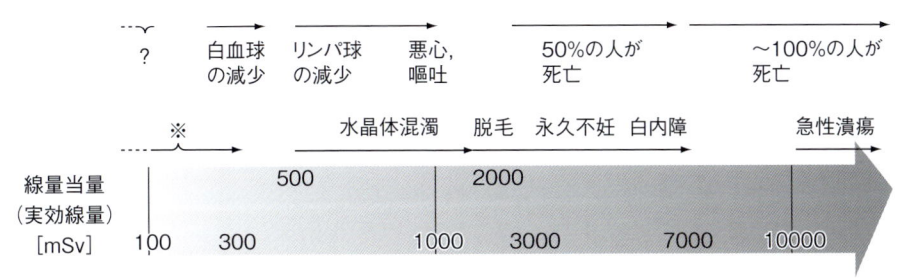

### ■ 図4 放射線により人体が受ける障害の程度

| 線量当量(実効線量)[mSv] | 影響 |
|---|---|
| ? | ※ |
| 100 | |
| 300 | 白血球の減少 |
| 500 | リンパ球の減少 |
| 1000 | 悪心，嘔吐／水晶体混濁 |
| 2000 | 脱毛 |
| 3000 | 50%の人が死亡／永久不妊 |
| 7000 | 白内障 |
| 10000 | 〜100%の人が死亡／急性潰瘍 |

※：胎児の奇形や発達不全，乳幼児の発癌率上昇に関連するという報告がある．

### ■ 図5 通常生活でも放射線に被ばくしている例

- 一般環境：自然放射線（宇宙線・自然界からなど）
- 医療現場：レントゲン検査，CT検査　甲状腺癌治療
- その他 特別な場合：ラジウム温泉，ジェット機・宇宙船　ある種の夜光塗料

## 3-9 生体分子を標識する

生体分子の標識には in vivo 法と in vitro 法があり，標識分子は検出，あるいは反応や構造の解析などに利用される．核酸の標識にはリン酸やヌクレオチドが，タンパク質標識にはメチオニンが好んで使われる．分子標識法は，分子の細胞内変化の追跡にも有効である．

### ■ 核酸の標識

試験管内（in vitro）反応で DNA や RNA の末端を標識するときには，ポリヌクレオチドキナーゼとγ（リン 32）ATP（注：γ位［α位］とは三リン酸のうち糖から最も遠い［近い］部位）を使い，ATP の標識リン酸を DNA の 5′ 末端に移す．DNA 内部のヌクレオチドを標識する場合は，DNA 合成反応の基質の一つを α（リン 32）dXTP にし，α 位のリン酸を DNA に取り込ませる．同様にして，転写反応で RNA を標識できる．ヌクレオチド標識 RI は基質中の元素であれば何でもよいわけではなく，検出しやすいという理由でリン 32 が多用される．非 RI としては，蛍光色素結合基質が使われる．DNA の 3′ 末端が少し削れている場合，末端修復のための DNA 合成反応に標識ヌクレオチドを加えて DNA 末端領域を標識できる．すでにある二本鎖 DNA を両鎖ランダムに標識する場合は，ニックトランスレーションを行う．in vitro 標識核酸はプローブや構造解析用の材料として利用される．細胞内（in vivo）標識の場合，培養液や血中に RI の無機リン酸を入れると，核酸，一部のタンパク質，脂質，糖に標識が入るので，特定分子の検出には精製か特異的検出法が必要となる．DNA か RNA だけ標識する場合は，それぞれ，標識されたチミジンかウリジンのヌクレオシドを加える．

### ■ タンパク質やその他の分子の標識

タンパク質を標識する場合は，RI 標識アミノ酸を使う．in vitro で行う場合は無細胞翻訳系に取り込まれる標識アミノ酸を加えるが，大きな放射線エネルギーが必要な場合は硫黄 35-アミノ酸（システインかメチオニン）がよい．

■ 図1　生体内分子の標識法の例

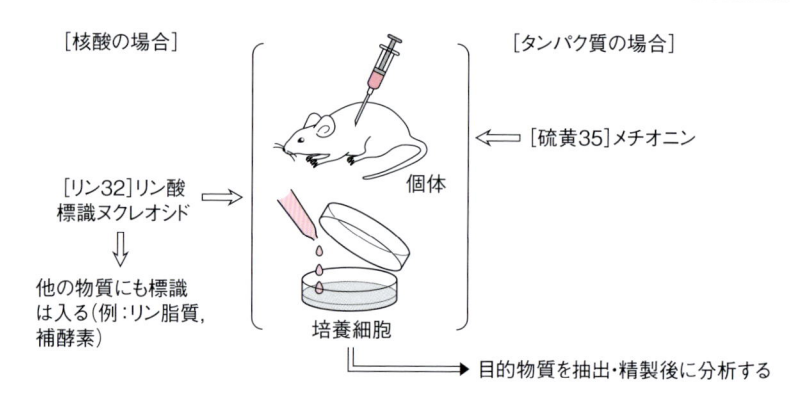

［核酸の場合］　　　　　　　　　　　　　［タンパク質の場合］

［リン32］リン酸
標識ヌクレオシド
⇒
他の物質にも標識は入る（例：リン脂質, 補酵素）

⇐ ［硫黄35］メチオニン
個体
培養細胞
→ 目的物質を抽出・精製後に分析する

培養液や体内にこれらの標識アミノ酸を入れると，in vivo 標識タンパク質を得ることができる．いずれの操作でも，メチオニンを用いればタンパク質に取り込まれる（注：ただし N 末端が切断・除去されない条件で）．すでにできあがったタンパク質がもつ反応性の官能基に対して化学修飾（例：リン酸化，糖付加）させることもできるが，その場合は RI をもつ前駆体を用いる．糖や脂質の特異的標識にも，相同の化学修飾法を使う．

### ■ パルス - チェイス実験

in vivo でパルス（短時間）標識（3-7）すると，合成されたばかりの分子に標識が入る．そのような分子は特定の構造と特定の局在場所を示すが，時間がたつにつれて分解や構造変化（加工，修飾，サイズの変化）を受け，また局在が変化するものもある．パルス後に標識物質を除いて通常の条件にし，目的分子の標識の挙動（⇒ 分子のサイズや性質，局在）を追う（chase）と，目的分子の細胞内の運命を時間経過ごとに解析できる．この手法をパルス - チェイス実験といい，DNA 複製時に作られる岡崎断片の発見にも応用された．

**コラム：安定同位体での標識**

同位体には非放射性の安定なものもある（例：重水素，窒素 15）．安定同位体をもつと分子量が変わるので，沈降係数の差を利用し，遠心分離法で分子変化の過程を追跡することができる．

■ 図2　核酸を in vitro で RI 標識する

| 分類 | 方法 [酵素] |
|---|---|
| ① | 5' 突出末端の修復合成 [クレノー断片，T4 (T7) DNA ポリメラーゼ] |
| ② | 3' 突出末端の削除と修復 [T4 (T7) DNA ポリメラーゼ] |
| ③ | ・ランダムプライマー法 [クレノー断片]<br>・ニックトランスレーション法 [大腸菌 DNA pol I]<br>・PCR 法 [PCR 用ポリメラーゼ] |
| ④ | 5' 端へのリン酸付加 [T4 ポリヌクレオチドキナーゼ] |
| ⑤ | RNA ポリメラーゼ [T3，T7，SP6 など由来のもの] |

③と⑤は内部標識法といわれる．
反応には α 位リン酸がリン 32 標識された基質（dNTP．⑤は rNTP）を使う．
ただし④は γ 位のリン酸がリン 32 標識された ATP を使う．

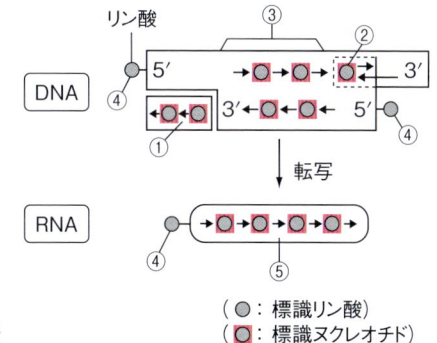

■ 図3　パルス-チェイス実験

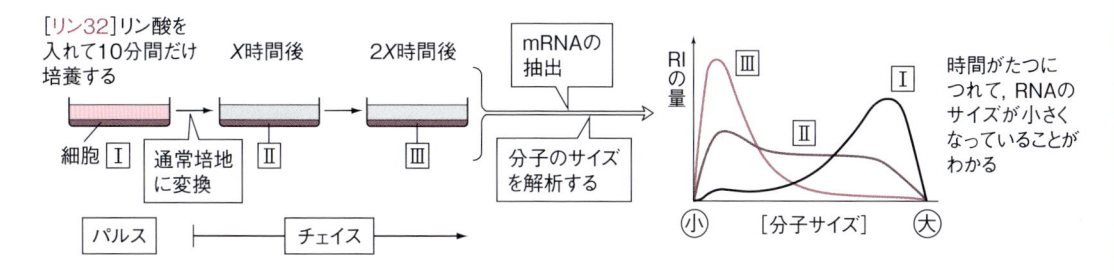

## 3章発展

# 特別な目的のための核酸の電気泳動

さまざまなゲル電気泳動法により，巨大DNAやタンパク質結合DNA，そして変異をもつDNAを分離することができ，変性条件にすると塩基配列解析などの構造解析も可能である．

### ◆ 巨大DNAを分離する

ゲル電気泳動ではDNAが20kb以上になるとDNAが進行方向に線状に並び，ゲル篩（ふるい）効果が働かなくなるために長さによる分離ができない．これを克服するパルスフィールドゲル電気泳動では，電圧を90度で変えながら短時間，周期的にかける．DNAがジグザグに進むためにゲル分子の篩効果が発揮され，巨大DNAも分離することができる．

### ◆ タンパク質の付いたDNAを分離する

核酸は強く負に荷電しており，タンパク質が結合しても陽極に移動するが，分子形態が大きくなった分だけ移動が遅くなる．この原理を利用してDNA結合タンパク質を検出できる（ゲルシフト解析）．タンパク質のもつ固有の電荷で遅延の程度が変化するため，結合タンパク質の検討もできる．

### ◆ わずかな配列の違いの有無で分離する

熱で変性したDNAを急冷などによって急激にアニールさせると，DNAは安定なランダムコイル状になって折り畳まれるが，突然変異があると少し異なる立体構造をとるので，その違いをゲル電気泳動で検出できる．この方法で変異や多様性を検出する方法をSSCP（単鎖構造多型）解析という．この原理でDNA相補鎖の分離もできる．

### ◆ 変性ゲルは塩基数に応じて1本を分離できる

尿素のような変性剤をゲルに入れると核酸を一本鎖で電気泳動できる．RIなどの標識物質を使って核酸を合成したものをこの方法で分離・検出すれば，標識をもった鎖のみが長さに応じて検出され，DNA配列解析やRNA構造解析などに応用される．

■ 図　さまざまに工夫されたゲル電気泳動

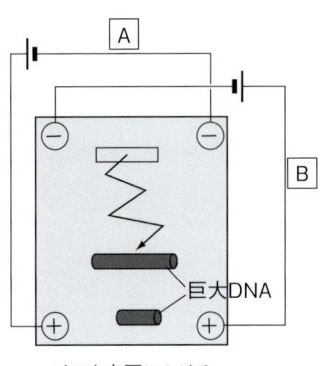

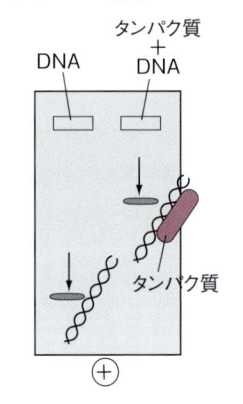

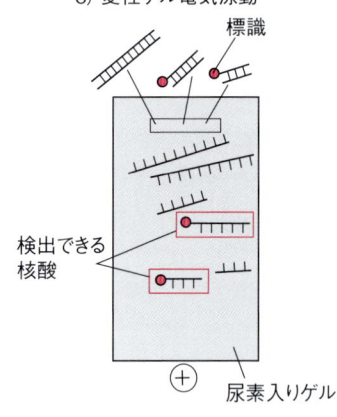

a) パルスフィールド電気泳動　　b) ゲルシフト解析　　c) 変性ゲル電気泳動

# 4章

# 組換えDNAをつくり，細胞に入れる

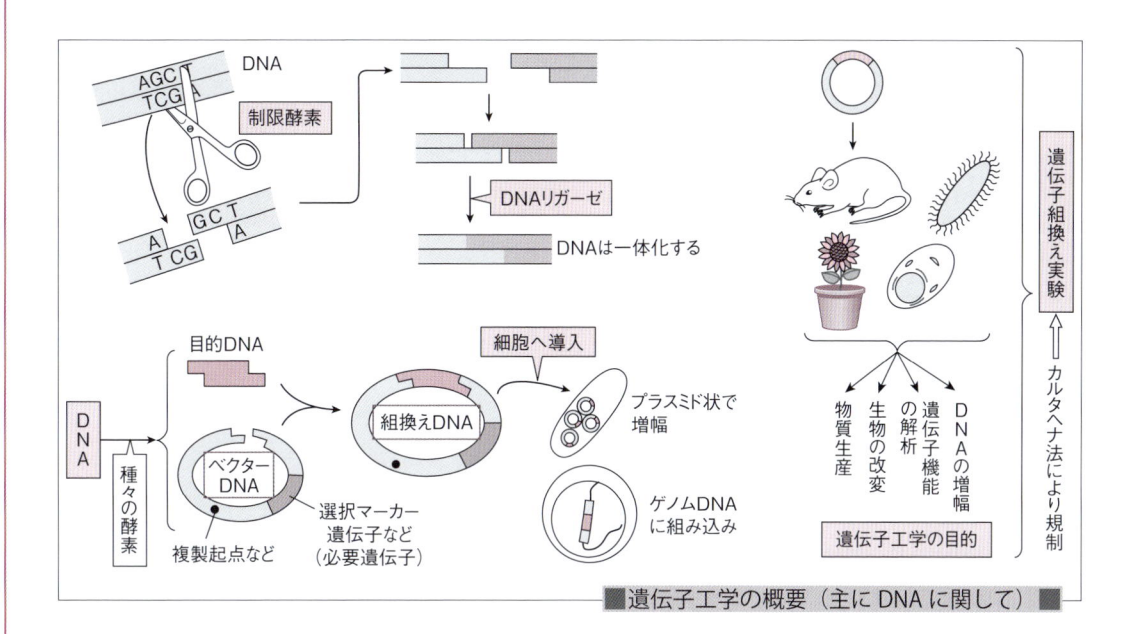

**遺伝子工学の概要（主にDNAに関して）**

　希望通りに構築したDNAを細胞内で増やす技術は生命工学の中心となるもので，遺伝子工学や遺伝子組換え実験といわれる．DNA骨格の構造が生物で共通で，含まれる塩基配列がもつ遺伝情報も生物で共通なことから，遺伝子工学は生命工学において最も普遍的なものとなっている．

　遺伝子工学を可能にした最大の理由は，DNAを特定の配列で切断する制限酵素の発見である．非常に多くの種類があるが，短い一本鎖の末端（粘着末端）を残してDNAを切断するので，そこを利用してDNA断片を容易に付着させることができ，そこにDNAリガーゼを効かせることで異種DNAを一つの分子とすることができる．目的DNAを連結して細胞に導入するためのDNAをベクターというが，ベクターを使い分けることにより，DNAを細胞で増やしたり，遺伝子発現を介してタンパク質を産生させたり，さらには細胞の性質を変化させたりすることができる．操作の目的に合うように，ベクターにはDNAが入った細胞を選択するための遺伝子や，その発現に関する調節配列が組み込まれている．中には組換えの成否が細胞の増殖性や色でわかるベクターもある．RNAもDNAに変換すれば，DNAとして同じように操作できる．遺伝子工学は遺伝子機能の解析，有用医薬品の生産，そして有用生物の作出までと，その守備範囲は非常に広い．

　遺伝子組換え生物が環境に出て生物多様性を乱したり，ヒトを含む他の生物に入り込んで悪影響をおよぼしたりしないよう，カルタヘナ法によって実験施設や使用できる遺伝子の種類，実験の種類や規模，動物への接種の可否などが細かく決められている．

## 4-1

# 制限酵素：決まった塩基配列で DNA を切る

細菌はファージの攻撃を防ぐために，自身の DNA をメチル化で保護したうえで，ファージ DNA を切断する制限酵素を使う．制限酵素は特定の塩基配列を認識して DNA を切断するが，切断後に一本鎖末端を残す性質があり，これが組換え DNA の作製に利用される．

### ■ 遺伝子工学を可能にした酵素の発見

あるファージと，その感染を阻止できる型の宿主細菌 Y という組合せでも，たまたまそこで増えたファージ（⇨ ファージ X）が見つかる場合があるが，次に X を細菌 Y に接触させると，今後はよく増えるようになるという現象がみられる．ファージを増やさない現象を「制限」というが，その原因は細菌の DNA 分解酵素（DNase）によるファージ DNA の分解である．細菌自身の DNA は，DNA メチル化酵素（メチラーゼ）によって保護されていて分解されない．X の DNA はたまたまメチル化が先行し，分解をまぬがれたものと考えられる．上記 2 種の酵素は，共通の塩基配列を標的にしている．

### ■ 制限酵素は特定の配列を認識する

前述の制限という現象にかかわる DNase を制限酵素あるいは制限エンドヌクレアーゼといい，その発見と応用はノーベル賞（アーバーら，1978 年，生理学・医学賞）の対象となり，遺伝子工学・遺伝子組換え実験がスタートするきっかけとなった．制限酵素は三つに分類されるが，遺伝子工学に使われるものは，メチル化活性をもたず，使いやすい II 型制限酵素である．制限酵素はほとんどの細菌に見つかり，その種類は非常に多く，認識配列や認識部位に対してどこを切断するかという反応性もまちまちである．制限酵素の名称の最初の 3 文字は起源となった細菌名を表す略語になっている（例：*Hinf* I 酵素はヘモフィルス - インフルエンザ菌由来）．同じ認識配列をもつ異なる細菌由来の酵素はイソシゾマーといわれる．

### ■ 制限酵素の特性

制限酵素の認識配列は 4 〜 8 塩基対で，多くはパリンドローム（回文）構造をとる．当然

■ 図1　制限酵素の発見につながった，ファージ増殖にかかわる現象

のことながら，認識塩基数が多いほどDNAをまれにしか切断せず，8塩基認識酵素は，主にゲノム解析で用いられる．制限酵素は反応条件が悪いと塩基認識能が甘くなる現象がみられる（スター活性）．制限酵素は認識部位の塩基配列，あるいはその近傍のDNAを内部（endo）で切断する．大部分の酵素は数塩基対ずらして二本鎖を切断するため，切断後に一本鎖部分（3'末端あるいは5'末端をもつ）を生じるという特徴をもつ．生じた一本鎖末端は回文構造をもち，同じ末端をもつDNA断片が付着しやすいため「粘着末端」とよばれる．粘着末端でない平滑末端を生ずる酵素もある．

## ■ 制限酵素メチラーゼ

ある配列を認識する制限酵素をもつ細菌の中には，同じ配列をメチル化する酵素であるメチラーゼが共存している（例：*Eco* RI産生大腸菌は*Eco* RIメチラーゼをもつ）．このようなメチラーゼは認識配列内の特定の塩基にメチル基を付けることができ，遺伝子工学では制限酵素で切断されないようにする場合に用いられる．

### ■ 図3 制限酵素の分類

| 制限酵素の型 | 性質 |
|---|---|
| I型 | 認識部位から離れた部位を切断．$Mg^{2+}$，ATP，S-アデノシルメチオニンを要求する．メチラーゼ活性をもつ． |
| II型 | 認識部位か，そのごく近くを切断する．遺伝子工学に一般に使用される． |
| III型 | 認識部位から約25bp離れたところを切断する．ATPとS-アデノシルメチオニンを要求する．メチラーゼ活性をもつ． |

### ■ 図2 細菌の制限酵素はファージ感染から自身のDNAを守る

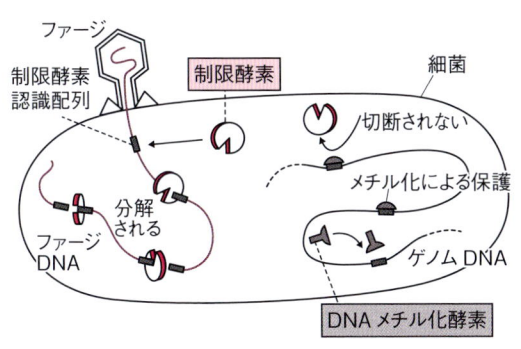

細菌はファージから身を守る手段として制限酵素をもち，ファージDNAを分解する．自身のDNA切断部分は修飾されているため，分解されない．

### ■ 図4 ゲノムDNAの断片化の様子

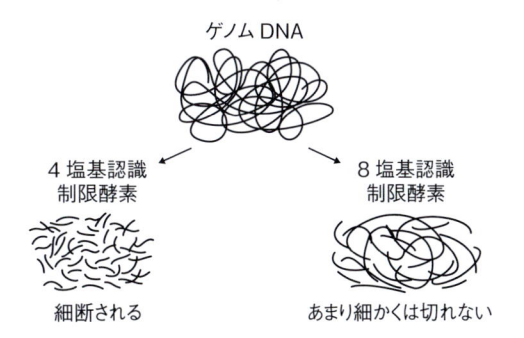

4塩基認識制限酵素 → 細断される
8塩基認識制限酵素 → あまり細かくは切れない

### ■ 図5 制限酵素の切断様式

(a) 認識配列

| 酵素 | 認識配列* |
|---|---|
| *Not* I | GC\|GGCCGC |
| *Eco* RI | G\|AATTC |
| *Hin* dIII | A\|AGCTT |
| *Nco* I | C\|CATGG |
| *Sph* I | GCATG\|C |
| *Eco* RII | CC\|$^A_T$GG |
| *Alu* I | AG\|CT |
| *Hae* III | GG\|CC |

＊：二本鎖DNA片方のみを5'側から示した
縦線は切断部位

(b) 3種類の切断方式（認識配列を示す）

(1) 5'粘着末端を生じる
例：*Bam* HI
5'- GGATCC
3'- CCTAGG  →  G    GATCC
                CCTAG    G

(2) 3'粘着末端を生じる
例：*Kpn* I
5'- GGTACC
3'- CCATGG  →  GGTAC    C
                C    CATGG

(3) 粘着末端を生じない（平滑末端を生じる）
例：*Alu* I
5'- AGCT
3'- TCGA  →  AG    CT
              TC    GA

## 4-2 新しい組合せのDNAをつくる

> 制限酵素で生じたDNAには末端に回文配列をもつ一本鎖部分があり，同じ末端をもつDNAと付着させ，DNAリガーゼを作用させて一つの分子にすることができる．末端配列が合わなくとも，適当な酵素とリンカーDNAを使い，どのようなDNAも連結可能である．

### ■ DNAリガーゼ：DNA連結酵素

DNA連結酵素（DNAリガーゼ）は，DNAのリン酸ジエステル結合が切れたり，複製が終わって隙間（⇨ニック［切れ目］という）が 3′-OH, 5′-リン酸となっている部分に作用して，リン酸ジエステル結合をつくってDNA鎖を連結する．実際にはT4 DNAリガーゼ（T4ファージがコードする）にATPを添加して用い，遺伝子工学における最重要酵素の一つになっている．5′端にリン酸基がないと連結できない．

### ■ 二つのDNA断片を一つにする

DNAを制限酵素で切断して生じた粘着末端に注目し，たとえば断片Aの端に一本鎖部分AGCT-5′があり，断片Bの端にも一本鎖部分AGCT-5′があると両者がアニールする．異なる酵素で切断しても粘着末端が同じであれば同様に反応が進む．この状態ではまだ安定な共有結合になっていないので，DNAリガーゼを効かせて両鎖にあるニックを結合させる．結合が片方の鎖にしか起こらなくとも，組換えDNAとしての安定性は基本的に維持される．この操作によりAとBが末端でつながった一つのDNA（組換えDNA）ができる．1972年，この操作によって最初の組換えDNAがつくられた（P. バーグ，1980年，ノーベル化学賞）．組換えDNAは元のDNAの素性にかかわらず（⇨PCRで増やしたDNAや化学合成したDNAでも）細胞内で通常DNAと同じ挙動を示す．

### ■ 末端を整えてから連結する

上の方法では同じ粘着末端を生ずるDNAしか連結できない．しかし制限酵素は種類が多く，切断したDNAの末端構造が多様であるため，希望するDNA断片を上のようにいつでも連結できるとは限らない．平滑末端同士を連結するのは容易ではないが，そこにリンカーとよばれる制限酵素配列をもった短いDNAを連結したあとで粘着末端をつくれば，リンカー間の結合でDNA断片は容易に連結できる．二つのDNA

**図1 粘着末端同士でDNA断片を付着させ，連結する**

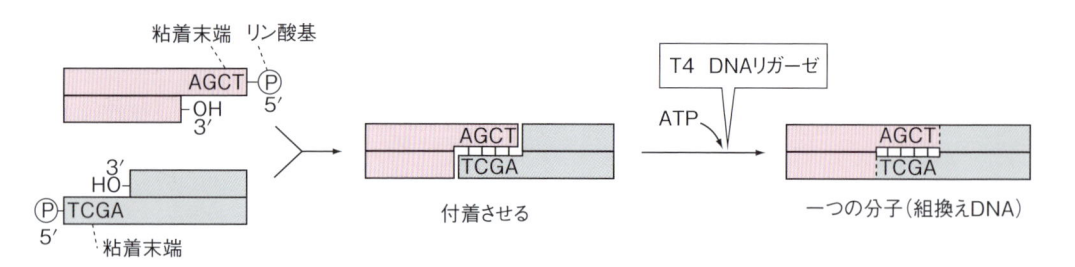

の末端がそれ以外の形状になった場合は酵素反応で末端を修復（平滑化）し，上のように操作する．末端修復の方法には一本鎖部分をヌクレアーゼ（例：Exo III，一本鎖特異的ヌクレアーゼS1）かDNAポリメラーゼのヌクレアーゼ活性で分解する方法と，5'端が突出している場合にDNAポリメラーゼで3'側へDNAを合成させる方法がある．

### ■ DNAの分解・消化

DNAを分解・消化するには二つの方式がある．一つはエキソヌクレアーゼで端からヌクレオチドを1個ずつ削る方式で，連続的に短縮したDNA断片を調製する場合などに用い，Bal31ヌクレアーゼなどが使われる．酵素を選べば二本鎖DNAの一方の鎖を決まった方向に削ることもできる．もう一つはエンドヌクレアーゼ（DNaseIやMNase）でDNAを内部で切断する活性をもち，DNAを分解除去したいときに用いる．これら酵素はタンパク質結合部分は分解しないので，タンパク質結合部位の解析にも用いられる．後者は主にクロマチン研究やRNA除去に使われる．

■ 図2　リンカーを使って平滑末端同士を連結する ■

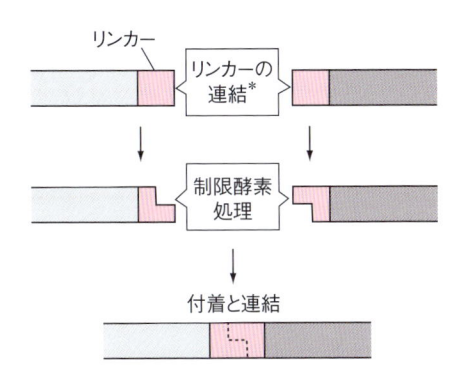

リンカー
リンカーの連結*
制限酵素処理
付着と連結

＊：リンカーは大量に加えられ，小さいので容易に連結する

■ 図3　いろいろな末端修復法（平滑末端化）■

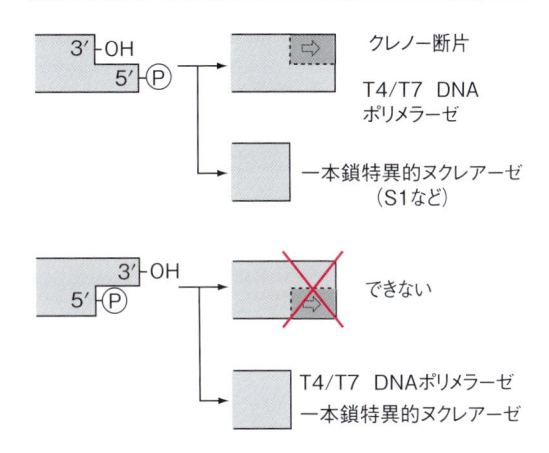

3'-OH
5'-P
→ クレノー断片
T4/T7 DNAポリメラーゼ

→ 一本鎖特異的ヌクレアーゼ（S1など）

3'-OH
5'-P
→ ✗ できない

→ T4/T7 DNAポリメラーゼ
一本鎖特異的ヌクレアーゼ

■ 図4　さまざまなDNA分解酵素活性

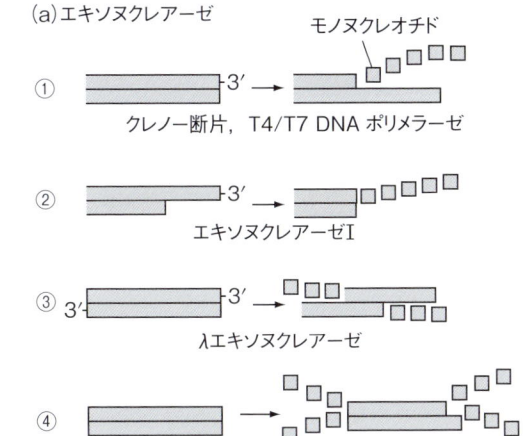

(a) エキソヌクレアーゼ

① →3' → モノヌクレオチド
クレノー断片，T4/T7 DNAポリメラーゼ

② →3' →
エキソヌクレアーゼI

③ 3'→ →3' →
λエキソヌクレアーゼ

④ →
Bal31ヌクレアーゼ

(b) エンドヌクレアーゼ

① → ニック
DNaseI, MNヌクレアーゼ

② →
S1ヌクレアーゼ　　オリゴヌクレオチド

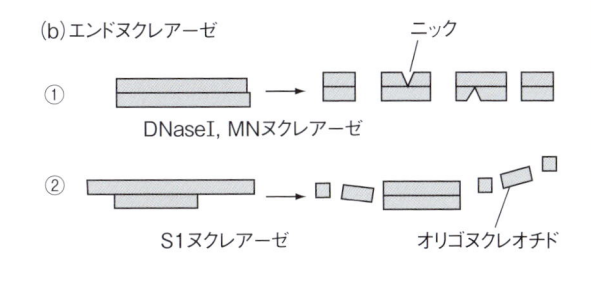

# 4-3 DNA クローニングとベクター

遺伝子組換え実験では目的 DNA が連結されたベクターを細胞へ導入するが，それによって DNA を純粋に増やす操作を DNA クローニングという．ベクターには制限酵素配列と選択のためのマーカー遺伝子のほか，複製や遺伝子発現などに関する調節配列が含まれる．

## ■ DNA クローニングとベクター

DNA 組換え実験（注：法律用語は「遺伝子組換え実験」）では一つの組換え DNA（あるいはそれをもつ細胞）を一つのクローンというが，個々のクローンを純粋に増幅する操作を DNA クローニングあるいは単にクローニングという．クローンをもつ細胞が増えれば，結果的にクローン DNA も増える．目的 DNA を組み込み，細胞に入れてクローニングなどに利用するための DNA をベクターという．ベクターの目的の一つは DNA の増幅であり，基本的には大腸菌で増やされる．他の目的としてタンパク質産生，遺伝子機能の解明，ゲノムへの組込み，そして細胞や個体の改変などがあるが，いずれも遺伝子発現が必要である．ベクターの条件として，DNA 組込み用の制限酵素配列があることと，操作の指針となる遺伝子（マーカー遺伝子）をもつことがあるが，これに加え，上述の目的にあった制御配列（例：複製起点，転写制御配列）や遺伝子も必要である．各ベクターはそれが使える細胞（⇨生物種）が決まっている．

## ■ 細菌のベクター

DNA 組換え実験は基本的に大腸菌が使われ，ベクターとしてはファージ由来とプラスミド由来の二つがある．ファージベクターの一つは DNA クローニング用に使用する λ ファージ由来のもの，もう一つは M13 などの繊維状ファージである（⇨ 一本鎖 DNA を得るために使う．組換え操作は複製中間体である環状二本鎖 DNA を使う）．プラスミドベクターは扱いやすいので，主に DNA 増幅用として使うが，なかでも ColE1 由来ベクターはコピー数が多いので汎用される．植物細胞に DNA を入れるべ

■ 図1 ベクターと DNA クローニング

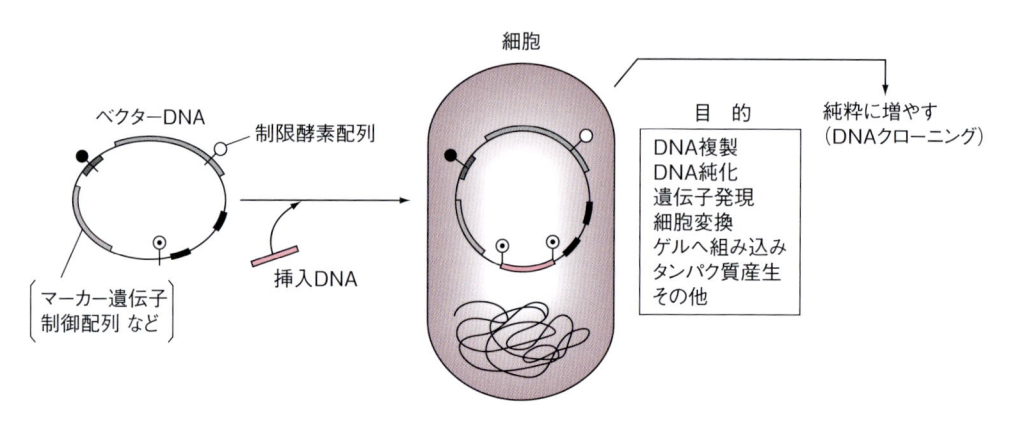

クターには，植物感染菌のアグロバクテリウムがもつTiプラスミドが使われる．

### ■ 真核細胞のベクター

コウジカビのプラスミドベクターは宿主細胞のタンパク質分泌能力を生かし，タンパク質を大量に分泌産生させる目的で使われる．酵母にもプラスミド（⇒2ミクロンDNA）があり，ベクターとして利用される．動物細胞の場合は，DNAの感染効率という観点から主にウイルスベクターが使われる．アデノウイルスを含むいくつかのDNAウイルスと，RNAウイルスであるレトロウイルス（⇒細胞内でDNAに変換される）がよく用いられる．主に細胞へのDNA導入を目的に使われるが，レトロウイルスのように，ゲノムへの組込みを狙ったものもある．タンパク質大量産生用では昆虫に感染するバキュロウイルスも使われる．

■ 図2　DNAクローニングでDNAを純粋に増やせる

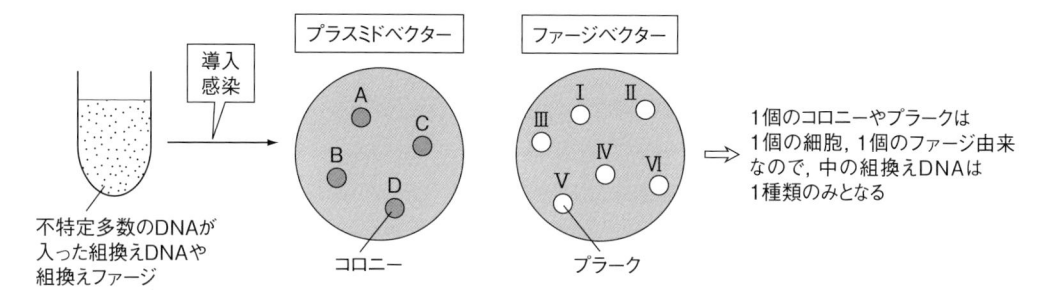

1個のコロニーやプラークは1個の細胞，1個のファージ由来なので，中の組換えDNAは1種類のみとなる

■ 図3　シャトルベクターの例

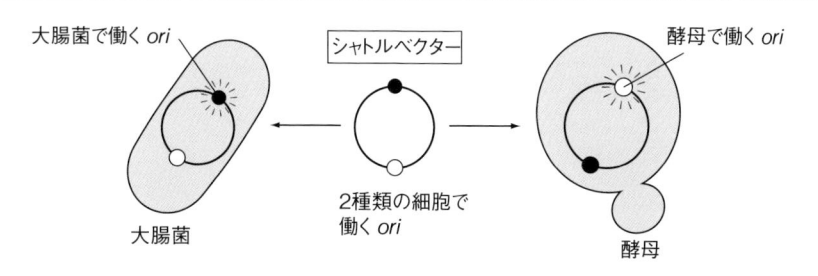

### コラム：巨大DNA組込み用ベクター

通常のプラスミドベクターは20kb以上のDNAの組込みは難しい．しかしFプラスミド由来のBAC（細菌由来人工染色体），PAC（P1ファージ由来人工染色体），酵母ゲノムの複製起点をもつYAC（酵母由来人工染色体），そしてMAC（哺乳類人工染色体．7-9）は巨大DNAを組み込むことができ，細胞内で比較的安定に保持される．これらのベクターはゲノムレベルの遺伝子クローニングや機能解析に用いられる．

■ 図4　大腸菌で増えるpBR322ベクターの構造

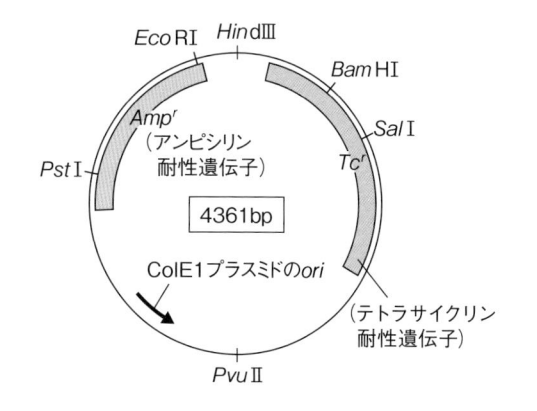

## 4-4 遺伝子組換え実験で使う生物とDNA導入法

遺伝子組換えではDNAを細胞に入れる作業が必須となる．DNAの導入方法としては，化学処理を施したDNAや細胞を接触させるトランスフェクションが一般的だが，他に微量注入法や電気穿孔法，さらには高い導入効率が得られるウイルスを使う方法もある．

### ■ 遺伝子組換え実験で使用される生物

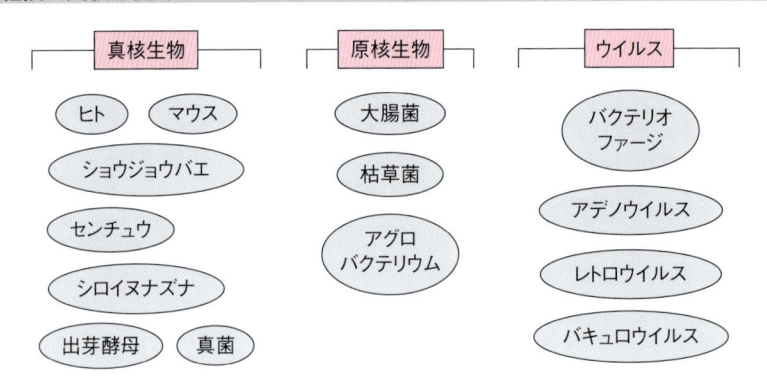

遺伝子組換え実験の目的は，構築した組換えDNAを大腸菌で増やし，そこから精製したDNAを使って遺伝子の機能解析を行ったり物質生産を行ったりすること，さらには，細胞の改変や個体の改変を行うことである．

遺伝子組換え実験ではさまざまな生物が使われる．大腸菌は4.6Mbpのゲノム，約4300個の遺伝子を含むが，遺伝的性質や菌体タンパク質の構造のわずかな違いに基づく多くの型（株ともいう）が存在し，あるものはヒトに病原性を示す．実験で使用される大腸菌の中心であるK-12株は，非病原性で簡単な合成培地でよく増殖し，またプラスミドやファージの増幅が可能で，分子生物学的に最も理解の進んでいる生物である．真核生物で大腸菌に相当する生物といえば，単細胞でよく増殖する出芽酵母（パン酵母など）で，一倍体でも増殖し，プラスミドベクターも使える．動物（例：マウス，センチュウ，ショウジョウバエ）や植物（例：シロイヌナズナ）の個体は主に遺伝子の機能解析に使用されるが，このような多細胞生物の細胞を培養したものは，細胞にとって基本的な機能の解明や個体作製のための材料作りなどに用いられる（8-1）．

### ■ 細胞へのDNA導入の基本：DNA感染

細胞にDNAを入れる最も単純な方法は細胞をDNAに接触させるDNA感染（⇨ トランスフェクションという）で，細胞膜などを金属イオンなどで化学処理してDNAを取り込みやすいように処理した細胞（⇨ コンピテント細胞という）を使う．細菌にプラスミドベクターを入れる操作は，ベクター中の薬剤耐性遺伝子な

■ 図1 遺伝子組換え実験で使用される生物等

**真核生物**：ヒト，マウス，ショウジョウバエ，センチュウ，シロイヌナズナ，出芽酵母，真菌

**原核生物**：大腸菌，枯草菌，アグロバクテリウム

**ウイルス**：バクテリオファージ，アデノウイルス，レトロウイルス，バキュロウイルス

どで細胞の遺伝的性質が変化するので，形質転換という．動物細胞ではDNAをリン酸カルシウムの沈殿と一緒にして取り込ませる方法や，人工脂質二重膜であるリポソームとともに細胞膜の融合を介して取り込ませるリポフェクションという方法がある．

### ■ 物理的なDNA導入法

DNAをより直接的に細胞に導入するには，物理的な手段を用いる（注：細胞の化学的処理を併用することもある）．エレクトロポレーション（電気穿孔法）は電流によって一時的に細胞膜に微小の孔を開ける方法で，細菌や動物細胞，そしてDNAを入れ難い植物細胞にも使用される．マイクロインジェクション（微量注入あるいは顕微注入）は微量ピペットで動物細胞に直接DNAを注入する方法である．このほか，DNAを付着させた金粒子を細胞に打ち込むパーティクルガンという方法もある．

### ■ 感染を利用する

ウイルスは細胞に効率よく核酸を導入するための道具ととらえることができるため，ウイルスやファージの感染でDNAを細胞に導入する方法が汎用される．実際に，ウイルスを使うと狙ったすべての細胞にDNAを入れることもできる．細菌の場合はファージを使うが，不特定多数のクローンをできるだけ多く感染させる必要のあるDNAライブラリーの作製には欠かせない．動物細胞ではその生物・細胞に感染性を示すウイルスを用いる．特殊な例としては，植物感染細菌であるアグロバクテリウムを使い，内部に存在するTiプラスミドを介して植物細胞にDNAを入れる方法がある．

■ 図2　大腸菌の特性

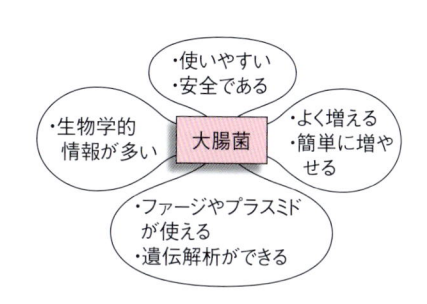

大腸菌
- 使いやすい
- 安全である
- よく増える
- 簡単に増やせる
- ファージやプラスミドが使える
- 遺伝解析ができる
- 生物学的情報が多い

| 大きさ | 0.5〜4μm |
| --- | --- |
| 遺伝子数 | 約4300（466.5万bp） |
| 酸素要求性 | 通性嫌気性 |
| 病原性 | ある〜ない（K-12株：ない） |

■ 図3　細胞にDNAを入れる方法

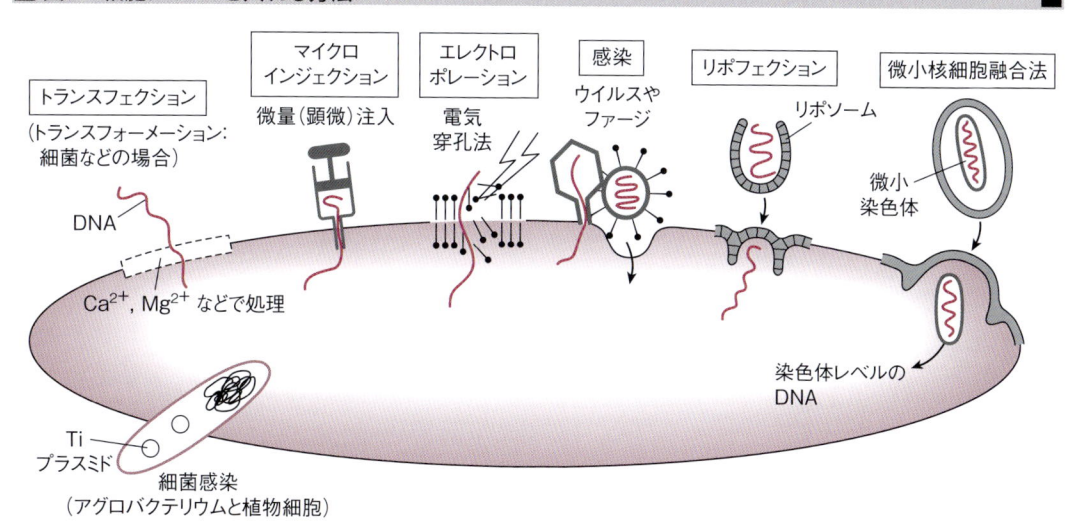

トランスフェクション（トランスフォーメーション：細菌などの場合）　Ca²⁺, Mg²⁺などで処理
マイクロインジェクション　微量（顕微）注入
エレクトロポレーション　電気穿孔法
感染　ウイルスやファージ
リポフェクション　リポソーム
微小核細胞融合法　微小染色体　染色体レベルのDNA
Tiプラスミド　細菌感染（アグロバクテリウムと植物細胞）

## 4-5

# 目的クローンをマークする

組換え反応産物のすべてが目的DNAでもなく，またすべての細胞にDNAが入ることもないため，操作の成否を判断するための目印：マーカーが必要となる．マーカーには薬剤耐性といった生存にかかわる遺伝子や，目視可能な発色反応にかかわる遺伝子などが使われる．

### ■ 選択マーカーはなぜ必要か

DNA組換え反応によって多数の組換えDNAができるが，反応液中には未反応DNAも残存し，またすべての細胞にDNAが入ることはあり得ない．このような理由により，細胞にDNAが入ったかどうか，どのようなDNAが入ったか，そして細胞に入った組換えDNAが予定通りに働いているのかなどはその都度確認する必要がある．このため遺伝子組換え実験では，DNA導入後に上記のチェック項目を指標に結果を判断し，陽性クローンに当たりをつけてから次の作業に進む必要がある．このような判断に使用される遺伝的性質を選択マーカー，あるいは単にマーカーといい，通常はベクターにあらかじめ組み込まれている．

### ■ マーカーとなる生物活性

使用されるマーカー特性の第一は増殖性で，その細胞（あるいは細菌）がある培地で増えるかどうかで判断する最も基本的なものである．培地に加えた試薬により，通常であれば増殖できない細胞が組換えDNAをもっていれば増殖できる，という原理に基づく．第二はマーカー遺伝子発現の結果，発色・発光・形態など，見た目で判断できる視覚的マーカーである．培地に反応試薬を加え，反応結果を目視し，判断する．第三は細胞機能に基づくマーカーで，それぞれ特異的な活性測定法によってクローンを判断する．

### ■ ベクター導入を見るためのマーカー

まずは組換えDNAが細胞に入ったときにベクター内にあるマーカーが働き，それを指標にDNAを取り込んだ細胞の絞り込みができるように，ベクターの内部にあらかじめマーカー遺伝子を組み込んでおく．最も基本的なマーカーで，大腸菌で働く薬剤耐性遺伝子（例：アンピシリン耐性）などはその代表である．このマー

**■図1 遺伝子組換え実験でなぜマーカー（目印）が必要なのか**

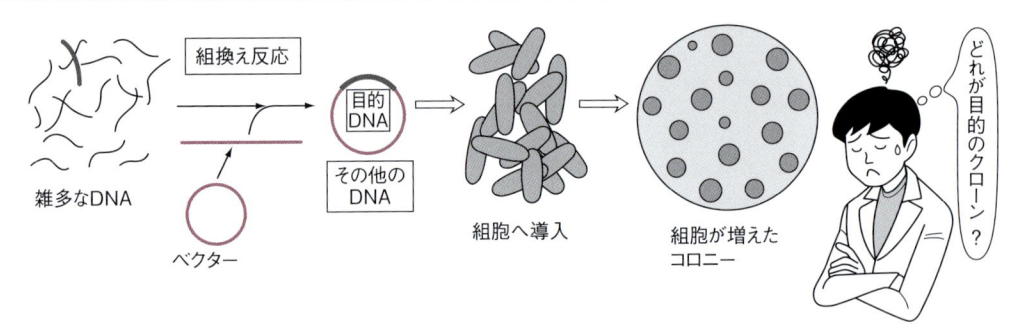

カーが働けば培地に増殖阻止薬剤（例：アンピシリン）を加えても増殖してコロニーを形成するが，ベクターの入らない大腸菌は増殖しない．アンピシリン耐性遺伝子は最も汎用される大腸菌のマーカーである．増殖マーカーは真核細胞の場合でも用いられる（例：細胞を G418 耐性にするネオマイシン耐性遺伝子）．チミジンキナーゼ（*tk*）遺伝子欠損細胞に *tk* 遺伝子をもつベクターを入れ，*tk* のない細胞を殺す HAT 培地中でベクターが入った細胞のみを残すといった選択法もある．

## ■ 挿入 DNA による正と負の選択

ベクターが細胞に入ったことがわかったら，次にベクターに目的 DNA（あるいは何らかの DNA）が組み込まれているかどうかの目星を付けるが，このために使われるマーカーの働き方には二つのタイプがある．一つは，本来ベクターにあったマーカー遺伝子が外来 DNA の挿入で失活し（挿入失活），それによって増殖性が現れたり（⇨ 致死遺伝子が不活化する）視覚マーカーが失われるタイプ（⇨ 青白選択で白となる，4-6）である．第二はマーカー獲得とでもいうべき様式で，挿入される外来 DNA 中の遺伝子がマーカーになる．遺伝子クローニングで狙った遺伝子が挿入されたかどうかを知る手段にもなり，新規遺伝子の同定などで使われる．

■ 図2　マーカー遺伝子の特性

| 増殖能の獲得 | 薬剤耐性など |
| 視覚的な反応 | 発色，発光，形態など |
| 生物機能の発揮 | さまざまなものがある |

■ 図3　マーカーの使い方

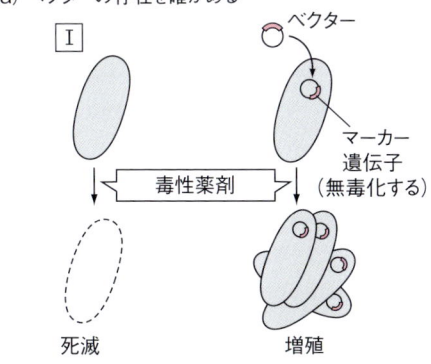

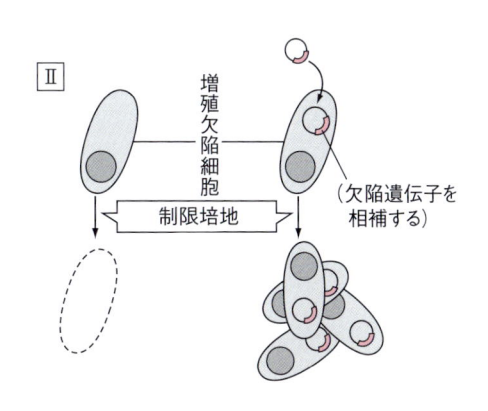

(a) ベクターの存在を確かめる

(b) 組込みの成否を見る

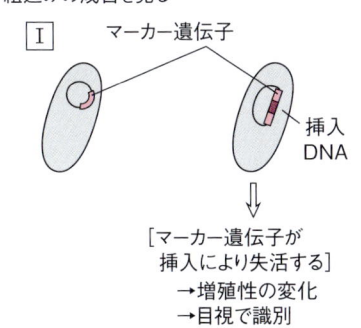

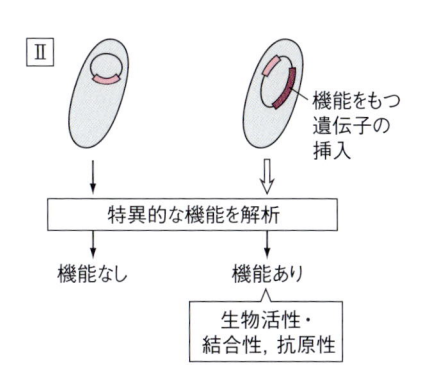

## 4-6

# 青白選択

> 抗生物質耐性遺伝子をもつベクターに入っているβ-Gal遺伝子の内部にDNAを挿入してその遺伝子を壊し，DNA導入細菌を抗生物質，X-gal，そして誘導物質のIPTGが入った培地にまくと，細菌のコロニーが出現するが，X-galが加水分解されないために青くならない．

### ■ 大腸菌βガラクトシダーゼ遺伝子の発現と検出

青色選択（カラー選択）は，大腸菌の lac オペロン（2-8）を，オペロン先頭の遺伝子であるβ-ガラクトシダーゼ（β-Gal）をコードする lacZ に注目して使用する方法である．大腸菌の培地にオペロンを誘導する物質（インデューサー）であるIPTGを加えると，オペロンが作動して lacZ 遺伝子が働く．β-Galは無色のX-galを加水分解して青い物質に変えるため，培地にIPTGとX-galを加えると，大腸菌のコロニーは青くなる．IPTGなどの誘導物質は大腸菌の lacI 遺伝子がコードする抑制因子：リプレッサーを不活化する．lacZ 遺伝子に欠陥があると，コロニーは白いままである．

### ■ lacZ 遺伝子が入ったベクターの使い方

大腸菌は後述のように lacZ 遺伝子に部分的な欠陥をもっているものを使用し，ベクターには lac オペロンのプロモーター・オペレーター・lacZ 遺伝子部分を連結・挿入しておく．ベクターが細胞内にないとIPTGとX-galを加えてもコロニーは白いままだが，上のベクターが入ると lacZ 遺伝子が働くため，コロニーは青くなる．上のシステムで，今度はベクターにDNAが挿入された場合を考える．このときのポイントは，DNA挿入部位（クローニング部位）がベクターの lacZ コード領域内にあるという点で，DNAが lacZ 遺伝子内に挿入されると，遺伝子が破壊されて酵素活性が現れず，コロニーは白くなる．逆にクローニングが失敗するとコロニーは青くなる．この原理はファー

■ 図1　青白選択の原理

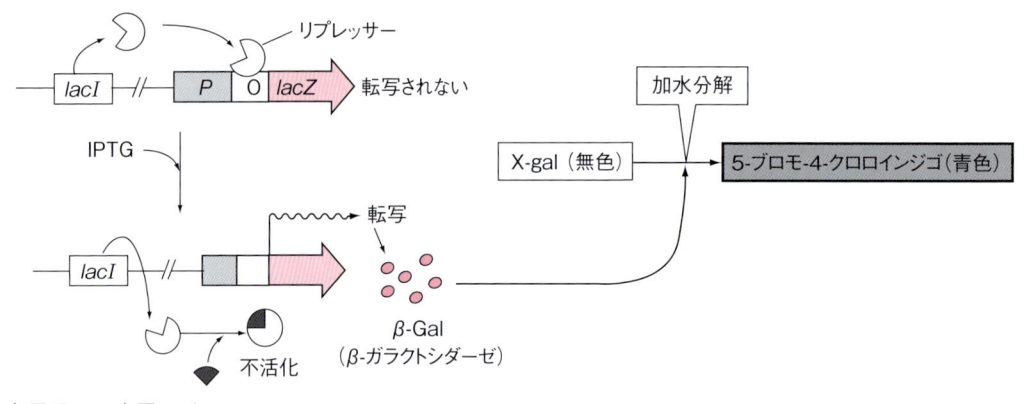

注）各用語は2-8参照のこと

### 解説：β-Gal のα相補

ベクター内の lacZ 遺伝子は，β-Gal の N 端部分に相当するα断片のみをコードする．一方宿主菌はα断片を欠くβ-Gal（それ自身では活性のないω断片）が発現している．このため，細胞内でα断片とω断片が会合すると酵素活性が現れる．この現象をβ-Gal のα相補という．

ジでも同様に使うことができるが，その場合はファージベクターに lacZ コード領域を入れておく．無傷のファージベクターが感染するとプラークは青くなるが，DNA が挿入されたファージベクターがつくるプラークは無色になる．

## ■ DNA 挿入配列の工夫：マルチクローニング配列

β-Gal 内部の DNA 挿入部位の塩基配列を改変させることにより，アミノ酸配列がコードされていながら，制限酵素配列にもなっているという配列をつくることがでる．このような配列をマルチクローニング配列，あるいはマルチクローニング部位という．このような工夫はそこに種々の制限酵素で切断された DNA 断片を挿入できるため，多くのベクターに応用されている．β-Gal の読み枠が，挿入配列にあるタンパク質コード配列の読み枠と合えば，β-Gal との融合タンパク質をつくることもできる．

### コラム：薄青色のコロニー

ごく短い DNA が上のクローニング部位に挿入された場合，β-Gal（α）との融合タンパク質ができることがあるが，弱いα断片としての活性をもつためにコロニーが淡い青色になる場合がある．

---

■ 図2　lacZ 遺伝子の挿入失活によるβ-Gal の不活化

(a) DNA が lacZ 内に挿入されない場合　　(b) DNA の挿入がある場合

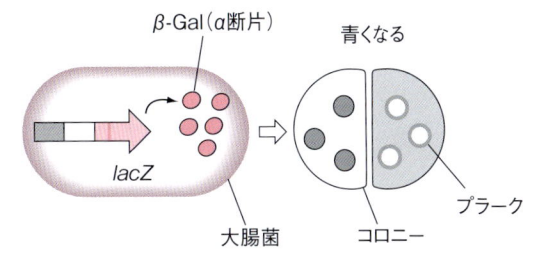

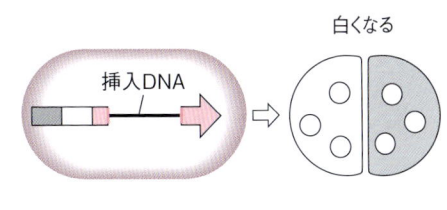

注）大腸菌はβ-Gal の一部（ω断片）しか作らない lacZ⁻ 菌を使用する

■ 図3　青白選択に使える pUC ベクターの構造とマルチクローニング部位（MCS）

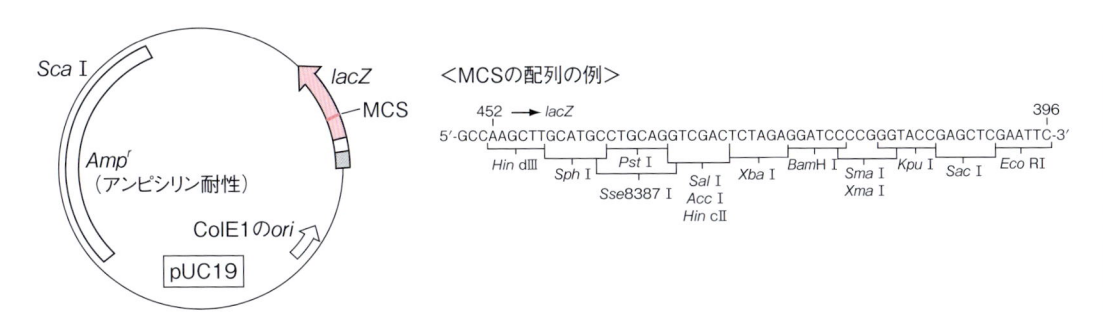

＜MCS の配列の例＞

```
452 → lacZ                                                          396
5'-GCCAAGCTTGCATGCCTGCAGGTCGACTCTAGAGGATCCCCGGGTACCGAGCTCGAATTC-3'
    Hin dIII  Sph I  Pst I    Sal I  Xba I BamH I  Sma I Kpu I Sac I Eco RI
              Sse8387 I       Acc I                Xma I
                              Hin cII
```

## 4-7 遺伝子ライブラリーと目的クローンの検出

新規 DNA を単離する場合，まず多様な DNA 断片をベクターに組み込んだ不特定多数のクローン集団である遺伝子ライブラリーを用意し，DNA プローブによるハイブリダイゼーションや，発現クローンであれば抗体選択などの方法で，その中から目的クローンを単離する．

### ■ 遺伝子ライブラリーとは

大腸菌ベクターなどにさまざまな DNA を挿入させた不特定多数のクローン集団を，遺伝子ライブラリー，あるいは単にライブラリーといい，λファージあるいはプラスミド由来ベクターでつくる．ライブラリーがあれば希望クローンを容易に選択・増幅させることができる．ゲノム DNA 断片を対象にしたものをゲノミックライブラリー，RNA（主に mRNA）由来の cDNA を対象にしたものを cDNA ライブラリーという．cDNA ライブラリーのうち，細胞内でタンパク質ができるものを発現ライブラリーという．巨大ゲノム DNA を組み込んだ BAC ライブラリー（⇨ ゲノム DNA が BAC ベクターに入っている）は遺伝子機能解析などに使われる．

### ■ ライブラリーから目的クローンを検出する方法

(1) プローブで見つける：プラスミドライブラリーであれば細菌のコロニーを，ファージベクターであればファージプラークをフィルターに写し，サザンブロッティングの要領で写し取った DNA と RI 標識プローブをハイブリダイズさせ，目的クローンをオートラジオグラフィーで見られた位置から検出する．探し出そうとする塩基配列（あるいは類似の配列）が使えれば実行可能である．

(2) 抗体で見つける：(2) 〜 (4) はすべて発現ライブラリーに特異的な方法であるが，抗体による方法は抗体を使えることが前提となる．大腸菌にファージ由来の発現ライブラリーを感染させ，フィルターにプラーク中のタンパク質を写し取り，そこに抗体を反応させる．あとは抗体がどこにあるかを，抗体に対する抗体：二次抗体（⇨ 酵素が結合して発色できる工夫がある）を結合させ，二次抗体に連結させた酵素を働かせると，目的タンパク質産生クローンが色スポットとして識別される．タンパク質産

■ 図1 遺伝子ライブラリーをつくる（ファージベクターの場合）

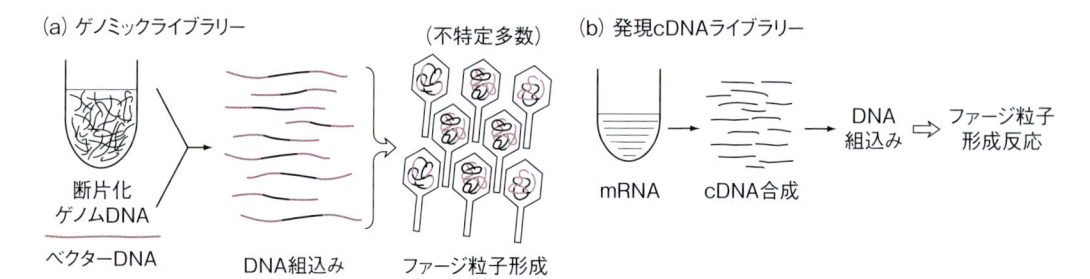

(a) ゲノミックライブラリー

断片化ゲノムDNA／ベクターDNA → DNA組込み → ファージ粒子形成 →（不特定多数）

(b) 発現cDNAライブラリー

mRNA → cDNA合成 → DNA組込み ⇨ ファージ粒子形成反応

生細胞に蛍光-抗体複合体を結合させ，蛍光を出す細胞を特殊な機械で得て，そこからDNAを単離する方法もある．

（3）結合性で見つける：タンパク質Xに対する結合因子Yがあった場合，まず細胞にクローンをランダムに導入するが，シャーレにはYを塗っておく．細胞がXを発現するとシャーレに付着するので，これを集め，濃縮された細胞からDNAを回収し，増幅・純化後，DNAを同定する．これをパニング法という．

（4）機能で見つける：上のいずれの方法も使えず，機能のみがわかっている場合の選択法．目的遺伝子に測定可能な特異的生物活性がある場合，まず発現ライブラリーを数等分に分けて細胞に導入し，活性が現れたグループを特定する．細胞からDNAを回収・増幅するか，あらかじめ一部保存しておいて陽性グループを増幅して再度グループ分けし，細胞に導入して再び陽性グループを決める．この方法を繰り返すことにより単一の陽性クローンにたどり着くことができる．

（5）PCRを経てクローン化する：目的DNAの塩基配列がわかっていれば，ライブラリーかその前段階のDNA混合物から目的DNAをPCRで増幅し，それをベクターに入れてクローン化できる．

■ 図2　ライブラリーからの目的クローン単離法

(a) DNAプローブを使う（ファージベクターの場合）

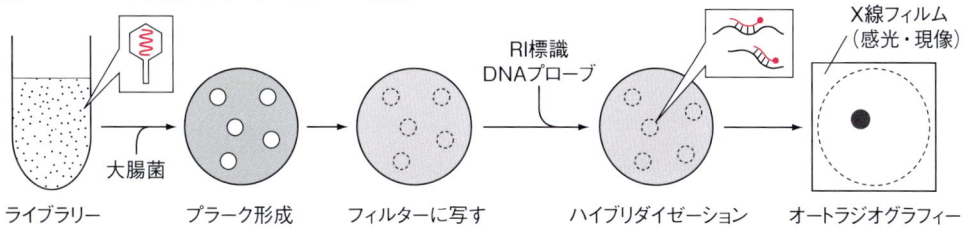

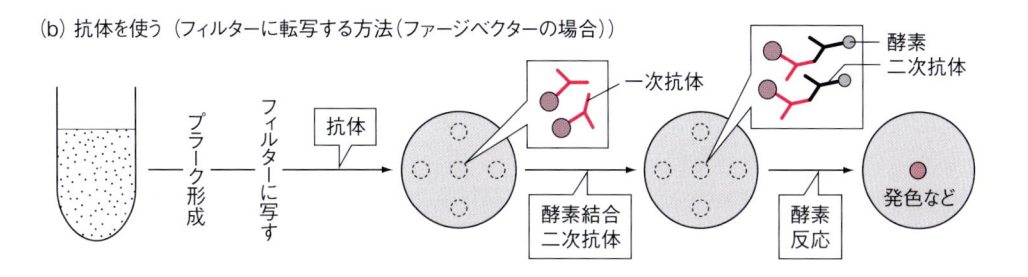

(b) 抗体を使う（フィルターに転写する方法（ファージベクターの場合））

(c) パニング法（X結合性Yタンパク質遺伝子をクローン化する場合）

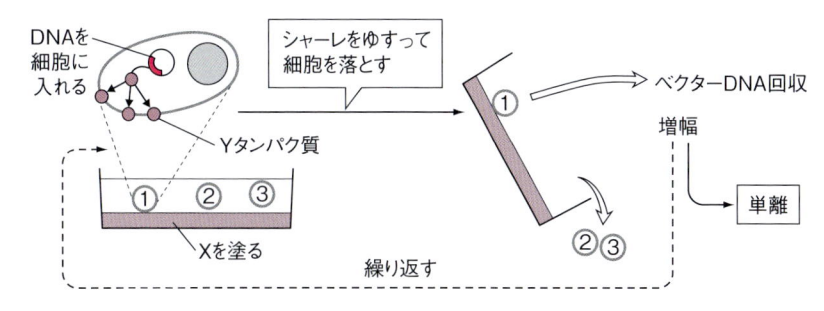

## 4-8

# 組換え DNA からのタンパク質産生

真核生物の mRNA から作製した cDNA を発現ベクターに組み換えて，大腸菌や動植物細胞内でタンパク質をつくることができ，また，種々の条件を整えることにより，産業的に重要なものを含め，活性をもったタンパク質を大量かつ純粋に生産させることができる．

### ■ 遺伝子工学的タンパク質合成

遺伝子工学の重要な目的の一つに，組換え DNA をもとにした真核生物の有用タンパク質生産がある．ベクターに挿入するのは mRNA の配列をもつ cDNA で，cDNA の上流に翻訳と転写の調節配列を置き，また下流には mRNA をスプライシングさせるイントロン配列と転写を停止させる配列も含ませる．タンパク質を，付加的な配列を付けずそのままの形で産生させる場合は，翻訳が正しい開始コドンから確実に始まるように，開始コドンの AUG（ATG）部分に制限酵素配列（例：NdeI：5'-CAT/ATG）をつくり，そこで切り出した断片を発現ベクターのしかるべき位置に入れる．

### ■ タンパク質過剰産生系：原核生物

最も基本的なタンパク質産生系である．lacZ 遺伝子がコードする β-Gal との融合タンパク質として産生させることもできるが，pET システム（⇨ T7 RNA ポリメラーゼで，pET プラスミドベクターにある目的 cDNA を発現させる．ポリメラーゼは別にある lac オペロンから IPTG で誘導させる）を使うと本来の配列をもったタンパク質を効率的につくることができる．一般に大腸菌内でタンパク質が大量にできると，細胞毒性が出て細菌が増殖しなくなる．このため，発現プラスミドをもった細菌をはじめはタンパク質を産生しないで増やし，最後に一気にタンパク質を産生させるという戦略をとる．lac オペロンシステムを使う場合，細菌が増えた所で IPTG を加える．

■ 図1　真核生物タンパク質産生のための発現ベクター使用の基本戦略

(a) 大腸菌の場合

＊ cDNA
コード領域
翻訳開始（SD配列）
転写プロモーター（オペロンの制御配列）
マーカー
大腸菌で働くori

(b) 真核生物の場合（通常のプラスミドベクター）

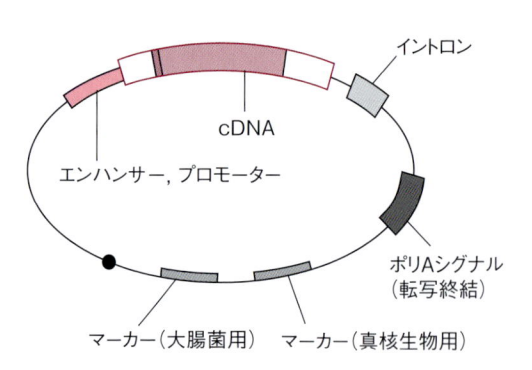

イントロン
cDNA
エンハンサー，プロモーター
ポリAシグナル（転写終結）
マーカー（大腸菌用）　マーカー（真核生物用）

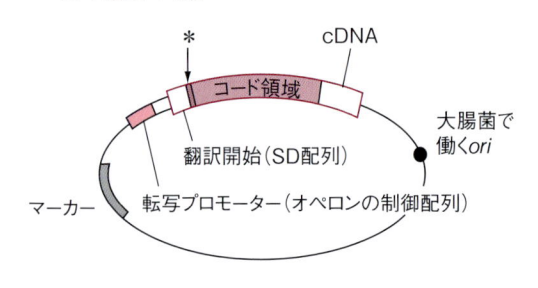

＊：本来の開始ATGコドン，あるいは融合させる異種ペプチド

## ■ 真核細胞中でタンパク質を大量合成させる

培養条件で大量産生に使われる生物としては，単細胞でよく増殖する酵母や，バキュロウイルスベクターの組合せで用いる昆虫細胞がある（⇨ 後者が多い）．このほか，真菌にタンパク質を産生させ細胞外に分泌させるという方法や，動植物個体でタンパク質をつくるという試みもある（9-1, 3, 6）．大腸菌と違ってタンパク質の化学修飾が生理的に起こる可能性が高く，また複数の cDNA クローンを同時に発現させ，細胞内で活性のあるタンパク質複合体を形成させたり，サブユニット構造をつくらせたりすることもできる．

## ■ 遺伝子工学的タンパク質産生の長所と短所

遺伝子組換えによる方法はタンパク質が大量に得られることが最大の特徴であり，このため精製が容易で不純物も少なく，本来の産生生物がもつ毒素やウイルスの混入も防げ，遺伝子レベルでの変異でタンパク質を改変することもできる（6-1）．ただ，過剰産生によってタンパク質が細胞内で不溶化し，利用し難いなどの問題が生じやすい．また本来の生理的産生条件でないため，正しい化学修飾が起こらず，タンパク質が活性をもたないという可能性もないわけではない．

**コラム：タグの効用**

遺伝子工学的にタンパク質の一部に，精製・検出を目的としたペプチドを付加させる場合があり，そのようなものをタグ（「荷札」の意味）という．FLAG，オリゴヒスチジン，GST などさまざまなものがある．タグとタンパク質の間にプロテアーゼ（例：第X因子）切断配列を入れ，精製後にタグを切り離すこともできる．

### ■ 図2　遺伝子組換えによるタンパク質産生系 ■

原核生物（大腸菌）
- pETシステム（T7 RNA ポリメラーゼ）
- lacオペロンに基づくIPTG誘導系
- 融合タンパク質産生系（β-Galとの融合，タグの付加など）

真核生物
- バキュロウイルス発現系
- ピキア酵母発現系
- ほかの真菌の発現系
- Tetシステム誘導系 など

### ■ 図4　ペプチド（タンパク質）タグの種類 ■

| タグ | 性質 |
| --- | --- |
| オリゴヒスチジン | ヒスチジンが6個連結 Ni カラムで精製できる |
| GST | グルタチオン S-トランスフェラーゼ GST プルダウン法などに使う |
| FLAG | 8個のアミノ酸配列よりなる |
| GFP | オワンクラゲ由来緑色蛍光タンパク質．発光により検出できる |

### ■ 図3　pETシステムを使って大腸菌でタンパク質を大量産生させる ■

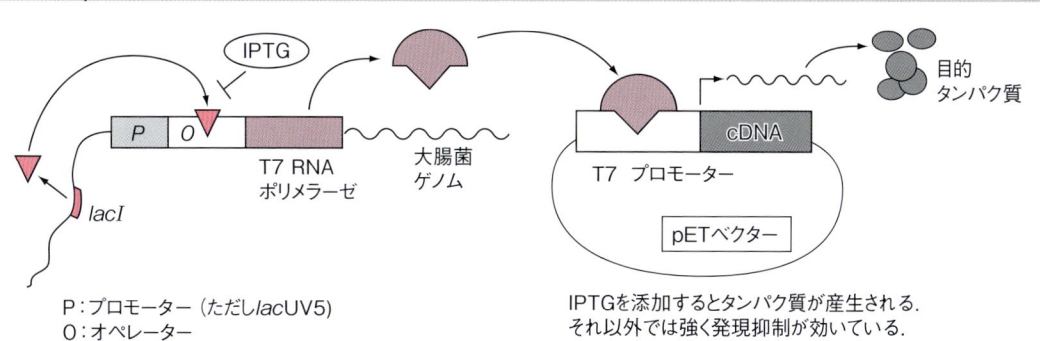

P：プロモーター（ただしlacUV5）
O：オペレーター

IPTGを添加するとタンパク質が産生される．それ以外では強く発現抑制が効いている．

## 4-9 ホタルが発光する原理を利用する

遺伝子組換え実験のマーカーとして，発光にかかわる遺伝子があるが，その一つがホタルなどの発光生物がもつ酵素のルシフェラーゼ遺伝子である．細胞で発現した酵素活性を測定することにより，遺伝子発現制御配列や転写調節因子の機能解析を行うことができる．

### ■ ホタルの発光反応

生物の中には自ら光を放つ発光生物といわれるものが存在する．よく知られたものにホタル，夜光虫（ウミホタル），ウミシイタケなどがあるが，いずれの生物も自らの力で発光する．これら生物の発光器にはルシフェラーゼという酵素とその基質：ホタルの場合にはルシフェリンが存在する．ルシフェラーゼは酸素とATP存在下でルシフェリンを酸化ルシフェリンにするが，酸化ルシフェリンは不安定な励起（高エネルギー）状態にあるため，すぐに光を出して安定な構造に変化する．生物種により異なるルシフェリン様物質が使われる．

### ■ ルシフェラーゼ遺伝子を使う：レポーター解析

ルシフェラーゼ遺伝子をベクターに組み込んで，動物細胞で働くレポーター遺伝子（右記）として使うことができる．転写と翻訳に必要な制御配列の下流にルシフェラーゼ遺伝子のcDNAを挿入して細胞に導入するとルシフェラーゼタンパク質がつくられる．このタンパク質は細胞を壊した後の抽出液中でも安定で，抽出液にルシフェリンなどの物質を加えて発光させ，光量をルミノメーターで測定する．光の強さは転写量や翻訳量と相関するため，プロモーター活性やmRNAの安定性などに関する解析

**コラム：レポーター遺伝子**

ベクターにある転写・翻訳の調節配列の機能やそこに作用する因子を検出するためのベクター中の遺伝子をレポーター遺伝子という．ルシフェラーゼやβ-ガラクトシダーゼといった酵素遺伝子や，GFP遺伝子（4-10）など，もともと細胞に存在しないものが使われる．転写活性を正しく反映するように，mRNAやタンパク質が安定で，翻訳効率のよいものが使われる．

■ 図1　発光生物の光る原理 ■

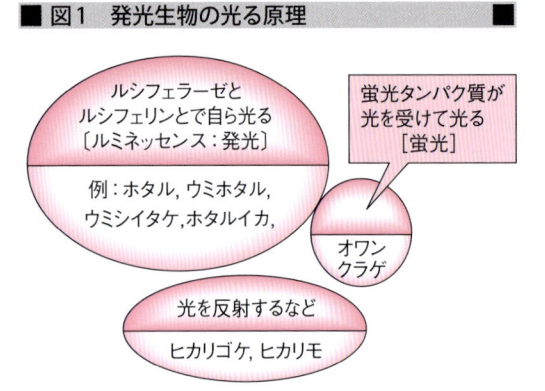

- ルシフェラーゼとルシフェリンとで自ら光る〔ルミネッセンス：発光〕
  - 例：ホタル，ウミホタル，ウミシイタケ，ホタルイカ，
- 蛍光タンパク質が光を受けて光る〔蛍光〕
  - オワンクラゲ
- 光を反射するなど
  - ヒカリゴケ，ヒカリモ

■ 図2　ホタルの発光 ■

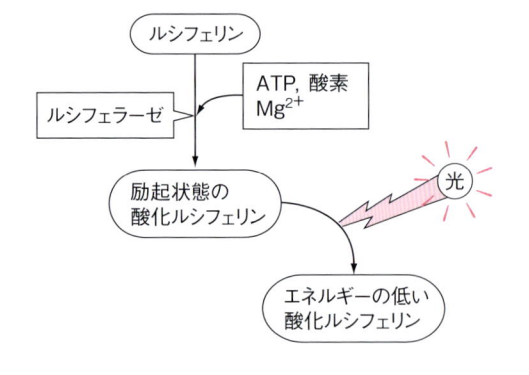

ルシフェリン + ルシフェラーゼ → (ATP, 酸素, Mg$^{2+}$) → 励起状態の酸化ルシフェリン → 光 → エネルギーの低い酸化ルシフェリン

を行うことができ，また下記のような応用例もある．

## ■ 応用例

（1）転写制御因子発現ベクターと同時に細胞に導入する．転写制御因子がレポータープラスミド上のエンハンサー（転写調節配列）に作用すると，レポーター遺伝子の発現が高くなる．

（2）DNA結合タンパク質X（例：Gal4，LexA）の結合配列をレポーター遺伝子のプロモーター近傍に配置する．そこに［XのDNA結合部］＋［目的タンパク質Y］を融合したタンパク質を産生するように発現ベクターを導入する．もし，Yに転写活性化能があれば，DNA結合能がなくともレポーター遺伝子の発現が高まる．融合タンパク質は雑種（hybrid）タンパク質であり，この方法をワンハイブリッド解析という．

（3）（2）を複雑にしたもの．X-Yというハイブリッドタンパク質に加え，A-Bというハイブリッドタンパク質も産生させる．Aは転写活性化能をもつものとし，Bが第二の目的タンパク質とする．もしYとBという2種の目的タンパク質が結合すると，結果的にX-Y：B-Aという構造がプロモーター上ででき，その結果，転写が活性化されてレポーター活性が高くなる．この方法をツーハイブリッド解析といい，2種類（この場合はYとB）のタンパク質の結合性がわかる．

■ 図3 ルシフェラーゼをマーカーにした解析

＊：A細胞にエンハンサーに作用する活性化タンパク質がある必要がある

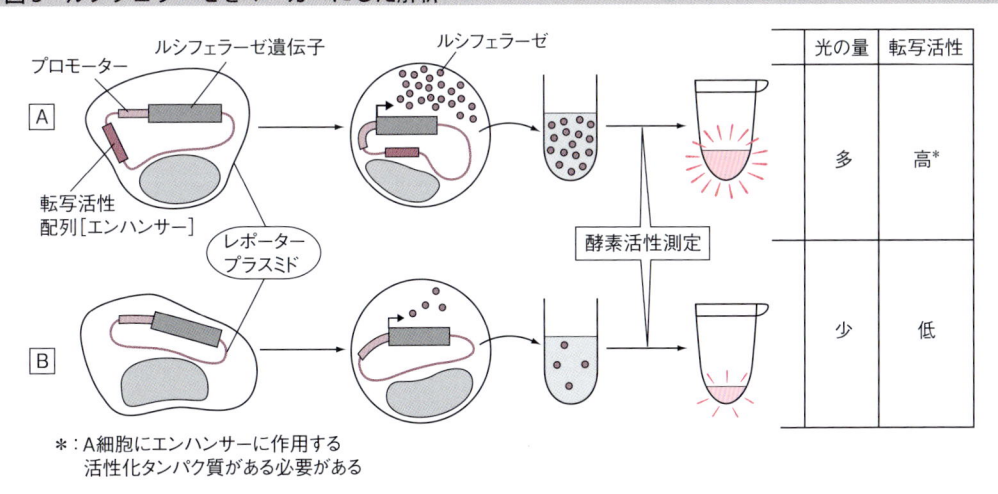

■ 図4 レポーター解析の応用例

(a) ワンハイブリッド解析（雑種タンパク質が1つ）

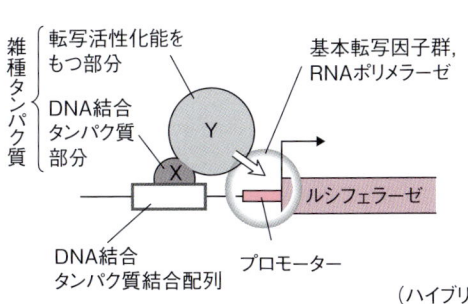

(b) ツーハイブリッド解析（雑種タンパク質が2つ）

Y，Bの両者の結合がある場合，転写活性化能が上がる

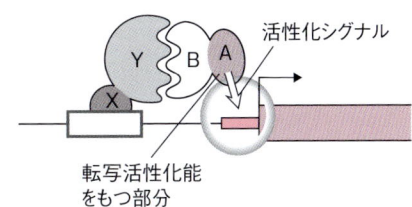

（ハイブリット：雑種）

# 4-10 光るクラゲ：緑色蛍光タンパク質

> 光を利用するもう一つの重要なマーカーにオワンクラゲの緑色蛍光タンパク質 GFP がある．ベクター内の GFP，あるいはそれと融合させたタンパク質の遺伝子を細胞内で発現させてから光を当てると緑色の蛍光が出るので，生きた細胞内でもタンパク質の存在場所がわかる．

## ■ オワンクラゲが光る理由

海産の発光生物の中にオワンクラゲという光を放つクラゲがいる．オワンクラゲの発光器には 2 種類の発光タンパク質，イクオリンと GFP（緑色蛍光タンパク質）がある．イクオリンはルシフェリン（4-9）に似た低分子物質セレンテラジンとともに存在し，カルシウムイオン（クラゲが興奮すると濃度が上る）と結合すると青く光る．この光が GFP に当たると GFP が励起され，励起した GFP から緑色の光が出る．従って GFP が出す光の正体は蛍光（光で励起されることにより発する光）であり，これがオワンクラゲが闇の中でも蛍光を出せる理由である．GFP 単独でも光を受けると発光するため，生命工学では GFP のこのプロセスを，遺伝子工学を取り入れて利用している．イクオリンと GFP の発光メカニズムは下村脩によって解明された（2008 年，ノーベル化学賞）．

## ■ GFP 遺伝子はレポーターとして使われる

GFP 遺伝子はその後クローニングされ，しかも細胞内で発現させても発光能が保持されることが示された（チャルフィーおよびチエン，2008 年，下村と一緒にノーベル賞）．GFP 発現ベクターを細胞に入れると細胞内でタンパク質がつくられ，青色付近の波長の光を当てると緑に光るので，「光を当てるだけでその存在を知ることができる」というレポーターとして使うことができる．GFP 遺伝子は細胞の特定部位に集まるという性質が弱いため，細胞全体が光る．このため GFP 遺伝子を全身にもつ生物個体は光を当てると全身が緑に光る．緑色に光るネズミや光るハエはこのようにしてつくられた．

## ■ GFP の使い方

GFP は目的タンパク質と融合させて使われる．遺伝子組換えによって GFP と目的タンパ

**図1　オワンクラゲは興奮状態で緑色の光を出す**

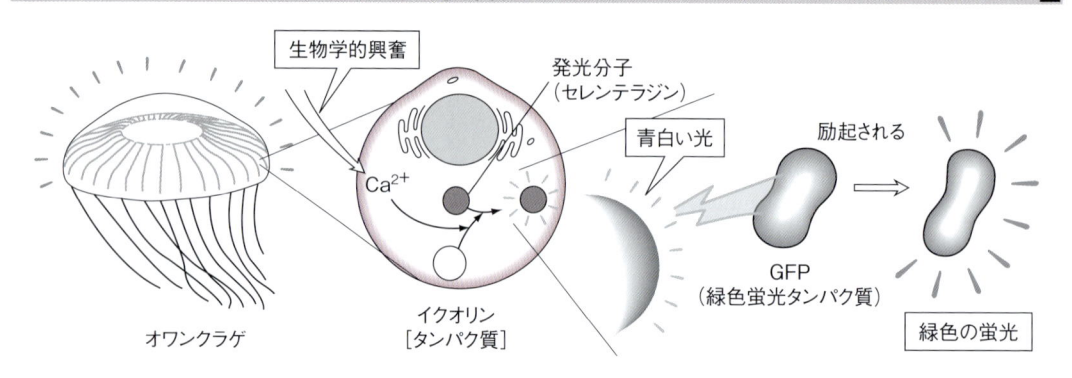

ク質のDNAを連結して融合タンパク質をつくるが，GFP部分はその場合であっても発光能力を保持できる．このため，目的タンパク質が核に局在するものであれば核が光るので，GFPを使って目的タンパク質の局在部位を特定することができる．通常，細胞内タンパク質は抗体を使った免疫染色で検出するが，そのためには細胞を固定化する（殺す）必要がある．しかし，GFPは細胞が生きた状態でも観察することができるので，目的タンパク質の細胞内移動を，生きた細胞の中で，リアルタイムで観察することができる．このように使えることがGFPのレポーター遺伝子としての優れた点であるが，これはGFPの発光にルシフェラーゼのような特別な基質や補助因子が要らないこと，そして発光反応が酵素反応でないということと関係がある．

### コラム：クラゲのもう一つの発光物質 イクオリン

下村により発光メカニズムが解明されたイクオリンも利用価値が高い．これは，遺伝子組換えでつくったイクオリンを発光物質セレンテラジンとともに細胞に導入すると，両者の複合体がカルシウムイオンがあるときに発光するので，細胞内カルシウムイオンを検知するレポーターとして使用できるからである．また試験管内で同じような反応をさせることにより，検体中のカルシウムイオンの定量ができる．

■ 図2　緑色に光るマウスをつくる

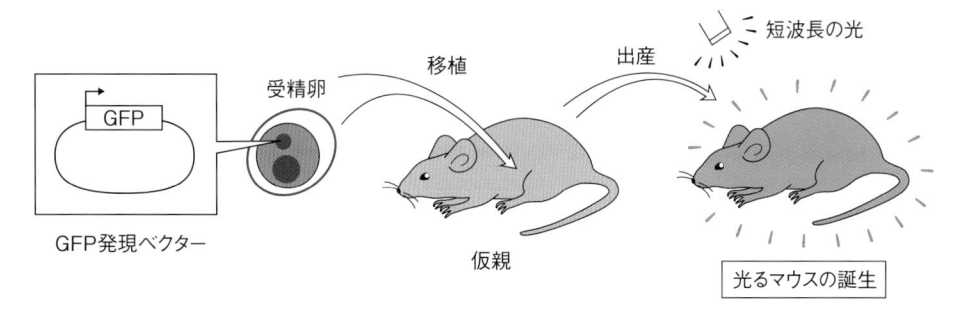

■ 図3　GFP融合タンパク質をつくって，局在や移動が解析できる

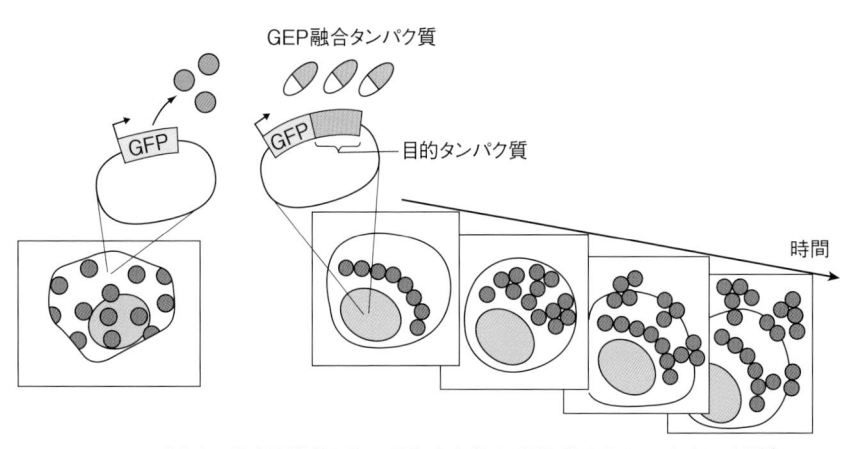

（暗室で蛍光顕微鏡を使い，励起光を当てて緑色蛍光をリアルタイムで観察）

この解析でわかる事
(1) 目的タンパク質は細胞質局在性をもつ
(2) タンパク質は時間とともに細胞外へ分泌される

# 4-11 遺伝子組換え実験の安全確保：カルタヘナ法

「遺伝子組換え実験は安全か」という懸念に対し，科学者は時間をかけて安全確保の手順を確立させてきた．日本ではカルタヘナ法によって遺伝子組換え操作や組換え生物の封じ込め規準が細かく定められ，法を遵守して実験を行うことが義務づけられている．

## ■ 遺伝子組換え実験は安全か？

遺伝子組換え実験が始まってすぐに「危険な遺伝子組換え生物が環境に出たらどうする？」といった懸念が高まり，アメリカでは研究者によって実験が自主規制された．その後一定の安全規準の下で実験が可能になり，日本もそれにならって「組換えDNA実験指針」をつくり2003年まで運用してきた．安全の理念は，遺伝子組換え生物を実験室外に出さないこと（封じ込め）で，実験の危険度によって物理的（P）封じ込め措置（P1～P4）に生物学的（B）封じ込め措置（B1～B2）を加えた封じ込め策がとられた（注：大きい数値ほど封じ込めが厳重）．

## ■ カルタヘナ法の制定

1990年代，遺伝子操作で生物多様性が失われるという懸念が高まり，コロンビアのカルタヘナでの会議で，生物の多様性に関するカルタヘナ議定書が採択され，2003年に発効した．これを受け日本では2004年に「遺伝子組換え生物等の使用等の規制による生物の多様性の確保に関する法律」（通称，カルタヘナ法）が施行された．この法律は従前の組換えDNA実験指針を踏襲しているものの，使用する生物や遺伝子の種類，実験の内容などに基づいて物理的封じ込めレベルが新たに設定され，規準が定まっていない実験は主務大臣が確認するというチェック体制がとられている．法律では遺伝子組換え生物を封じ込めつつ行う操作（第二種使

### ■ 図1 遺伝子組換え生物（LMO）の使用形態 ■

| 第一種使用等 | LMOの拡散を防止しないで行う使用等．開放系での栽培や飼育／放牧，一般病棟でのウイルスを使った遺伝子治療 |
| --- | --- |
| 第二種使用等 | LMOの拡散を防止しつつ行う使用等．実験室での使用，密閉容器での運搬，閉鎖系での飼育や栽培 |

LMO：Living modified organisms

### ■ 図2 遺伝子組換え実験における実験分類 ■

| クラス1 | 微生物，キノコ類および寄生虫のうち，哺乳綱および鳥綱に属する動物（ヒトを含む，以下「哺乳動物等」という）に対する病原性がないものであって，文部科学大臣が定めるもの並びに動物（ヒトを含み，寄生虫を除く）および植物．例：マウス，ヒト，イネ，シロイヌナズナ，大腸菌K12株，出芽酵母 |
| --- | --- |
| クラス2 | 微生物，キノコ類および寄生虫のうち，哺乳動物に対する病原性が低いものであって，文部科学大臣が定めるもの．例：赤痢菌，コレラ菌，ヒトアデノウイルス，非増殖性HIV-1，日本脳炎ウイルス，ポリオウイルス |
| クラス3 | 微生物およびキノコ類のうち，哺乳動物に対する病原性が高く，かつ，伝播性が低いものであって，文部科学大臣が定めるもの．例：炭疽菌，結核菌，ペスト菌，チフス菌，HIV-1，SARSウイルス，西ナイルウイルス，強毒性インフルエンザウイルス |
| クラス4 | 微生物のうち，哺乳動物に対する病原性が高く，かつ，伝播性が高いものであって，文部科学大臣が定めるもの．例：エボラウイルス，ラッサウイルス，天然痘ウイルス |

### コラム：ヒトはカルタヘナ法の定義では生物でない

法で生物と定義されるものは自然条件で個体として生育できる細菌類や菌類，動植物，そしてウイルス・ウイロイドだが，ヒトは含まない．哺乳動物の細胞や胚も生物に含まれないが，イモや挿し木に使う枝などは含まれる．

用等）と封じ込めなしに行う操作（第一種使用等）の区分を明確化しており，また新たに譲渡者に対して情報提供義務を課している．

### ■ 遺伝子組換え実験の危険度と封じ込めレベル

遺伝子組換え実験は扱う生物（宿主および扱う核酸）の危険度に応じて1〜4の実験分類（クラス）に分けられる．実験分類1には無害な細菌やウイルス，寄生虫を除く動物とすべての植物，2には赤痢菌や日本脳炎ウイルスなど，3には結核菌やHIV-1など，そして4には非常に危険なエボラウイルスなどが入る．実験分類は封じ込めレベルを決める目安となり，それにベクターの性質や組み込む遺伝子がつくる物質の毒性やヒトへの病原性，そして増殖性などが加味される．ほとんどの実験は各機関の承認があればP1〜P3レベルの実験として行うことができる．動物や植物を使う実験では，動植物の飼育基準と実験室構造の基準も定められている．

### コラム：野放しの遺伝子組換え生物

遺伝子組換え生物が環境に放出される「第一種使用等」には，遺伝子組換えの植物を通常の畑で栽培したり，動物を放牧するなどの行為がある．新規作製のものに関しては厳重な審査があるが，すでに安全とされたものについては，事実上取り扱い制限はない．遺伝子組換え作物が八百屋の店頭に普通に並んでいるのはこのような理由による．

■ 図3 遺伝子組換え実験室の構造と使い方

P2レベル実験室のイメージ

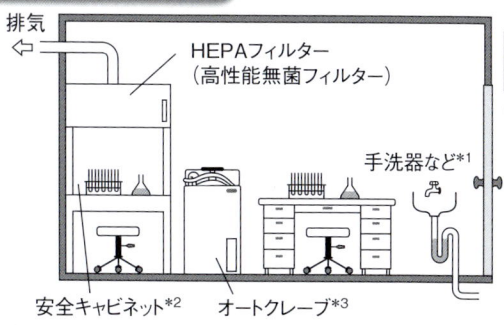

（排気／HEPAフィルター（高性能無菌フィルター）／P2レベル実験中（扉に表示）／手洗器など*1／安全キャビネット*2／オートクレーブ*3）

通常の生物の実験室
窓の閉鎖，扉の開放厳禁
入室制限　など

*1：遺伝子組換え生物は不活化して流す，あるいは，廃液をため，その後不活化する
*2：エアロゾルが発生しやすい操作（例：ピペット操作，破砕，攪拌，超音波処理など）は，この中で行う
*3：同一の建物内に設置されていればよい

■ 図4 遺伝子組換え実験における「生物」

- 生物であるもの：動物個体（ヒトを除く），ウイルス　大腸菌，イモ，挿し木
- 生物でないもの：動物の培養細胞や胚，配偶子，ヒト，ES細胞

■ 図5 遺伝子組換え実験における封じ込めレベルの決め方（微生物使用実験の場合*）

| 供与核酸 | 宿主 | 封じ込めレベル |
|---|---|---|
| クラス |  | [低くない方に合わせる] |
| 1 | 1 | P1 |
| 1 | 2 | P2 |
| 2 | 1 | P2 |
| 2 | 3 | P3 |

*：いくつかの条件で，この基準は上下する．

## 4章発展

# 真核生物も制限酵素をもつ？

制限酵素は細菌特有のものだが，真核生物にもタンパク質スプライシングの産物として，塩基配列特異的にDNAを切断するホーミングエンドヌクレアーゼという酵素が存在する．

### ◆ タンパク質に起こるスプライシング

真核生物にはRNAスプライシングのほか，タンパク質をつなぎ換えるタンパク質スプライシングという現象も存在するが，スプライシングで残る部分をエクステイン，除かれる内部の部分をインテインという．エクステインにはATPアーゼなど種々のものがあるが，インテインはいずれもアミノ末端がシステイン，カルボキシ末端はヒスチジン-アスパラギン-Cの構造をもち，さらにDNAを切断するエンドヌクレアーゼ活性がある．

### ◆ インテインはDNAを塩基配列特異的に切断する

インテインは30bp程度の配列を認識し，その内部の特定の部位を，制限酵素のように粘着末端を残して切断する．現在，認識・切断配列の異なるいくつかの酵素が知られており，そのいくつかは製品としても入手できる．めったにDNAを切断しないので，ゲノムを限定的に切断する際に使用され，さらにインテイン遺伝子を目的タンパク質と連結することで，二つのタンパク質をタンパク質の段階で人為的に連結させることもできる．このような配列特異的にDNAを切断する真核生物の酵素を，ホーミングエンドヌクレアーゼという（下記コラム）．

### コラム：インテインは利己的DNA？

インテイン酵素は相同染色体の同じ配列部分を切断するが，そのあとで組換え修復が起こって切断部分が修復されると，修復でインテインDNA配列が復活する．酵素の居場所が定まるという意味でホーミングという形容詞が付けられる．インテインDNAはゲノムに入り込んで勝手に増える利己的DNAの一つと見なされる．

■ 図1 タンパク質スプライシングによりできるホーミングエンドヌクレアーゼ（HE）

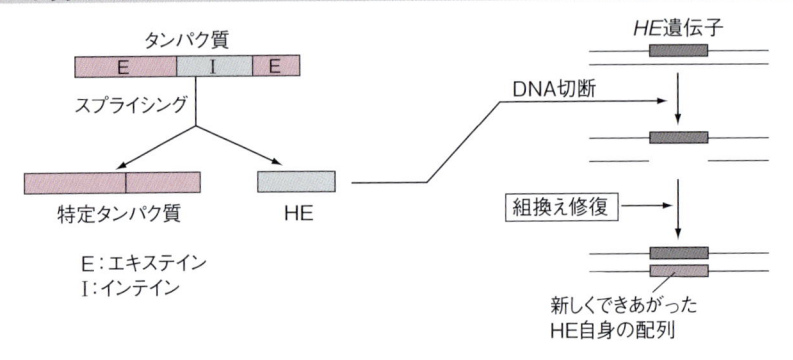

E：エキステイン
I：インテイン

■ 図2 HEの作用（I-SceIの例）

I-SceI
5′…AGTTACGCTAGGGATAACAGGGTAATATAG…3′
3′…TCAATGCGATCCCTATTGTCCCATTATATC…5′

切断点
認識配列

# 5 章

# RNA と RNA 工学

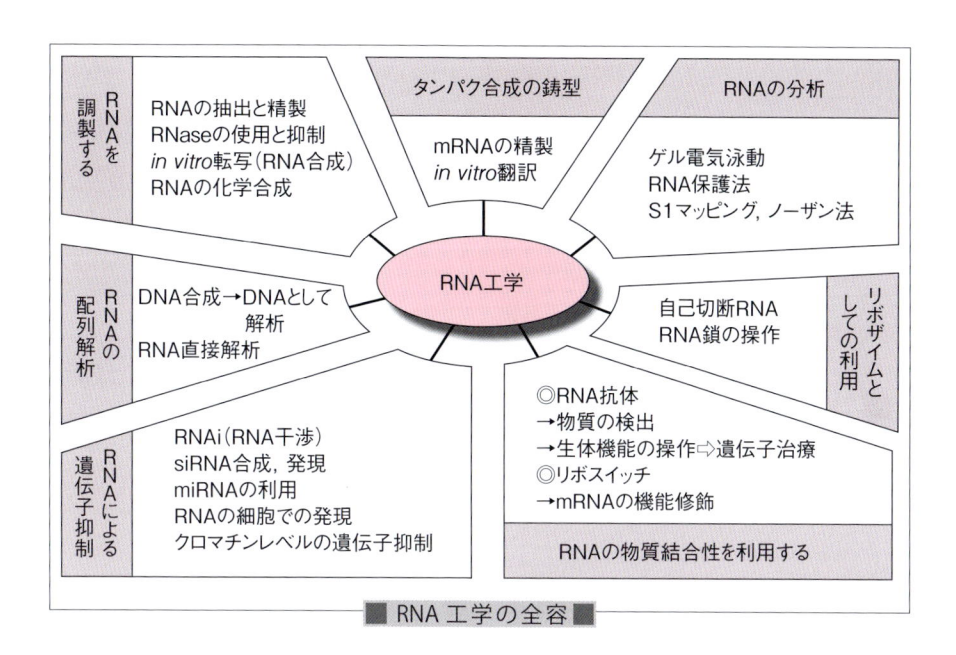

### RNA工学の全容

**RNAを調製する**
- RNAの抽出と精製
- RNaseの使用と抑制
- in vitro転写（RNA合成）
- RNAの化学合成

**タンパク合成の鋳型**
- mRNAの精製
- in vitro翻訳

**RNAの分析**
- ゲル電気泳動
- RNA保護法
- S1マッピング，ノーザン法

**RNAの配列解析**
- DNA合成→DNAとして解析
- RNA直接解析

**リボザイムとしての利用**
- 自己切断RNA
- RNA鎖の操作

**RNAによる遺伝子抑制**
- RNAi（RNA干渉）
- siRNA合成，発現
- miRNAの利用
- RNAの細胞での発現
- クロマチンレベルの遺伝子抑制

**RNAの物質結合性を利用する**
- ◎RNA抗体
  → 物質の検出
  → 生体機能の操作 ⇨ 遺伝子治療
- ◎リボスイッチ
  → mRNAの機能修飾

---

　RNAは糖としてリボースをもつ点，ピリミジン塩基の一つのチミンがウラシルである点，基本形が一本鎖である点でDNAと異なる．細胞内における遺伝子発現のダイナミックな変動を可能にするため，RNAはRNA分解酵素によって比較的すみやかに分解されているが，この分解素子がRNAを細胞から調製する際にはとくに注意しなくてはならない点である．

　RNAはタンパク質合成の鋳型となるほか，遺伝子発現制御にも直接関与するが，このことが，RNAを介する遺伝子機能の改変という，生命工学における応用に直結している．RNAが細胞制御に直接かかわる現象としてRNA干渉（RNAi）があるが，これを人為的に起こさせる操作は，翻訳阻止を介した遺伝子阻害法として現在広く使われている．実際には標的配列をもつ短い二本鎖RNA：siRNAを細胞や個体に導入するが，ヒトにおいては遺伝子治療の一つの手段ともなっている．RNA干渉をゲノムがもつ抑制RNAであるmiRNAを使って行うこともできる．

　RNAのもう一つの使い道は，RNAがもつ物質結合性に基づいたアプタマーとしての利用である．天然のものもあるが，RNAアプタマーを分子シミュレーションにより目的の物質に結合するように理論的にデザインして合成することもできる．RNAアプタマーはRNA抗体としての意義があり，疾患治療などを目的としても使用されている．RNA抗体は簡単に化学合成できたり，構造を容易に変えられたりするなど，利点が多い．mRNAのリガンド結合がmRNAの構造・機能変換を誘導するリボスイッチというものもある．

## 5-1

# 多彩な役割を果たすもう一つの核酸：RNA

> RNAはDNAの一方の鎖を転写した核酸で，基本的に一本鎖だが，分子内で短い二本鎖構造をとって球状に折り畳まれ，タンパク質様の活性を示す場合がある．RNAの主な役割はタンパク質合成への関与だが，中には酵素活性をもつRNA：リボザイムも存在する．

### ■ RNAとは

もう一つの核酸であるRNA（リボ核酸）はDNAに似たヌクレオチド重合分子で，DNAとは糖がリボースである点，塩基としてチミンの代わりにウラシルが使われる点で異なる．RNAはDNAの一方の鎖を写し取った分子なので基本的には一本鎖だが，分子内で短い二重鎖構造（時として三重鎖構造）をとる場合があり，全体が折り畳まれて球状になりやすい．mRNAやrRNAを除き，多くのRNAは100塩基長以下の長さしかない．どのようなRNAもはじめ前駆体としてつくられ，部分切断，化学修飾，スプライシングなどを経て成熟する．

### ■ RNAの種類

mRNAはタンパク質の配列をコードする情報をもち，真核生物のmRNAの5'端にはキャップ構造，3'端にはポリA鎖がある．mRNA以外のRNAは非コードRNAである．tRNA（転移RNA）はアミノ酸と共有結合し，mRNAのコドンと水素結合する．rRNA（リボソームRNA）はリボソームに含まれ，snRNAは核内低分子RNAでスプライシング調節にかかわり，miRNA（マイクロRNA）は遺伝子発現抑制に働く小型のRNAである．細胞内にはこれ以外にも特異的機能をもつRNAや，機能のよくわからないRNA，典型的遺伝子以外の部分から転写されるRNAなどが存在する．

### ■ RNAの主な働き
　　：タンパク質合成にかかわる

RNAがかかわる主要な機構はタンパク質合成で，3種類（mRNA，tRNA，rRNA）のRNAがかかわる．mRNAは典型的遺伝子から転写され，遺伝子の種類により大きさや塩基配列が異なり，理論的に遺伝子の数より多く存在しう

■ 図1　RNAの特徴

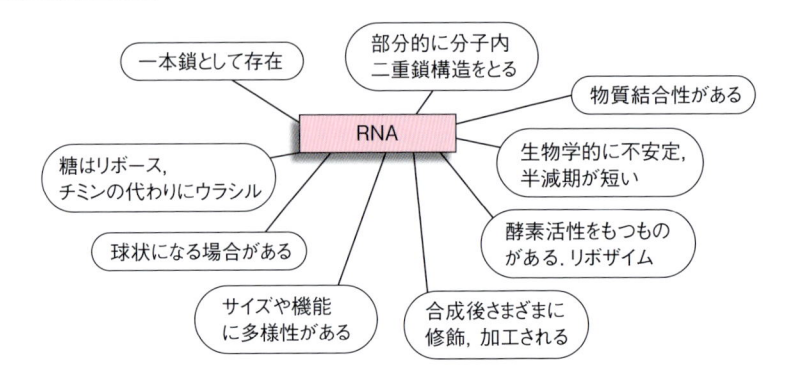

る（注：一つの遺伝子から複数の転写物ができるため）．tRNA は少なくともアミノ酸の数だけ存在し，アミノ酸 A 用の tRNA は A と特異的に結合し，アミノ酸を細胞質中の mRNA へ運ぶ．細胞内 RNA の大部分を占める rRNA はリボソームの大サブユニットに 3 種類，小サブユニットに 1 種類存在し，前者のうちの最大 rRNA はペプチド重合活性をもつ．

## ■ RNA はタンパク質と似た性質があり，酵素としても働く

一般に RNA は DNA と比べて化学反応における反応性が高く，また球状構造をとりやすいために，タンパク質のような振る舞いをする場合がある．さらにその結果として，RNA が酵素活性を発揮する場合があり，そのようなものを一般にリボザイムという．リボザイムははじめ自己スプライシングする RNA や RNaseP という酵素がもつ RNA にその活性が見つかったが（チェックとアルトマン，1989 年，ノーベル化学賞），その後 mRNA にある自身を切断する活性や rRNA にあるアミノ酸結合活性など，多くの RNA に見つかっている．リボザイムの存在は最初の遺伝物質を RNA とする RNA ワールド仮説の根拠にもなっている．ハンマーヘッド型リボザイムは代表的な自己切断 RNA で，リボザイム部分が RNA の短い特異配列を認識して切断するため，人為的に RNA からある配列を除く（あるいは生成する）ために利用される．

■ 図2 RNA の構造（動物細胞の場合）

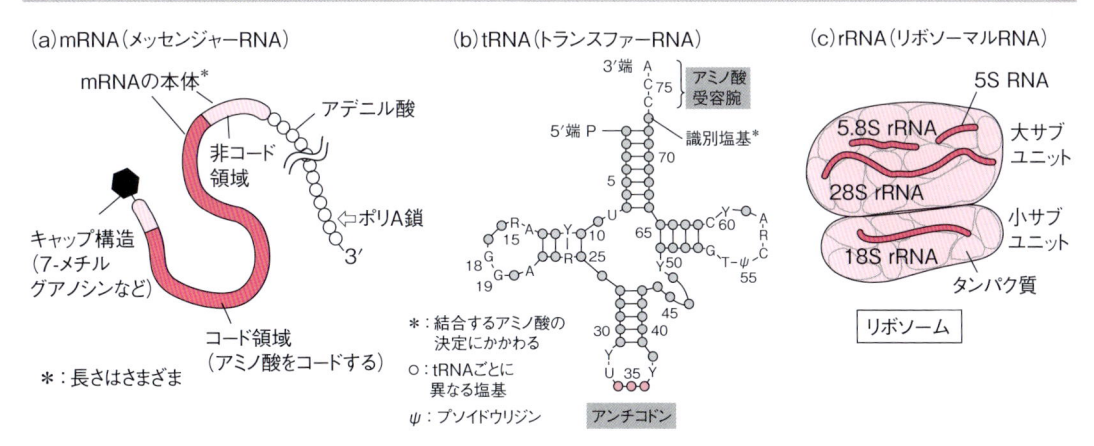

(a) mRNA（メッセンジャーRNA）
(b) tRNA（トランスファーRNA）
(c) rRNA（リボソーマルRNA）

■ 図3 リボザイム

(a) リボザイムの例

| RNA の種類 | 働き |
|---|---|
| RNase P の RNA | tRNA 前駆体の切断および成熟 |
| 自己スプライシング RNA | RNA スプライシング（切断と再結合） |
| rRNA 最大分子種 | ペプチド結合の形成 |
| ハンマーヘッド型リボザイム | 種々の RNA に見られる．RNA の限定分解 |

(b) ハンマーヘッド型リボザイムを設計する

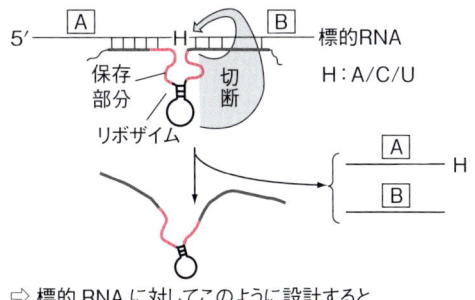

H：A/C/U

⇨ 標的 RNA に対してこのように設計すると，A と B との間で切断される

## 5-2 RNAを取り扱う技術

RNaseは細胞や生体内に普遍的に存在し，不活化も難しいため，RNAを扱う操作ではRNaseをいかに除くかが重要である．ポリA鎖をもつmRNAはオリゴdT結合性を利用して精製できる．またRNAを電気泳動でサイズ通りに分離するには変性剤を加える必要がある．

### ■ RNA取り扱いのコツ

RNAを操作する場合，細胞，体液，細菌などのさまざまな所にRNase（RNA分解酵素）があって分解される機会が多い．大部分のRNaseは金属イオンを必要としないのでEDTAで失活できず，耐熱性も高いために（100℃でも完全に失活しない）RNaseの抑制は困難であり，試料がRNaseに汚染されないようにする必要がある．細胞から取り出す場合はすみやかにRNAとタンパク質を分離し，組織は液体窒素で保存する．SDS（ドデシル硫酸ナトリウム）はRNaseを失活させ，ジエチルピロカーボネートはRNaseを強く阻害する．中性〜微アルカリ性で安定なDNAと違い，RNAは微酸性で安定である．RNAは高pHで切断されるが，この点もアルカリ性でも安定なDNAとは異なる．ただRNAはDNAと違い，酸や激しい撹拌で簡単には切断されない．

### ■ RNAの抽出とmRNAの精製

細胞からRNAを抽出する際はpHを微酸性にし，また，エタノール沈殿も，微酸性の塩溶液を加えて行う．RNAの抽出・精製はほとんどが真核生物のmRNAを対象に行われるが，真核生物mRNAの3'端にはAの連続配列（ポリA鎖）があるので，精製にはこれを利用する．実際にはdTのオリゴヌクレオチド（オリゴdT）を結合させたセルロースとRNAを混ぜ，塩化ナトリウム存在下でmRNAのポリA部分とアニールさせ，その後水で溶出させる．分離をよくするため，ラテックスビーズにオリゴdTを付けたものを使う場合もある．ポリAをもつRNAは全RNAの数％程度である．

### ■ RNAのゲル電気泳動

RNAもDNAと同じ原理に従ってゲル電気泳動を行うことができる．RNAはDNAと異なり一本鎖であるが，部分的に分子内二重鎖構造を

■図1 RNAを扱う場合のポイント

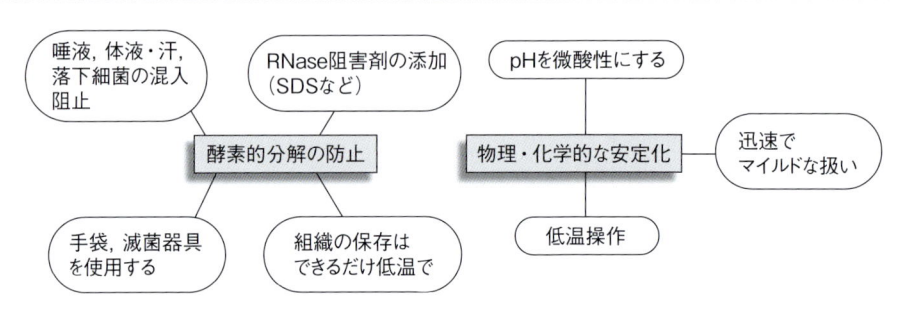

もつため，そのままではサイズ（長さ）に従った正確な分離ができない．そのため，RNAを正確に分離するためには，ゲルに核酸変性剤（⇨ホルムアミド，尿素，ホルムアルデヒド）を加える必要がある．水の代わりにホルムアミドを用いてポリアクリルアミドゲルをつくる方法もある．ただしアルカリ感受性という理由により，アルカリを変性剤としては使えない．

### ■ 真核生物mRNAの構造解析

RNA塩基配列の直接解析にはDNAの塩基配列を化学切断法を利用して解するマクサムギルバート法のRNA版などもあるが，一般的でない．現在主に行われるRNA塩基配列解析は，逆転写酵素でいったんDNA（cDNA）に変換したものを分析するという方法である．mRNAからのcDNA合成にはオリゴdTをプライマーとして使うが，mRNAの5′端ができるだけ伸びた（途中でちぎれていない）ものを分析する必要がある．このための工夫として，キャップ構造を利用してRNAをさらに精製する方法，PCRで5′端ができるだけ残るように増幅する方法（5′ RACE法），そしてオリゴキャップ法（キャップ部に特異的オリゴRNAを付け，5′端からの2本鎖目のDNAを合成する方法）といわれる方法などがある．物理的な原理で塩基配列を分析する開発中の次世代シークエンサーは，RNA塩基配列の解析も可能とされている．

■ 図2 真核生物mRNAの精製

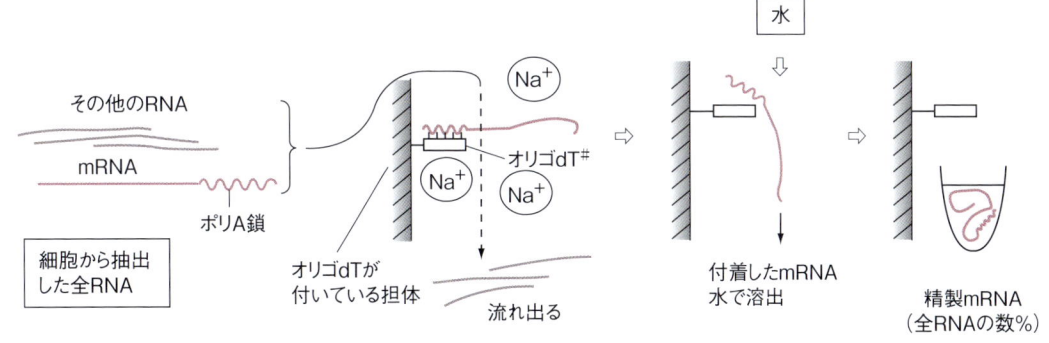

＃：デオキシチミジンが10〜20個程度連結したもの

■ 図3 RNAのゲル電気泳動

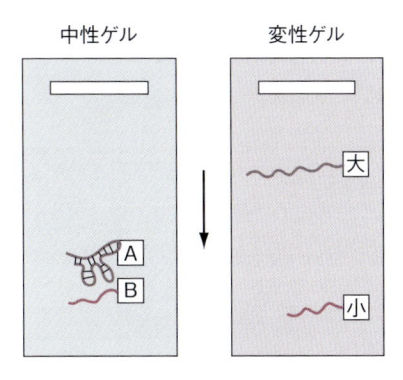

中性ゲルではRNAが二次構造をとったまま泳動され，サイズが泳動に反映されない．

■ 図4 RNAの塩基配列分析

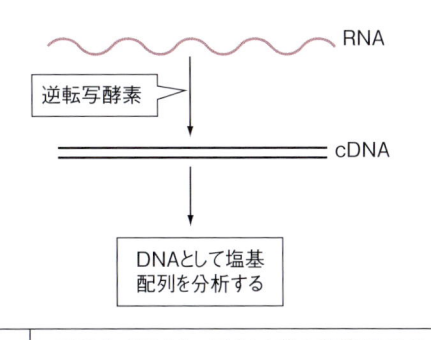

その他
○RNA合成反応に，デオキシ型の基質を加える（→転写シークエンシング）
○物理的原理による次世代シークエンサーを使う

## 5-3

# RNAによる遺伝子抑制

> 遺伝子の配列をもつ短い二本鎖RNA（siRNA）を細胞に入れると、内在性RNAが分解されて遺伝子抑制が起こり、またsiRNA配列をゲノムから発現させると恒常的に遺伝子が抑制される。この現象をRNA干渉というが、細胞にも類似の原理で遺伝子を抑制する機構がある。

### ■ 二本鎖RNAの意外な効果

煩雑な遺伝子破壊実験を行わずに、遺伝子発現を抑えることによってその機能を解明しようという試みは昔からあった．一つは、アンチセンスRNA（目的RNAの相補的RNA）を細胞に入れ、mRNAとハイブリダイズさせて翻訳阻害を狙う方法だが、RNAの安定性が低く、効果は弱かった（注：糖がモルホリンに代わった難分解性のモルフォリノオリゴヌクレオチドを用いる改良法もある）．ところが導入RNAとしてセンスRNAとアンチセンスを一緒に入れたところ、より高い遺伝子発現抑制効果が現れ、さらにははじめから二本鎖になっているRNAでも同等の効果がみられた．二本鎖RNAにより遺伝子が抑制されるこの現象はRNAi（RNA干渉）といわれる．

### ■ RNAiの実際と抑制機構

RNAi操作に使われるRNA（siRNAという）は約21bpと短い．siRNAが細胞に入ると細胞の因子が結合し、一方の鎖だけを残し、他方は分解される．複合体（RISCという）は該当するmRNAと結合し、因子のもつヌクレアーゼ活性によってmRNAが分解され、翻訳が起こらず、遺伝子機能が抑制される．この手法を遺伝子ノックダウンといい（ファイアーとメロー、2006年、ノーベル生理学・医学賞）、現在、遺伝子機能抑制の常套手段となっている．幅広い生物に応用され、培養細胞のみならず、個体レベルで効く例もある．

### ■ siRNAをつくり続ける細胞をつくる

siRNAは一定時間後には細胞から消失し、遺

■図1　アンチセンスRNAによる遺伝子抑制のアイデアと問題点

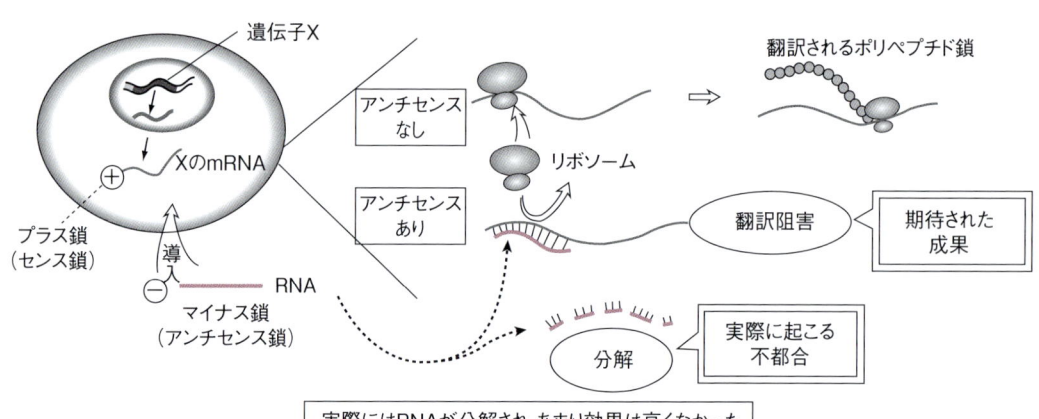

伝子抑制効果は長続きしない．この克服法として，siRNA相当のDNAを染色体に組み込ませ，そこから持続的にRNAを発現させる方法が考えられる．この際に細胞でつくられるRNAを，その構造的特徴からshRNA（ショートヘアピンRNA）とよぶ．これは，少し長めのRNAで，細胞内でヘアピン構造をとり，約21bpの二本鎖部分ができるようにデザインされているので，細胞はこれを切断してsiRNAに相当する分子をつくり続ける．この手法を使えば，新しい遺伝子発現形質をもつ細胞や動植物をつくることができる．

### ■ 細胞自身がもつRNAi能

人為的なものとは別に，細胞自身もマイクロRNA（miRNA）という小さな二本鎖RNAを発現している．はじめに大きな前駆体として合成され，その後切断されてmiRNAとなる．miRNAにもRNAiと相同な因子が作用してmiRNA類似の配列をもつmRNAと結合して翻訳阻害を起こす（注：配列が完全には一致しないのでmRNAは分解されない）．この現象は細胞本来の遺伝子制御に使われ，分化や癌抑制にも効いている．RNAiも含め，このような形式による遺伝子抑制を一般にRNAサイレンシングという．

#### コラム：別の機構による遺伝子抑制

ゲノムからは前述とは別のタイプの非コードRNAも多数発現している．あるものは近隣の転写を阻害し，またあるものはクロマチンに結合して一帯の遺伝子発現を包括的に抑制する（例：メスの一方のX染色体を抑制するXist）．

■ 図2　RNA干渉（RNAi）による遺伝子抑制：siRNAとshRNAによる方法

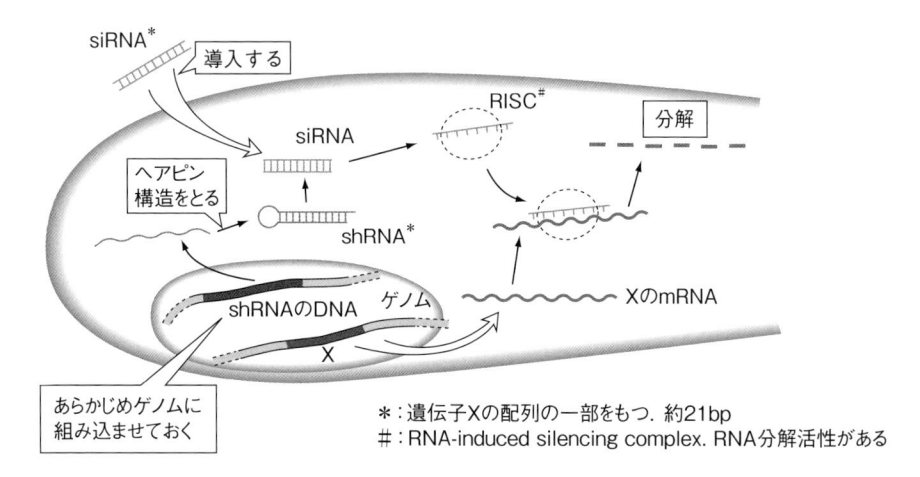

■ 図3　miRNA（マイクロRNA）は内在するゲノムから発現し，関連遺伝子を抑制する

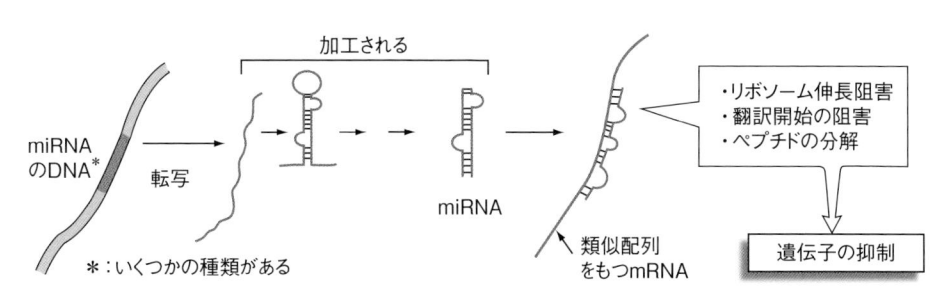

## 5-4

# RNAの物質結合性

> RNAには自身の物質結合性ゆえにアプタマーとして利用されるものがあり，医療分野ではRNA抗体や分子センサーとして治療や診断に応用されている．RNAアプタマーはリボスイッチの一部にもなっており，代謝や細胞内物質移動の調節装置として働いている．

### ■ RNAの物質結合性

対象となる物質（⇨ リガンド）に特異的に結合する生体分子をアプタマーという．一般的には核酸アプタマーとペプチドアプタマーがあるが，結合性を示すRNAに対して，最初にこの用語が用いられた．前述のようにRNAは物質結合性が高く構造が柔軟なため（⇨ 比較的自由な構造をとれる），アプタマー活性をもつものがいろいろと知られており，人工のものも含め，いくつかは医療にも利用されている．

RNAアプタマーは in vitro セレクション法で単離することができる．まず不特定多数のRNA集団（⇨ RNAライブラリー）を用意し，そこにリガンドとなる物質Xを加えて結合させる．次にRNA-X複合体を回収して結合RNAを分析する（あるいは樹脂に結合させたXからRNAを溶出する）．この操作を繰り返し，最後に個々のRNAとの結合性を確認する．最近ではコンピューターシミュレーションに基づいたRNAの分子デザインも行われている．

### ■ 生体内で働かせるRNAアプタマー

物質を特異的に認識して結合する代表的な物質としてはタンパク質抗体があるが，RNAア

■ 図1　RNAアプタマーの概念 ■

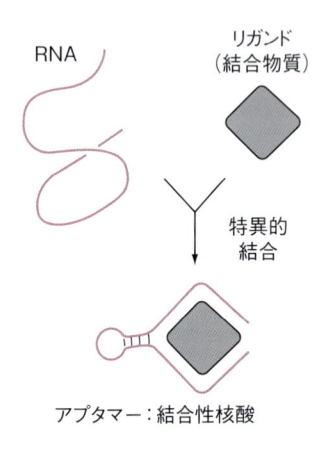

■ 図2　RNAアプタマーはRNA抗体になる ■

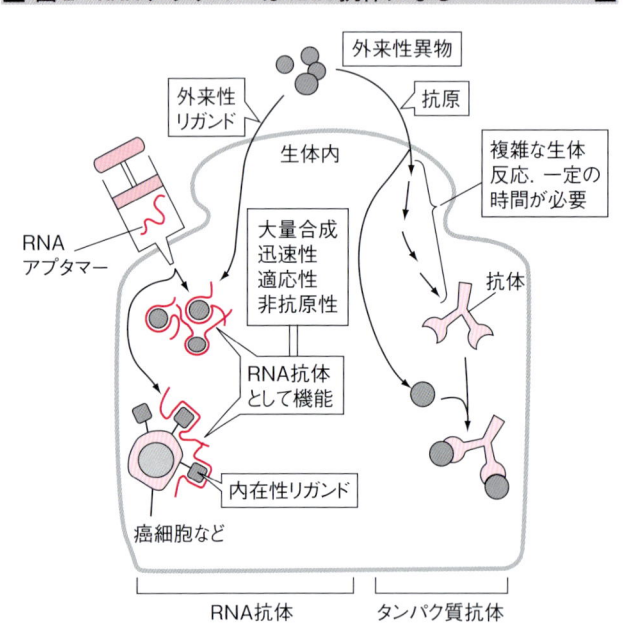

プタマーも標的物質と特異的に結合することから，抗体のようにして使うことができる．RNA抗体は医療に使うことを想定して開発されており，これまでに原因物質が同定されている病気の治療薬として，一部はすでに実用化されている（例：加齢黄斑変性症）．RNAアプタマーを癌の病変組織に結合させ，病変部位の検知針として使用する試みも行われている．RNAアプタマーがそれ以外の物質と比べて優れている点は，デザインや合成が容易で大量かつ純粋に化学合成できること，化学修飾することで付加価値を付けたり安定性を高めたりできることにある．医薬としての利点として，RNAがタンパク質と比べて免疫原性がほとんどない（⇨ 体内で異物として認識されにくい）という特徴があげられる．

### ■ リボスイッチ

「リボスイッチ」としてRNAアプタマーが生理的に使われる例が細菌などのmRNA中（主に 5′ 側）にみられる．S-アデノシルメチオニン（SAM）結合性のSAMリボスイッチの場合，SAM結合によってmRNAの二重鎖状態が変化して，リボソームが結合できなくなったり転写終結構造ができるなどして遺伝子発現が低下し，結果的にメチオニンやSAMの利用状態や代謝が調節される．SAMはメチル基供与体として働くが，SAMリボスイッチはSAMの検知装置として働くことで細胞機能の調節に関与する．リボスイッチのリガンドとして働く低分子物質には，このほかピロリン酸チアミン，ビタミン $B_{12}$，プリン塩基などいくつかのものがあり，人工リボスイッチの開発も進んでいる．

> **コラム：DNAアプタマー**
>
> RNAは生体内で不安定という欠点があるが，DNAもアプタマー活性を発揮する場合があり，SELEX法（Systematic Evolution of Ligands by EXponential enrichment）法などを使って検索される．

■ 図3　RNAアプタマーの検索・選択

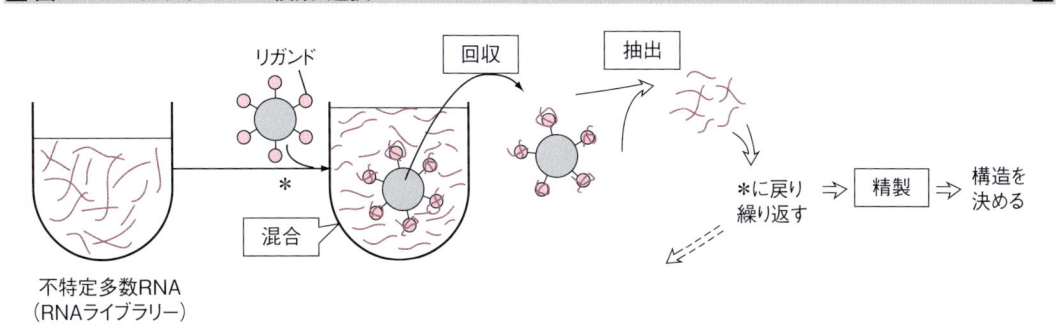

■ 図4　リボスイッチの作用（SAMの例）

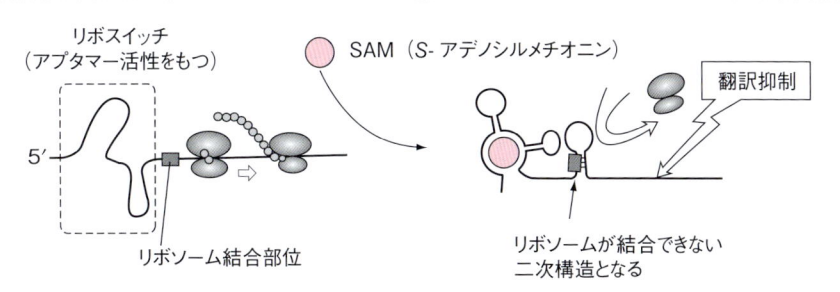

# 5章発展

# RNA塩基配列を直接解析する

従来RNA塩基配列解析といえばcDNAに変換してからのDNA塩基配列解析が主だったが，これにはさまざまな問題があるため，現在RNAの直接解析の技術開発が進められている．

### ◆ RNAシークエンシング

DNA塩基配列解析（DNAシークエンシング）は古典的なジデオキシ法に加え，次世代シークエンサーによる解析法も一般化しつつあるが，RNAのシークエンシングはどうか．現在はRNA混合物を逆転写酵素でいったんcDNAにし，DNAとして解析する方法がとられているが，RNAのヘアピン構造が原因で，酵素が鎖の別の部位や別種のRNAを続けて逆転写するなどの問題がしばしばみられる．しかし最大の問題は何といっても，元のRNA集団組成がcDNA集団組成に均一に反映されないということである．

### ◆ 直接シークエンシング

RNAの直接解析の試みは以前からあった．古典的にはRNAを塩基特異的に酵素切断し，マクサム-ギルバート法の要領で配列を読む方法があるが，必ずしもすべての塩基を均等にカバーできず大量処理もできない．最近，新たなRNA直接シークエンス法が発表された．これは基板上でRNAに相補的な塩基を一つずつ重合させ，その都度配列を読むものだが，特徴は1分子反応として解析すること，そして基板の特定の位置で特定の個々の反応を同時並行的に進めることにある．実際の反応では，蛍光を出し，かつ重合反応停止能をもつ物質XをもつX質を作用させDNAを1個だけ合成し，次にXだけを切り離して次の反応に移る．

**コラム：物理的にRNAシークエンスを読む**

DNA1分子が穴を通るときに塩基を物理的に検出して配列を直接解読するシークエンサーがつくられているが，この機器はRNAの解読も可能とされている．

■ 図1 従来のRNAシークエンシングと問題点■

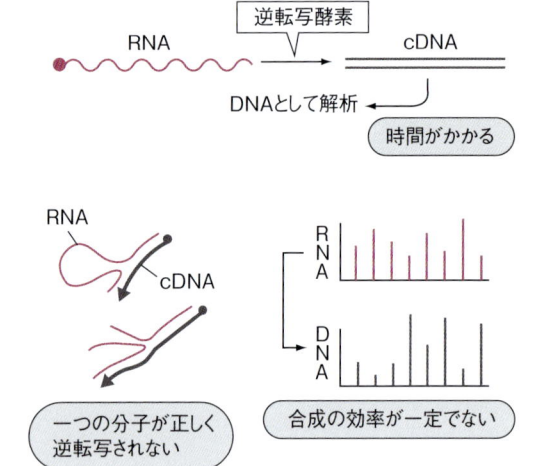

■ 図2 RNA直接解析法の一例■

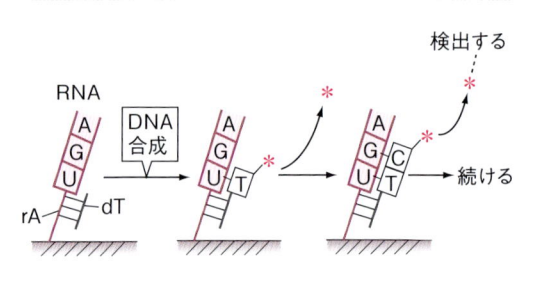

＊：反応を停止させ，特異的に検出できる物質（基質から切り離せる）

# 6章

# タンパク質，糖鎖，脂質に関する生命工学

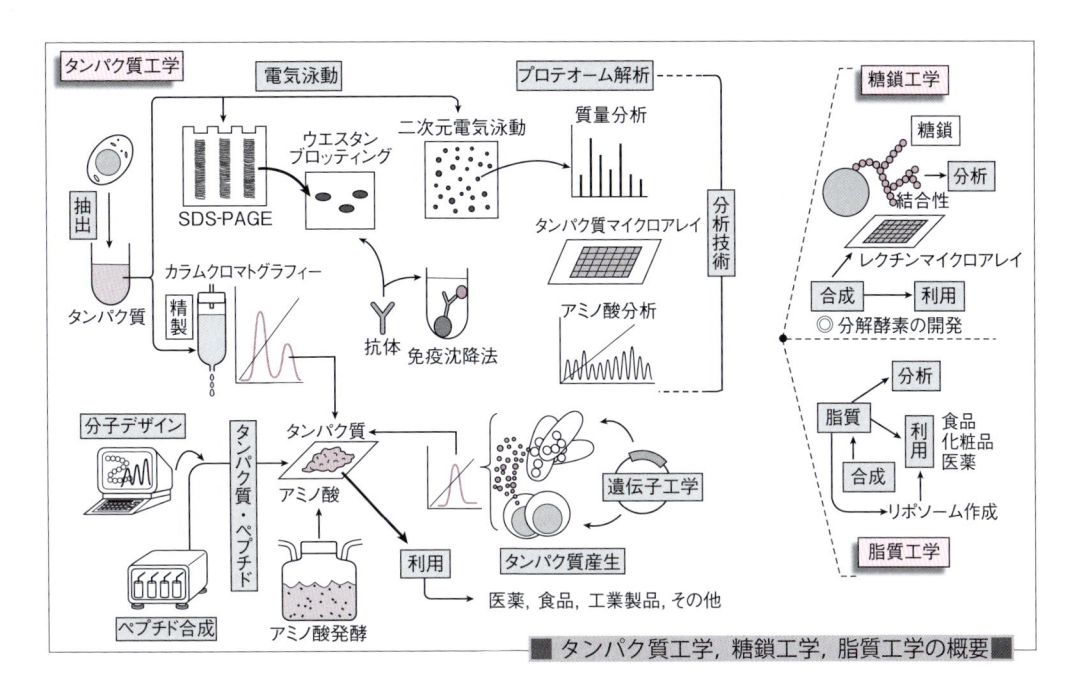

■ タンパク質工学，糖鎖工学，脂質工学の概要 ■

　タンパク質も核酸と同様に直接の遺伝情報をもつが，加えて細胞現象の実働分子であるため，生命工学の材料としてはさまざまに利用される．タンパク質の扱い，分析，利用に関する技術をタンパク質工学という．タンパク質の精製や分離法には，クロマトグラフィーや電気泳動などを含む多様な手法があり，またタンパク質の検出法には染色法のほか，特異抗体を使用するウエスタンブロッティングやその応用技術がある．細胞内の全タンパク質を網羅的に同定する場合は，二次元電気泳動でタンパク質を分離し，個々のタンパク質を質量分析で分析し，配列情報から遺伝子を同定する．タンパク質工学の実用面での重要なものに，遺伝子工学と融合させることによって，DNAの変換から構造の異なるタンパク質を産生することがあり，タンパク質医薬の製造や付加価値のあるタンパク質の合成に応用される．ペプチドには生理活性をもつものが多く化学合成も容易なことより，合成，機能解析，結合解析などが短時間でできるという利点があり，またペプチドセンサーなどとしての応用もある．

　糖鎖は複雑な構造をとっているが，それらが特異的にタンパク質などと結合して機能を発揮し，またウイルスなどの病原体の受容体になる．糖鎖構造解析や結合タンパク質の探索はマイクロアレイ技術などを利用して行われる．脂質は生体内の多くの場所に存在し，生理活性をもつものも多い．脂質は化粧品，医薬品などで使われているほか，食品や食品添加物としての利用も多い．生体膜工学によってつくられる人工脂質二重膜：リポソームは体内マイクロカプセルとしての利用法がある．

# 6-1 タンパク質工学

> 広い意味ではタンパク質の精製や分析も含め，タンパク質にかかわる技術全般をタンパク質工学とよぶ．そのなかでも中心となる技術は，遺伝子工学を用いて希望するタンパク質を細胞でつくる技術と，ペプチドを化学合成し，それを利用する技術である．

## ■ タンパク質工学とは

生命工学の中で，タンパク質とペプチドに関連する技術全般を広い意味のタンパク質工学としてとらえることができる．タンパク質工学の基礎はタンパク質を取り扱う技術（分離，検出）や，タンパク質を精製し分析する技術（例：アミノ酸配列分析，MS 解析）であるが，とりわけ精製はタンパク質に関しては多様であり，かつ重要である．タンパク質の機能解析に関する技術もタンパク質工学に含まれ，とりわけ結合性に関するものは多くのタンパク質に応用される．タンパク質工学の柱となっているものにタンパク質合成技術があるが，これは遺伝子工学による方法と化学合成，すなわちペプチド合成の二つに分けられる．合成したタンパク質の加工も，タンパク質工学の一領域である．

## ■ 遺伝子工学を取り入れる

タンパク質工学の中心的技術といえば，やはり遺伝子工学を取り入れた in vivo タンパク質合成（産生）であろう（4-1）．発現ベクターにタンパク質コード DNA を組み込み，大腸菌などで大量産生させるが，インシュリンや成長ホルモン，エリスロポエチンやインターフェロンなどの医薬品を中心に，有用な物質がこの方法で多数つくられている．天然から精製したものに比べ，タンパク質工学による製品は生産性と純度の点で優れているのみならず，DNA に変異を導入し，それを介して新しいタンパク質や，付加価値をもつタンパク質をつくることもできる．化学合成できないような大きなタンパク質や，特異的な三次構造や化学修飾をもつタンパク質の合成はこの手法の真骨頂といえよう．

## ■ ペプチド工学

タンパク質工学の中で，アミノ酸数が比較的少ないペプチドを化学的に合成して利用する技術は一つの独立した領域をなし，ペプチド工学とよばれる．ペプチド合成では，「アミノ酸官能基の保護→反応させる官能基の活性化→重合」という操作を繰り返し，ペプチド鎖を C 端に伸ばしながら合成していくが，このようにしてつくられた生理活性ペプチドは特別な高次構造をとる必要がないため，多くは合成後そのまま利用できる．ペプチドは簡単につくれ，ペプチド混合物をペプチドライブラリーとして利用することができる．ペプチドでつくったマイクロアレイ：ペプチドチップは，この方法の重

---

**コラム：タンパク質デザイン**

目的のタンパク質やペプチドを不特定多数，あるいはランダム合成したタンパク質混合物の中からやみくもに選ぶと多大な労力が要る．そこでコンピューターで結合予測を行い，予想されるものを優先的に合成して試すという「タンパク質デザイン」の手法がとられる．

要な利用法の一つになっている．ペプチドはタンパク質より安定なため，バイオセンサーの素子（ペプチドセンサー）としても使える．物質結合で構造が変化するようなペプチドは，その構造変化を検出する方法と組み合わせ，結合センサーとして利用できる．自己集合能をもつペプチドは，自己組織化させて（⇨ 自己組織化ペプチド）特異的構造をつくらせ（例：繊維化），工業製品の素子として利用することもできる．

■ 図　タンパク質工学の概観

# 6-2 タンパク質の性質と取り扱い

タンパク質は，アミノ酸配列（一次構造）をもとにαらせんやβ構造などの二次構造とそれらが折り畳まれる三次構造をとり，時としてそれらが集合して特異的な高次構造をとる．タンパク質の取り扱いは分解や高次構造の破壊を防止しつつ行う必要がある．

## ■ タンパク質は特異的物性をもつ

タンパク質の性質と大きさは構成アミノ酸の組成，配列，数に依存し，それはタンパク質の分離・精製にも利用される．多くのタンパク質は全体が折り畳まれた球状をしており，外側には親水性アミノ酸が多く存在する．タンパク質はある種の塩（例：硫酸アンモニウム）や有機溶媒（例：アセトン）中では溶解度が低下して沈殿するが（塩で沈殿する場合は塩析という），この性質はタンパク質の精製や濃縮に利用される．タンパク質全体の電荷はアミノ酸の電荷に依存し，等電点に反映される（⇨ 酸性アミノ酸が多いものは等電点が低い）．タンパク質がとる特異的立体構造を高次構造といい，二〜四次構造がある．

## ■ タンパク質の高次構造

タンパク質の一次構造（⇨ アミノ酸の配列）全体を表すときはポリペプチドという．ポリペプチド中のアミノ酸が近隣のアミノ酸と特異的相互作用をとることにより，局所的に特徴的立体構造をとるが，これを二次構造という（ポーリング，1954年，ノーベル化学賞）．代表的な二次構造に，らせん構造のαヘリックスと伸び

### コラム：高次構造形成過程

ポリペプチドは自発的な二次構造形成と折り畳みによって三次構造を形成する．しかし翻訳時，合成された部分から先に折り畳みが起こると本来と異なる高次構造となってしまう．細胞内にはこのような不都合を阻止し正しい折り畳みを支援する，ATP依存的に働くタンパク質：シャペロンが存在する．

■ 図1　構造や物性によるタンパク質の分類

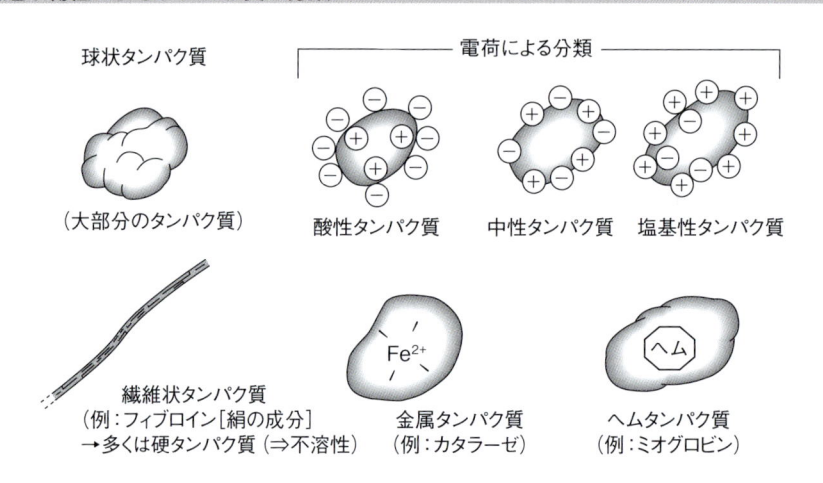

球状タンパク質　　　　　電荷による分類

（大部分のタンパク質）　酸性タンパク質　中性タンパク質　塩基性タンパク質

繊維状タンパク質
（例：フィブロイン[絹の成分]）
→多くは硬タンパク質（⇨不溶性）

金属タンパク質（Fe$^{2+}$）
（例：カタラーゼ）

ヘムタンパク質（ヘム）
（例：ミオグロビン）

たヒダ状のβ構造がある．二次構造をとる領域とそれ以外の領域が全体的に折り畳まれてとる構造を三次構造というが，三次構造にはこのほかシステイン側鎖2個の-SH基同士が共有結合したSS結合（ジスルフィド結合）がある．三次構造をとったタンパク質が非共有結合で結合した状態を四次構造といい，複合体中の各々をサブユニットという．高次構造が熱や化学物質で壊れた状態をタンパク質の変性といい，タンパク質の機能は失われる．タンパク質によっては高次構造の形成に金属イオンや低分子化合物を含むものもある（例：ヘモグロビン）．

### ■ タンパク質の取り扱い

一般にタンパク質はDNAや糖に比べ不安定で，注意して扱う必要があるが，ポイントは変性（高次構造の破壊）と分解（ペプチド結合の切断）の防止である．基本的には前述の変性条件を避けて低温で扱い，重金属の混入を避ける．安定化のための低分子化合物がある場合はそれを加える．タンパク質中のSH基が酸化されてSS結合ができて失活することがあるので，通常はSH試薬（例：2-メルカプトエタノール，DTT）を加えてSH基を保護する．またタンパク質は表面張力に弱いため，発泡や強い攪拌は避ける．タンパク質は水と水和している状態でも水分子の影響で徐々に変性するため，とくに不安定なタンパク質の場合はグルセロールを加えて実質的な水分濃度を減らしたり，沈殿状態にしたり，水を除いて凍結乾燥させたりするなどの措置をとる．タンパク質分解酵素が働かないようにプロテアーゼ阻害剤（6-3）を添加することも有効である．

■ 図2　タンパク質の高次構造

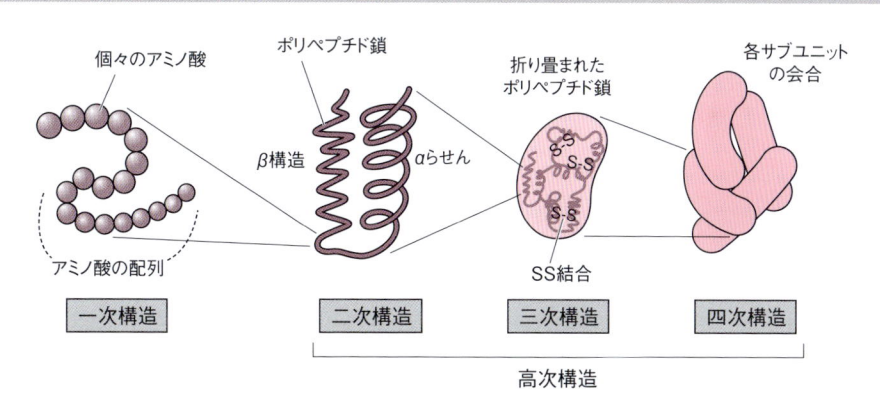

■ 図3　タンパク質取り扱いの基本

- 低温で操作
- 激しい発泡を防ぐ
- 安定化剤を加える
- 薄めすぎない
- 凍結・融解に注意
- 酸化を防止しSH基を保護
- pHや重金属混入に注意
- プロテアーゼを働かせない

■ 図4　SH基の酸化をSH試薬で防ぐ

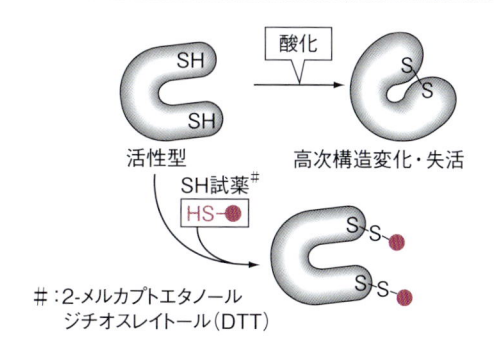

\#：2-メルカプトエタノール
ジチオスレイトール（DTT）

## 6-3 タンパク質の分解

生体にはタンパク質を分解する種々のプロテアーゼがあり，細胞の維持や調節，栄養素の消化などにかかわっている．プロテアーゼは医療面のみならず，産業面でもさまざまな形で利用されており，他方では酵素活性を抑えるプロテアーゼ阻害剤も用いられる．

### ■ タンパク質を分解する酵素

タンパク質やペプチドを分解する酵素であるプロテアーゼ（広い意味ではペプチダーゼ）にはさまざまなものがある（注：タンパク質のみを分解するものはプロテイナーゼという）．大きく分けて，内部の一定の配列部分を切断するエンドペプチダーゼと，端からアミノ酸1～2個単位を切り離すエキソペプチダーゼ（⇨N末端からとC末端からの別がある）がある．エンドペプチダーゼには，短いアミノ酸配列を認識して比較的多くのタンパク質に作用するものと（例：ペプシン），特定のタンパク質を基質にするもの（例：種々の血液凝固因子）がある．細胞には普遍的にプロテアーゼが存在するが，とくに多くみられる場所は動物の消化器官や出血毒をもつヘビの毒液，ある種の細菌類や菌類，植物の果肉（例：パパイヤ，パイナップル），食虫植物の捕食器などである．

### ■ タンパク質分解酵素の利用

タンパク質分解酵素はいろいろな所で利用されている．医療分野では消化剤（例：胃で働く耐酸性のプロテアーゼ）として，また皮革製造分野では皮なめし剤に添加して（例：真菌由来プロテアーゼ）使用される．洗濯洗剤に含まれる汚れを分解する酵素もタンパク質分解酵素であり（例：アルカリ性でも働く *Bacillus* 属細菌由来プロテアーゼなどが使われる），チーズ製造で使われる乳凝固剤の，動物の胃から採ったレンネットの主成分はタンパク質分解酵素のキモシンである．細胞工学や組織工学において，トリプシンやディスパーゼは動物組織／培養し

### ■ 図1 プロテアーゼの分類

(a) 切断形式による分類

| 分類 | 酵素の名称 | 切断形式 |
|---|---|---|
| エキソペプチダーゼ | カルボキシペプチダーゼA | −X−Y↓Z−COOH（Zはアルギニン，リシン以外．Yはプロリン以外） |
| | カルボキシペプチダーゼB | −X−Y↓Z−COOH（Zはアルギニンかリシン） |
| | ロイシンアミノペプチダーゼ | NH₂−Z↓Y−X−（Zは大部分のアミノ酸） |
| エンドペプチダーゼ | トリプシン | NH₂……M↓N……COOH（Mはリシンかアルギニン） |
| | キモトリプシン | NH₂……M↓N……COOH（Mは芳香族アミノ酸，ロイシン，メチオニン） |
| | ペプシン | NH₂……M↓N……COOH（Nは芳香族アミノ酸，酸性アミノ酸） |

(b) 触媒機構（活性中心にあるアミノ酸）による分類

・セリンプロテアーゼ → キモトリプシン，トリプシン
・酸性プロテアーゼ → ペプシン
・金属プロテアーゼ → コラゲナーゼ
・システインプロテアーゼ → カスパーゼ，カルパイン
・スレオニンプロテアーゼ → プロテアソーム

た細胞シート組織から細胞をばらばらにする際の必須な試薬となっている．

## ■ 細胞内タンパク質分解処理システム

強力なタンパク質分解酵素は前述のようにさまざまな形で利用可能だが，細胞内には不要タンパク質を分解処理する生理的な機構が二つある．一つは細胞小器官であるリソソームで起こるタンパク質分解で，小胞で運ばれた不要タンパク質や，細胞外部から取り込まれた異物が，最終的にリソソームと膜融合することによって分解される．細胞自身や古くなった細胞小器官も類似の機構で分解処理される（⇨ オートファジー）．一方，折り畳みに失敗したり熱変性したりしたタンパク質，短い寿命の制御因子（例：サイクリン）などは，ポリユビキチンが結合した後にプロテアソームによって分解される．

## ■ プロテアーゼ阻害剤

細胞にはプロテアーゼが豊富にあるため，細胞からタンパク質を分離・精製する場合にはプロテアーゼ阻害剤（インヒビター）がよく使われる．阻害効果をおよぼすプロテアーゼの型の違いによっていくつかの種類があるため，通常は数種類組み合わせて使用される．

■ 図2 生活や産業で使われているプロテアーゼ

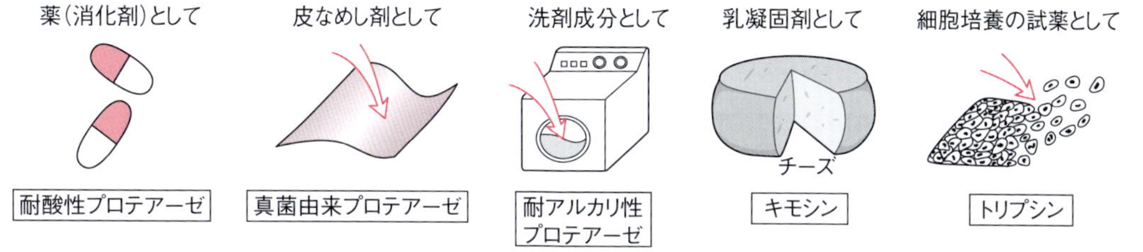

薬（消化剤）として：耐酸性プロテアーゼ
皮なめし剤として：真菌由来プロテアーゼ
洗剤成分として：耐アルカリ性プロテアーゼ
乳凝固剤として：キモシン（チーズ）
細胞培養の試薬として：トリプシン

■ 図3 2つの細胞内タンパク質分解系

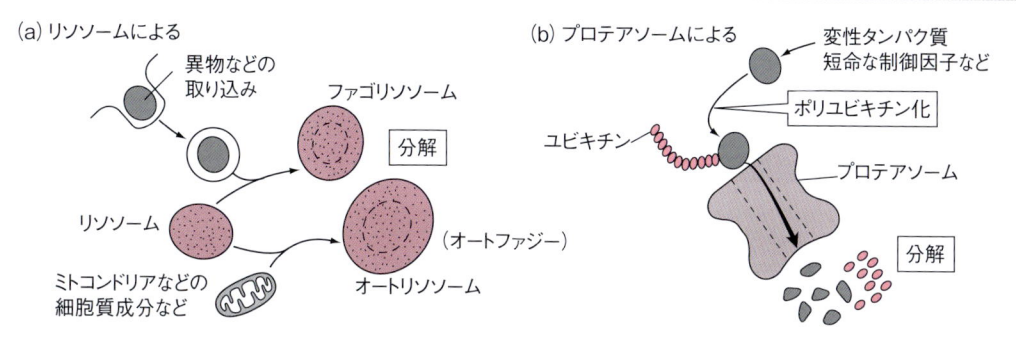

(a) リソソームによる：異物などの取り込み→ファゴリソーム→分解；リソソーム＋ミトコンドリアなどの細胞質成分など→オートリソーム（オートファジー）

(b) プロテアソームによる：変性タンパク質・短命な制御因子など＋ユビキチン→ポリユビキチン化→プロテアソーム→分解

### コラム：血液凝固に関係する製剤

血液凝固はプロテアーゼの連鎖反応で進み，最終的に血餅が形成され，血栓もこうしてできる．血栓溶解性プロテアーゼであるプラスミンは，プロテアーゼであるプラスミノーゲンアクチベーター（PA）の作用でプラスミノーゲンから生成するが，この PA が血栓溶解剤として利用されている．

■ 図4 プロテアーゼ阻害剤

| 阻害剤 | 対象とするプロテアーゼ |
| --- | --- |
| EDTA | メタロプロテアーゼ |
| アプロニチン ロイペプチン アンチパイン | システインプロテアーゼ |
| PMSF キモスタチン ベンザミジン | セリンプロテアーゼ |
| ペプスチタチン A | 酸性プロテアーゼ |

## 6-4

# タンパク質の精製：カラムクロマトグラフィー

> 粗試料から目的タンパク質を得るには精製が必要である．精製は主にカラムクロマトグラフィーで行うが，その原理にはイオン交換（陽イオン交換や陰イオン交換），ゲルろ過，吸着（非特異的あるいは特異的リガンドを使用），分配など，さまざまなものがある．

筒（カラム）に微粒子状の媒体（担体）を詰め，そこにタンパク質を含む試料を流して吸着させ，洗浄後に目的タンパク質を特異的な条件で溶出させるカラムクロマトグラフィーは，タンパク質の一般的精製法であり，下記のような異なる原理によるいくつかのものがある．

### ■ イオン交換クロマトグラフィー

最も一般的なタンパク質特異的精製法である．タンパク質は多数の部分でイオン化しており，その部分がイオン結合により担体と結合する．担体の種類により陽イオンクロマトグラフィー，陰イオンクロマトグラフィーがある．陰イオンクロマトグラフィーの場合，担体のリガンドが正に荷電しているので，タンパク質は陰イオン部分で担体に結合する．次にそこに高濃度の塩溶液（例：塩化カリウム）を通すと，陰イオン（例：塩素イオン）が吸着しているタンパク質の陰イオンを押しのけて担体と結合するため，タンパク質が溶出される．それぞれのタンパク質が特異的溶出塩濃度をもつため，塩濃度を徐々に高めながら溶出すると（⇨ グラディエント［勾配］溶出），目的タンパク質が特定の塩濃度で溶出される．担体にはセルロースやアガロースがある．

### ■ ゲルろ過クロマトグラフィー

タンパク質を分子量の差を利用して精製する方法で，サイズ排除クロマトグラフィーともいう．担体としてアガロースやポリアクリルアミドのビーズ状ゲルが使われる．タンパク質はゲルの網目構造に入るが，小さな分子ほど入りやすい（⇨ この原理をゲルろ過という）．このためカラムクロマトグラフィーを行うと大きな分子から順番にカラムを移動するため，タンパク質が分離できる．

### ■ 吸着クロマトグラフィー

タンパク質がいろいろなものをリガンドとして結合する性質を利用する方法で，リガンドは

■図1　イオン交換クロマトグラフィー

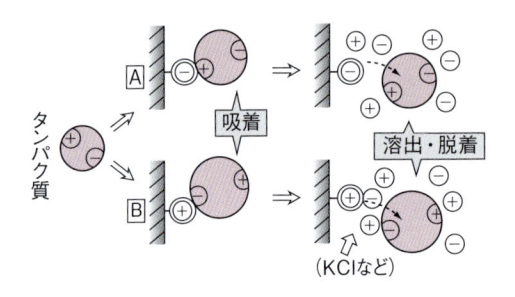

A　陽イオン交換カラム
　リガンド例：カルボキシメチル(CM)，リン酸(P)

B　陰イオン交換カラム
　リガンド例：ジエチルアミノエチル(DEAE)
　　　　　　四級アンモニウム(QA)

多様である．非特異的リガンドとしては，多糖類（応用：レクチンなどの糖結合タンパク質），金属イオン（応用：ニッケルと結合するヒスチジンの多いタンパク質），グルタチオン（応用：グルタチオン-S-トランスフェラーゼ）などさまざまなものがある．一方，特異的なリガンドとしては抗体，あるいはDNA結合タンパク質のもつ特異的核酸配列などがあり，結合が特異的なのでより効果的な精製ができる．

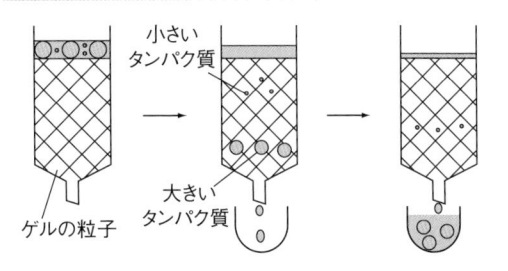

■ 分配クロマトグラフィー

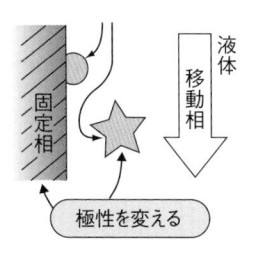

タンパク質が担体（⇨ 固定相という）と溶媒（⇨ 移動相という）のどちらかに分配されやすい（⇨ 移動する）という性質に基づく．固定相の方が移動相より極性（⇨ 電子密度の偏り）が高いものを順相クロマトグラフィー（⇨ 担体にはシリカゲルなどを使う），逆に移動相の極性が高いものを逆相クロマトグラフィー（⇨ 担体にはアルキル化シリカゲルなどを使う）というが，後者の方がよく使われる．極性溶媒と非極性溶媒を使って勾配溶出させる．有機溶媒を使うことがあるため，生体分子のなかでも比較的安定なタンパク質，糖類，低分子物質などの精製で汎用される．

**コラム：HPLC**

高速液体クロマトグラフィー．高分離能カラムとポンプによる高い送液圧で，短時間かつ高度な分離が行える．

■ 図2 ゲルろ過クロマトグラフィー

■ 図4 分配クロマトグラフィー

■ 図3 吸着クロマトグラフィー

(a) 非特異的リガンドの例（ニッケルイオン）

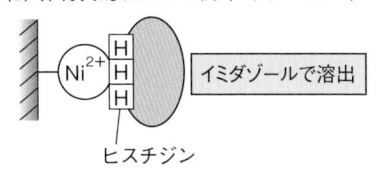

(b) 特異的リガンドの例（抗体）

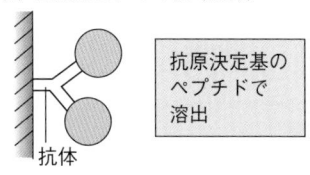

■ 図5 高速液体クロマトグラフィー（HPLC）の利点

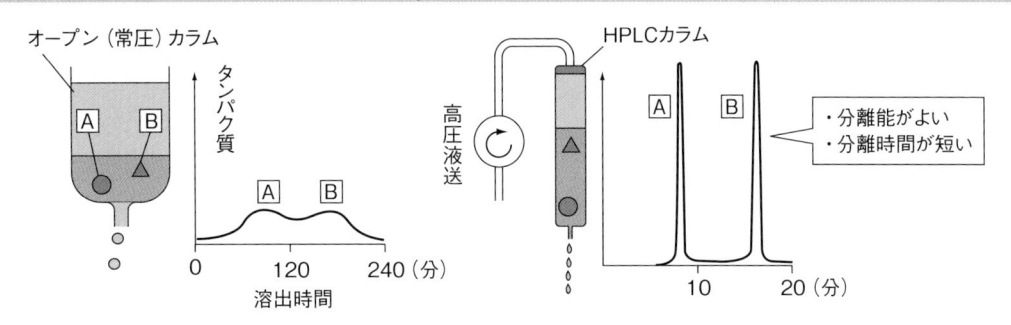

## 6-5

# タンパク質のゲル電気泳動

> タンパク質はゲル電気泳動で分離できる．移動度は電荷と分子量の両方の影響を受けるが，SDS を加えるとタンパク質がすべて負に荷電するので，分子量に従った分離ができる．等電点電気泳動法，あるいは両者を合わせた二次元電気泳動法という方法もある．

### ■ ポリアクリルアミドゲル電気泳動（PAGE）

タンパク質は荷電分子なのでポリアクリルアミドゲル中で核酸のように電気泳動できる．しかし核酸が常に負に荷電するのと違い，タンパク質は pH により電荷（⇨ 電荷がゼロになる pH［等電点］が基準となる）が異なる．等電点 7.0 のタンパク質を pH7.0 の溶液中においても，電荷がないため泳動されない．しかし，pH9.0 と高 $OH^-$ 状態にすると，$OH^-$ によってタンパク質中の $-NH_3^+$ が電気的に中和され，結果タンパク質が負に荷電し，陽極に向かって泳動される．多くのタンパク質は等電点が微酸性〜中性（⇨ pH が 5.0 〜 7.0）にあるため，実験ではゲルの pH を 9.5 程度の弱アルカリ性にし，陽極に向かって泳動させる．泳動後のタンパク質は染色剤（例：CBB）で検出する．

### コラム：銀染色

銀を含む陰イオンをタンパク質に結合させた後，ホルムアルデヒドで還元すると，イオンが金属銀として析出してタンパク質が黒〜褐色に染まる．写真と同じ原理．通常の染色法の 100 倍ほど感度が高い．

### ■ SDS-PAGE

PAGE では移動速度に対する電荷の影響があるため，分子量に相関した泳動はできない．この問題を解決する方法がレムリらによって開発された，SDS（ドデシル硫酸ナトリウム）を用いる SDS-PAGE である．SDS は負電荷をもち，タンパク質に多数付着するため，タンパク質を負に荷電できる．この状態は等電点や周囲の pH にあまり影響されないため，SDS 化されたタンパク質を核酸の場合のように，分子量が小さいものほど速く陽極に泳動させることがで

■ 図1　ポリアクリルアミドゲル電気泳動（PAGE）によるタンパク質の分離と検出

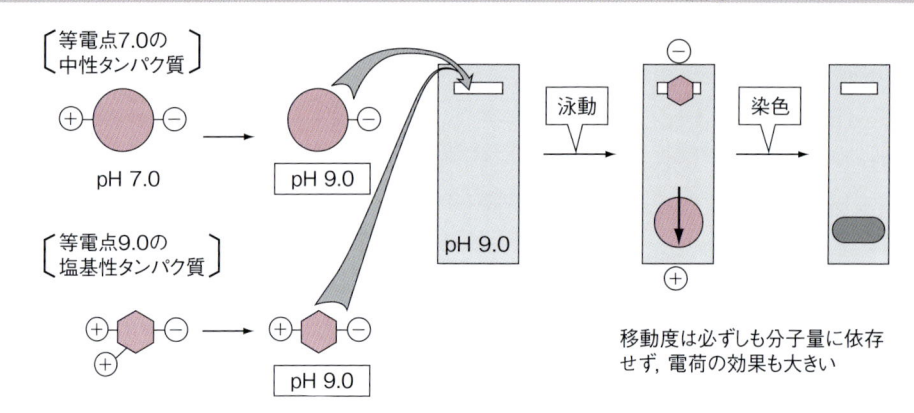

移動度は必ずしも分子量に依存せず，電荷の効果も大きい

きる．ゲル濃度を設定すれば，分子量数千～数十万程度までタンパク質を容易に分離できる．SS 結合があると単一ペプチド鎖としての大きさで泳動されないことがあるため，泳動前に試料を SH 試薬で処理して SS 結合を切断しておく必要がある．

### ■ 等電点電気泳動

等電点はタンパク質に特異的なので，等電点を指標にタンパク質を電気泳動して分離できるはずであるが，これが等電点電気泳動である．この方法は，「タンパク質は電圧をかけても等電点では移動しないが，それより酸性側の pH では（正に荷電するため）陰極に，アルカリ性側の pH では陽極に移動する」という原理に基づく．実際には pH 勾配をもつゲル担体を用意し，そこにタンパク質を載せて電気泳動する（注：泳動中に pH 勾配をつくる方法もある）．タンパク質は自身の等電点の pH まで移動してそこで止まるので，タンパク質を等電点の順に分離することができる．

### ■ 二次元電気泳動

まず pH 勾配のある棒状のゲルで等電点電気泳動する．泳動後そのゲルを平板状の SDS-PAGE 用ゲルの上面に乗せ，下方に向かって SDS-SPGE を行う．この操作を行うと個々のタンパク質は等電点と分子量に従った位置に展開するため，二次元的に分かれる．数百個のタンパク質をスポット状に分離することができる優れた方法で，プロテオーム解析やリン酸化などの解析に利用される．

■ 図2　タンパク質を分子量によって分離できる SDS-PAGE

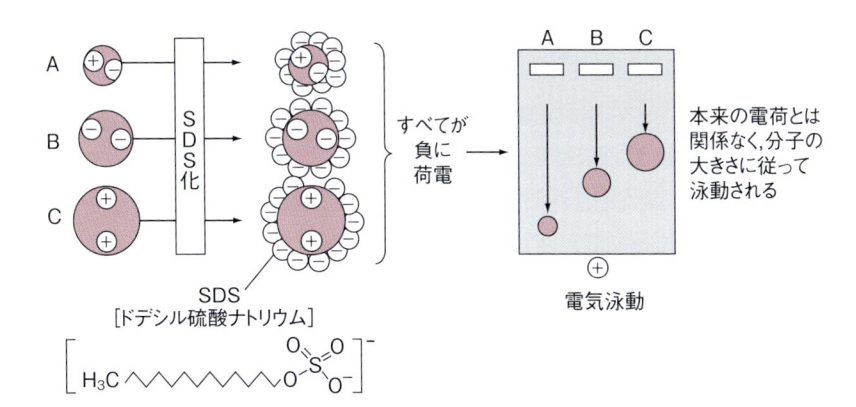

■ 図3　等電点電気泳動

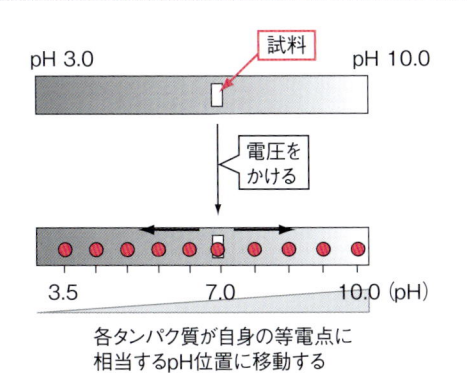

■ 図4　二次元電気泳動

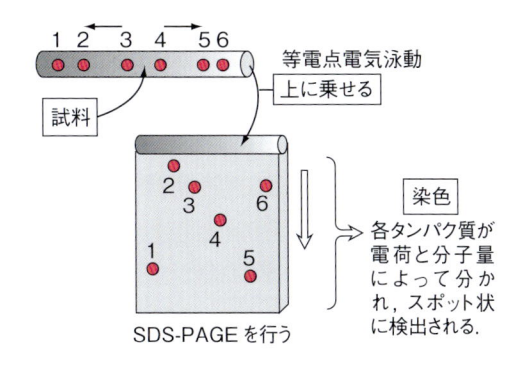

# 6-6 タンパク質の分析とプロテオミクス

タンパク質の分析には酵素断片化の様式やアミノ酸組成の分析，エドマン分解や質量分析（MS）によるアミノ酸配列分析などがある．プロテオーム解析では二次元電気泳動と MS を用いて部分配列を解読し，バイオインフォマティクスを駆使してタンパク質を同定する．

## ■ タンパク質の断片分析と取得

エンドペプチダーゼでタンパク質を切断することにより，タンパク質は特異的な数とサイズのペプチドになるので，ペプチド断片の出現パターンを分析すれば，2 種類のタンパク質が同じものかどうかがわかる．使用されるペプチダーゼは主にトリプシン，あるいはペプシンなどであるが，臭化シアン（メチオニンの C 端側を切断）で処理する方法もある．高速液体クロマトグラフィー（HPLC）で分取した断片はアミノ酸配列分析など，より細かな分析に用いられる．

## ■ アミノ酸分析

タンパク質のアミノ酸組成を分析する技術をアミノ酸（組成）分析という．タンパク質を塩酸で加水分解し，そこで生成したアミノ酸をアミノ酸分析計で分析するが，個々のアミノ酸を高速液体クロマトグラフィーで分離したあとニンヒドリンで発色させ，検出・定量する．アミノ酸のモル数決定は，タンパク質の分子量と使用したタンパク質量から導き出される．体液中のアミノ糖分析なども可能である．

## ■ アミノ酸配列の分析

古典的なアミノ酸配列分析はタンパク質の末端分析を基本とする．最も一般的な方法はエドマン分解法で，N 末端のアミノ酸を修飾後に切断し，そのアミノ酸を同定する．この操作を再度行えば次のアミノ酸が同定できるので，理論的には N 端からのアミノ酸配列を順次解読できる．大量かつ高純度の標品を必要とするという欠点はあるものの，専用機械：プロテインシークエンサーを使えば，アミノ酸数十個程度は自動で分析できる．ただしこの方法では末端が修飾されているタンパク質は使えないので，その

■ 図1 タンパク質分析の概要

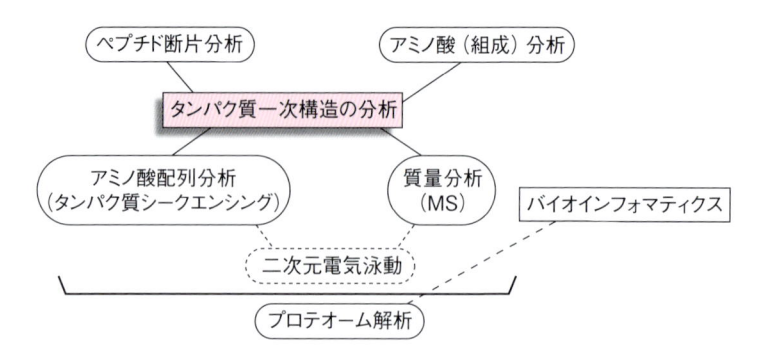

場合は前述の方法で得たペプチド断片が使用される.

最新のアミノ酸分析は質量分析（MS）によるものが主流で，断片化したペプチドや，それらをさらに物理的に断片化したものを材料とする．試料を特定の方法でイオン化し，電荷に対する質量比に従って各イオンを電磁気的に分離してアミノ酸を割り出す（田中耕一，2002年，ノーベル化学賞）．あまり長い配列の解読はできないが，微量の試料（例：ゲル電気泳動のゲル中のタンパク質）を材料に，ペプチド当たり数アミノ酸であれば簡単に解読でき，その簡便さゆえに現在広く使われている.

### ■ プロテオームとプロテオミクス

細胞の全タンパク質（プロテオーム）を分析するプロテオミクスでは，まず抽出液を二次元電気泳動し，個々のタンパク質をスポット状に出現させる．次に注目するスポットのタンパク質を抽出し，前述のペプチド化の後にMSによって内部のアミノ酸配列を解読する．一つのタンパク質試料から複数の短い配列が得られるが，代表的な生物はすでにゲノム構造がわかっているので，短いアミノ酸配列データが複数あれば，バイオインフォマティクス（生命情報学）を使ったゲノム／タンパク質データベースとの照合によりタンパク質を同定できる（⇨ 新規生物でも，類似性からある程度は同定可能）．プロテオミクスは癌化や分化など，細胞に起こる変化をタンパク質レベルでとらえる有力な手段となっている.

■ 図2 ペプチドの分析

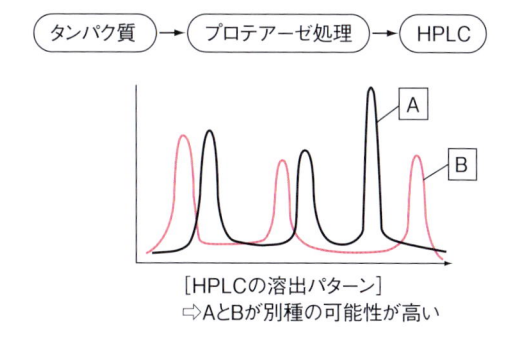

タンパク質 → プロテアーゼ処理 → HPLC

[HPLCの溶出パターン]
⇨ AとBが別種の可能性が高い

■ 図3 アミノ酸分析

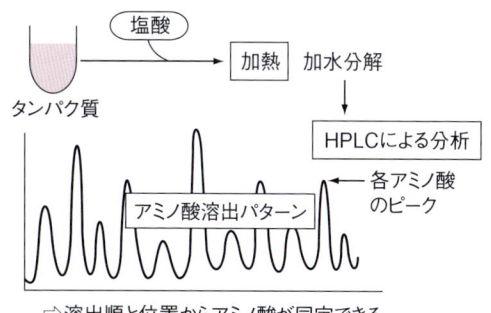

タンパク質 + 塩酸 → 加熱 加水分解 → HPLCによる分析 → 各アミノ酸のピーク

アミノ酸溶出パターン

⇨ 溶出順と位置からアミノ酸が同定できる
⇨ ピーク高からモル数が算出できる

■ 図4 二次元電気泳動とMSを使いプロテオーム解析を行う

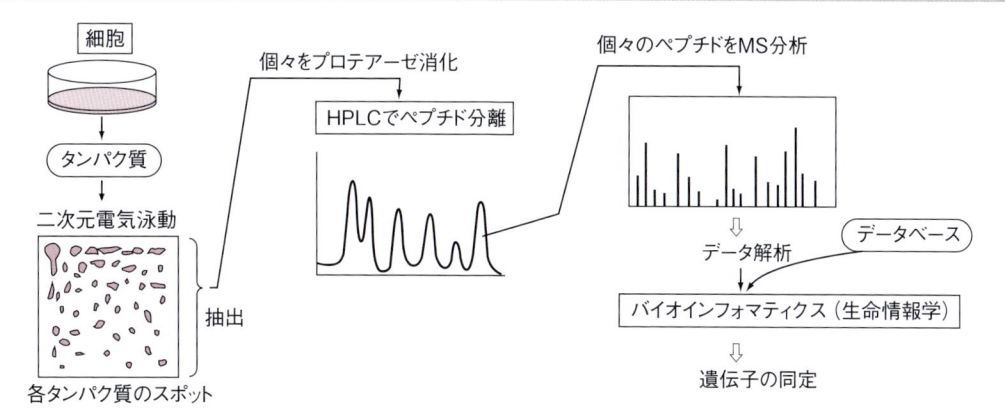

細胞 → タンパク質 → 二次元電気泳動 → 各タンパク質のスポット → 抽出 → 個々をプロテアーゼ消化 → HPLCでペプチド分離 → 個々のペプチドをMS分析 → データ解析 + データベース → バイオインフォマティクス（生命情報学）→ 遺伝子の同定

## 6-7

# 抗体を使ってタンパク質をとらえる

抗体は抗原となったタンパク質と特異的に結合するので，タンパク質検出試薬として使える．タンパク質と結合した抗体は，次にそれを認識する，目印を付けた別の抗体で検出する．抗体はタンパク質の在処や他の物質との結合の解析にも使うことができる．

### ■ 抗体はタンパク質検出用プローブ

抗体は抗原と特異的に結合するタンパク質で，その特異性と親和性は非常に高く，タンパク質を特異的に検出できるものは基本的に抗体しかない（⇨ タンパク質中の短い領域が抗体認識の単位［エピトープ］となる）．抗体はタンパク質検出用プローブになるので，特異抗体（⇨ 一次抗体）が目的タンパク質に結合したかがわかればそこにタンパク質があることもわかる．一次抗体の検出には抗体を検出する抗体，すなわち二次抗体を用いるが，二次抗体に発色や発光を起こす酵素（例：アルカリホスファターゼ）を結合させておくと，酵素反応によって二次抗体の位置（⇨ つまりもとのタンパク質の位置）を検出できる．二次抗体（例：抗マウスIgG抗体）は一次抗体（例：マウスのIgGクラス抗体）の共通部分を認識するので，いろいろな特異抗体に共通に使うことができる．

### ■ ウエスタンブロッティング

SDS-PAGEでタンパク質を分離した後，それをブロッティングの要領（3-6）でフィルターに転移する．そこに一次抗体，次に二次抗体を作用させ，最後に酵素反応を施すとフィルター上のタンパク質（⇨ 実際は二次抗体）位置が色や光（この場合は写真に撮る）として見える．DNAとRNAのブロッティングをそれぞれサザンブロッティング（南．サザンだけは実際の

### コラム：免疫染色

細胞や組織中のタンパク質を抗体で染色する方法．固定した細胞に抗体をしみ込ませ，そこに蛍光色素のついた二次抗体を作用させ，励起光によって出る蛍光を顕微鏡で観察する．

人名），ノーザンブロッティング（北）とよぶのに対し，この方法はウエスタンブロッティング（西），あるいは免疫ブロッティングという．

### ■ タンパク質同士の結合を検出する

タンパク質AとXとの結合を，抗体を使って調べる方法がある．

（1）免疫沈降：タンパク質混合液と微細粒子（ビーズ）に抗A抗体が付いたものを混ぜ，ビーズを沈降させて集める．適当な方法でタンパク質を抗体ごとビーズから外し，SDS-PAGEで分離後，抗X抗体でウエスタンブロッティング（WB）する．XがA結合タンパク質であれば，Xがフィルター上で検出される．

（2）プロテインチップを用いる：プロテインチップを使うスループット技術を使えば結合をより迅速に検出できる．DNAチップ（3-6）の要領で基板に種々のタンパク質や合成ペプチドを結合させ，そこにタンパク質Aを付ける．基板上のXにはAが結合しているので，そこに抗A抗体を作用させ，続いて蛍光色素結合二次抗体を作用させて光を当てる．発色位置から結合物質がXと同定できる．

（3）ファーウエスタン法：WBの要領で，まずタンパク質をフィルターに転写させたあとでタンパク質Aを作用させ，次に抗A抗体を反応させ，最後に二次抗体で検出する．抗体の前に別のタンパク質を介在させるのでファー（far）の文言が入っている．ただフィルター上タンパク質Xが変性しているため，結合を検出できない場合もある．

■ 図1　抗体によるタンパク質検出の原理－二次抗体と認識マーカーを使う

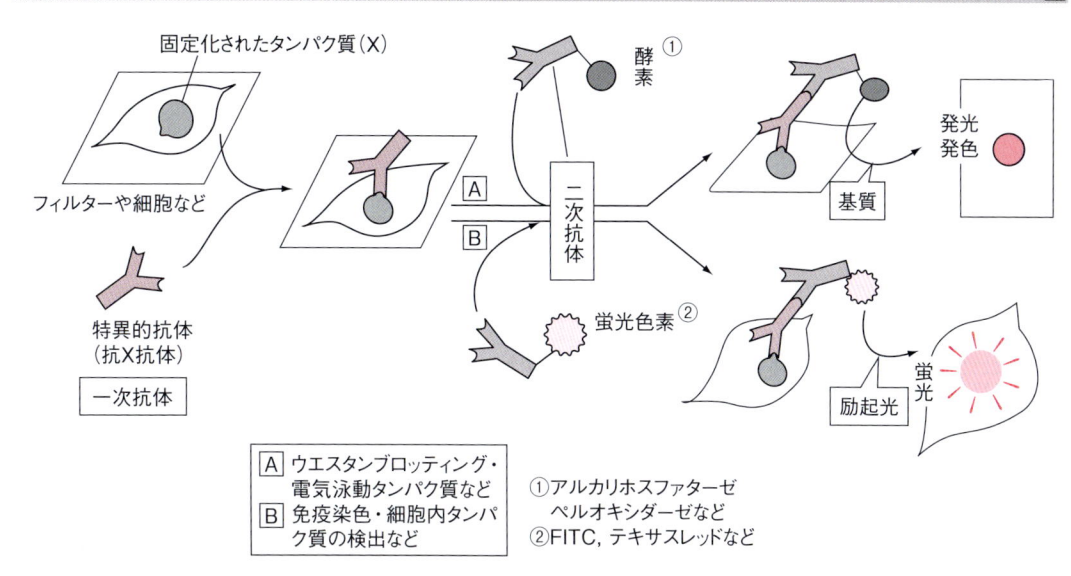

- 固定化されたタンパク質（X）
- フィルターや細胞など
- 特異的抗体（抗X抗体）
- 一次抗体
- 二次抗体
- 酵素 ①
- 基質
- 発光発色
- 蛍光色素 ②
- 励起光
- 蛍光

A：ウエスタンブロッティング・電気泳動タンパク質など
B：免疫染色・細胞内タンパク質の検出など

①アルカリホスファターゼ，ペルオキシダーゼなど
②FITC，テキサスレッドなど

■ 図2　タンパク質同士（AとX）の結合を抗体で検出する

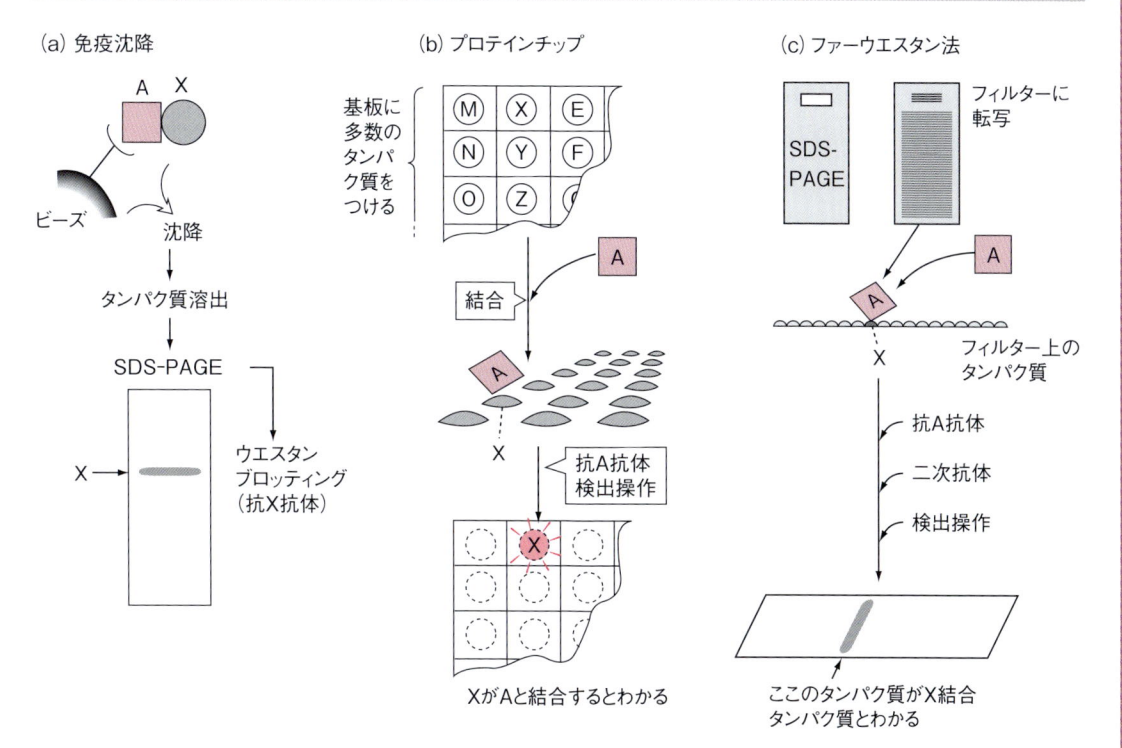

(a) 免疫沈降
- A，X
- ビーズ
- 沈降
- タンパク質溶出
- SDS-PAGE
- ウエスタンブロッティング（抗X抗体）

(b) プロテインチップ
- 基板に多数のタンパク質をつける
- 結合
- 抗A抗体検出操作
- XがAと結合するとわかる

(c) ファーウエスタン法
- SDS-PAGE
- フィルターに転写
- フィルター上のタンパク質
- 抗A抗体
- 二次抗体
- 検出操作
- ここのタンパク質がX結合タンパク質とわかる

## 6-8
# まだあるタンパク質結合性の解析法

抗体によらずにタンパク質の結合性を検出する方法がある．タンパク質同士の結合は沈降法やタグ付きタンパク質によるプルダウン法で解析でき，DNAとの結合はサウスウエスタン法やゲルシフト法，そして細胞を使うツーハイブリッド法で解析できる．

### ■ タンパク質同士の直接の結合を検出する

（1）超遠心沈降法：タンパク質を強い遠心力で沈降させることができる．沈降速度は分子が大きくなるにつれて大きくなるので，一つのタンパク質では沈殿しなくとも，混合した他のタンパク質と結合すると沈殿する．遠心後に沈殿と上清のタンパク質を検出する．

（2）プルダウン法：グルタチオンS-トランスフェラーゼ（GST）融合タンパク質を使うGSTプルダウン法が一般的で，GSTを遺伝子工学的に付着させたタンパク質A（GST-A）を使う．まずGST-Aと被検タンパク質Bを混ぜ，それをGSH（グルタチオン）結合ビーズに結合させ，そこに過剰のGSHを流すと，GSHによってGST-Aがビーズから離れるので，それを回収してSDS-PAGEを行い，染色で検出する．抗体を使って検出する方法もある．Bが検出されればAに結合したと判断できる．プルダウン法はGSTなどをタグとして付けて使うのが一般的であり，ほかにオリゴヒスチジン融合タンパク質をニッケルビーズに結合させ，それをイミダゾールで溶出する方法もある．

### ■ タンパク質同士の結合を細胞を使って調べる

図2に示すように，細胞にルシフェラーゼ遺伝子などをもつレポータープラスミドを導入し，結果を酵素活性でモニターする．細胞にはこのほか2種類のタンパク質（AとB）の発現ベクターを導入するが，タンパク質は遺伝子工学的に別のタンパク質と融合するようにつくられる．融合タンパク質の一つ（a）はDNA

■ 図1　GST-プルダウン法によるタンパク質結合性の検出

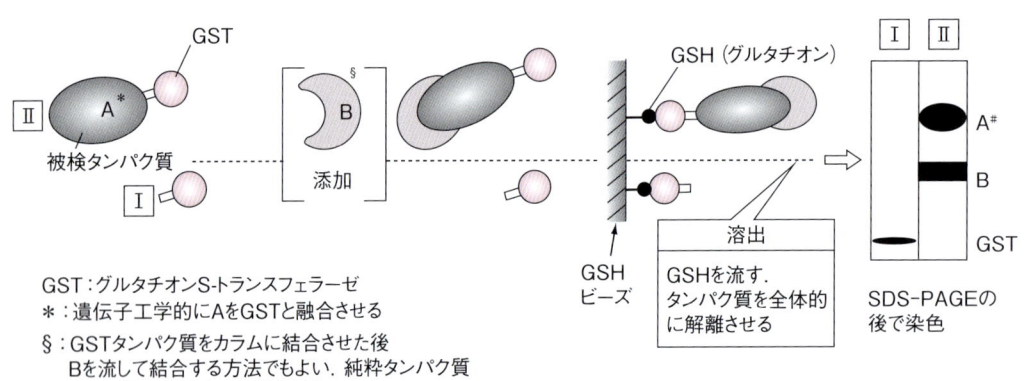

GST：グルタチオンS-トランスフェラーゼ
＊：遺伝子工学的にAをGSTと融合させる
§：GSTタンパク質をカラムに結合させた後Bを流して結合する方法でもよい．純粋タンパク質でない場合は検出に抗体を使う．
#：実際はGST-A

結合タンパク質で，他の一つ（b）は転写活性化因子である．AとBが結合すると，a-AがDNAと結合したところにB-bが結合し，結果bが転写開始点に固定されるので転写が活性化し，ルシフェラーゼ活性の上昇がみられる．2個の融合（ハイブリッド）タンパク質を使って細胞内でタンパク質の結合を解析するのでツーハイブリッド法という．

### ■ タンパク質とDNAの結合性の解析

（1）サウスウエスタン法：SDS-PAGEでタンパク質を分離した後フィルターにタンパク質を転写させ，そこにRI標識DNAプローブを作用させる．洗浄後にオートラジオグラフィーのバンドとして現れたDNAの位置に，プローブDNAと結合するタンパク質があることがわかる．DNA結合タンパク質のcDNAクローニングにも使える．

（2）ゲルシフト法：DNA（RNAでも使える）をRIで標識してタンパク質と混合して結合させ，それをゲル電気泳動する．DNAがある速度でゲル中を移動するのに対し，タンパク質が結合したDNAはゆっくりと移動するので，DNAの位置をオートラジオグラフィーで検出することにより，タンパク質とDNAとの結合がわかる．EMSA（ゲル移動度シフト解析）ともいい，結合力や結合配列の詳細な解析に用いられる．

（3）DNaseIフットプリント法：末端RI標識されたタンパク質結合DNAをDNaseIでゆるやかに切断し，それを変性剤入りゲルで電気泳動する．長さの異なる断片のバンドがハシゴ状に出るが，タンパク質結合部位に相当するバンドは出ず，抜けて足跡（フットプリント）のように見える．

■ 図2　ツーハイブリッド法でタンパク質の結合を検出する

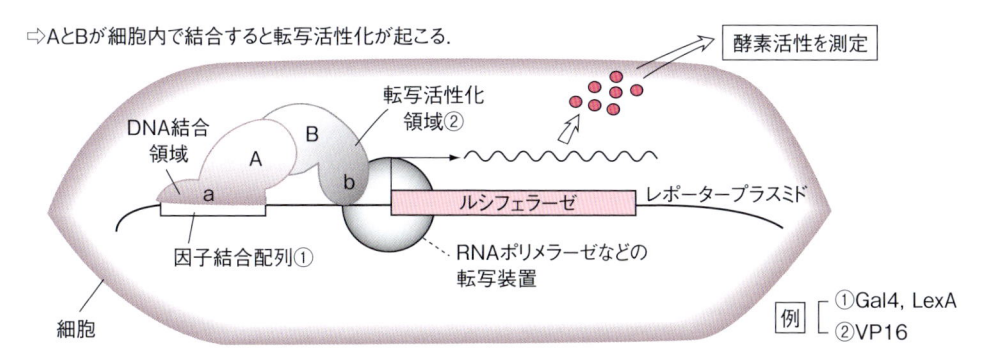

⇨AとBが細胞内で結合すると転写活性化が起こる．

例 ①Gal4, LexA　②VP16

■ 図3　ゲルシフト法によるDNAとタンパク質の結合の検出

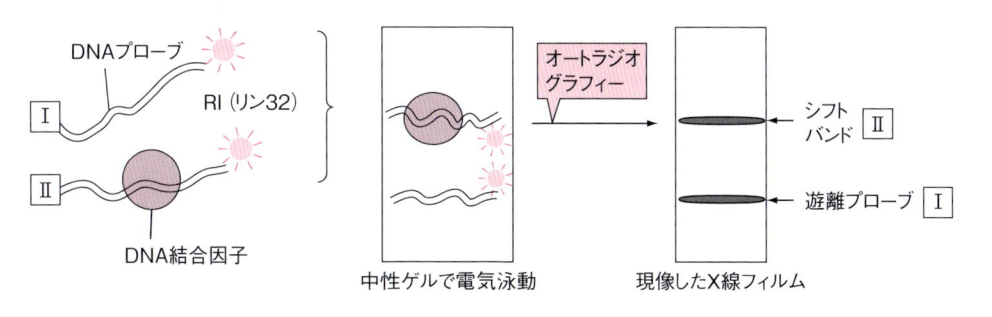

## 6-9 糖鎖と糖鎖工学

> タンパク質などに結合している糖鎖は単糖が複雑に連結したもので，その構造は実に多様である．糖鎖はそれに結合するレクチンを橋渡しに，細胞間情報伝達や病原体の感染性などに関与する．レクチンマイクロアレイを使うと糖鎖のプロファイリングができる．

### ■ 糖鎖とは何か

多糖やオリゴ糖（少糖）がタンパク質などと結合した複合糖質の糖部分を糖鎖という．細胞外タンパク質や細胞膜タンパク質のほとんどには糖鎖が結合している．糖鎖はタンパク質と結合する活性があり（注：そのようなタンパク質をレクチンという），その活性を介して情報伝達に関与する．このように糖鎖は糖鎖情報という生命情報をもつため，核酸，タンパク質につぐ第三の生命鎖ともいわれる．糖鎖を構成している単糖は N-アセチルグルコサミン，マンノース，フコースなどで，1個の糖鎖はおよそ30個以下の単糖を含み（注：この点でヒアルロン酸などの複合多糖と区別される），末端にはシアル酸が多い．ゲノムには糖鎖合成にかかわる多様な糖転移酵素がコードされている．糖鎖構造は酵素の種類とそれらが働く順番により決まるが，糖鎖の中には分岐するものも多数あり，一つの組合せの酵素からでも多様な糖鎖が合成されるため，酵素の種類から糖鎖構造を予想することは困難である．

### ■ 糖鎖と健康

糖鎖は分子認識を通じて生体の維持に深くかかわる．ヒトには ABO 式を含めて50あまりの血液型が存在するが，すべて糖鎖の違いによって分類される．免疫担当細胞の抗原認識，癌細胞の転移決定要因や癌マーカー，細胞分化や再生医療での細胞マーカーなどとしても，糖鎖が注目されている．ウイルスや細菌は特定の生物種や特定の臓器に親和性を示すが，これも病原

**コラム：糖鎖の多様性**

単糖の種類と結合様式が多様なため，たとえばわずか4個の単糖からなる糖鎖でも，つくられる分子型の多様性は最大 $1 \times 10^{15}$ になる．現状では糖鎖構造の予測はまだできない．

■ 図1　糖鎖の構造

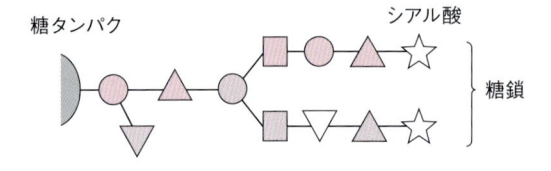

単糖 { N-アセチルグルコサミン, フコース
N-アセチルガラクトサミン, シアル酸
マンノース, ガラクトースなど }

■ 図2　レクチン

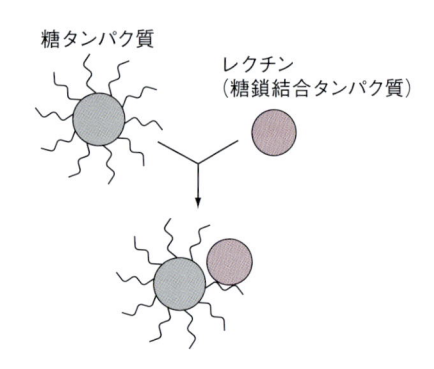

レクチン（糖鎖結合タンパク質）

体がもつ特異的糖鎖認識能と関係する．インフルエンザウイルス（IV）が細胞に付着する場合，粒子表面の糖鎖（ヘムアグルチニン／血球凝集素．赤血球表面の糖鎖に含まれるシアル酸と結合して血球を凝集させる）を認識する．このため，糖鎖があることで逆にウイルスが細胞から出にくいという状況も生ずるが，IVの表面には糖鎖を切る酵素：ノイラミニダーゼもあり，IVはこの酵素を効かせて細胞外へ出ることができる．抗IV薬のタミフルなどはこの酵素活性を阻害し，ウイルスの拡散を阻止する．糖鎖ではないが，マンノースやトレハロースなどのオリゴ糖が，乳酸菌を増やして整腸作用を示す機能性食品として注目されている．

■ **糖鎖工学の概要**

糖鎖は核酸やタンパク質に比べると精製，分析，合成が困難で，生命工学の対象として出遅れの感がある．これは糖鎖に電荷がなく，多様性が膨大であるという理由によるが，それでもMSによる分析技術が確立され，糖転移酵素の遺伝子の全貌が明らかにされてきている．糖鎖の化学合成も短いものであれば可能で，生合成技術も酵母を中心に進んでいる．糖鎖とレクチンとの相互作用を系統的に解析するものとして，結合糖鎖が明らかにされているレクチンを基板に乗せたレクチンマイクロアレイがあり，どのような糖鎖をもつかという糖鎖プロファイリングに利用されている．

■ 図3 インフルエンザウイルスの細胞吸着と細胞からの遊離

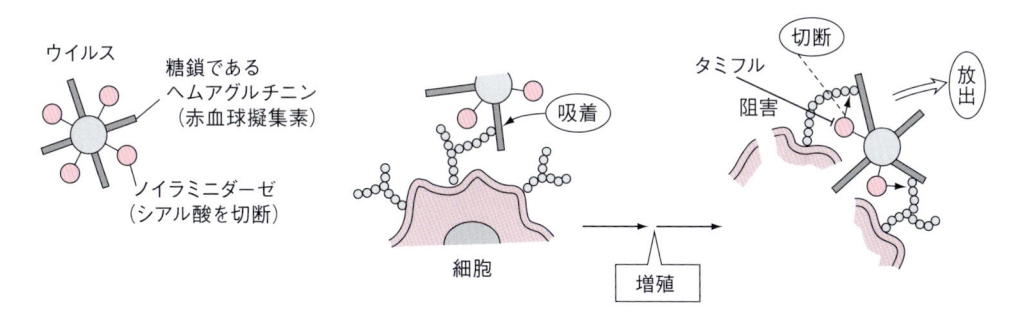

■ 図4 糖鎖を介する細胞認識

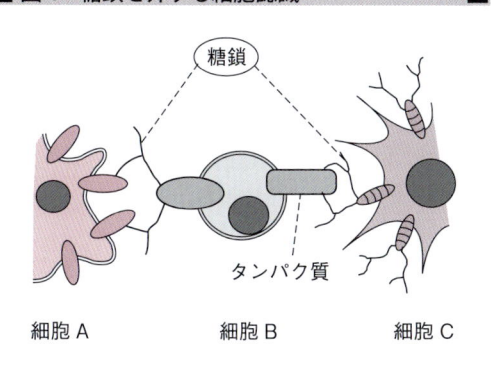

■ 図5 レクチンマイクロアレイ

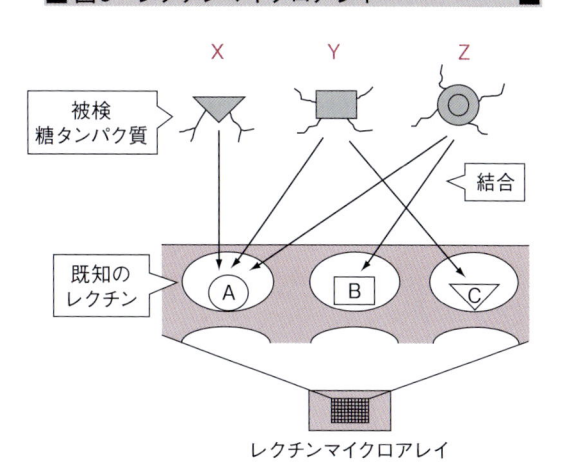

# 6-10 脂質工学，生体膜工学

脂質工学は機能性脂質や産業上重要な脂質を合成，利用，分析するための多くの技術を含むが，古典的には石けんやマーガリンの製造でも用いられていた．人工脂質二重膜であるリポソームは，物質を封じこめて細胞に注入するマイクロカプセルとして利用される．

## ■ 脂質工学

生物がつくる脂質に関する技術を脂質工学という．脂質には構造をつくるもの，情報伝達にかかわるもの，エネルギー源となるもの，調節にかかわるものがある．細胞全体の代謝：メタボロームを分析するメタボロミクスにおいて，脂質の分析は液体クロマトグラフィー，ガスクロマトグラフィー，MSで行われる．脂質には利用価値のある機能性脂質が多く存在し，あるものは精製あるいは合成されて，医薬，化粧品，食品／健康食品などに利用される脂質利用工学の対象となっている．脂質の利用は生活・産業においても行われ，さらに生体膜を模倣する生体膜工学は物質の輸送や細胞導入で利用されている．

## ■ 脂質と健康：機能性脂質

不飽和脂肪酸（例：リノール酸，リノレン酸）や長鎖多価不飽和脂肪酸（例：DHA，EPA．海産の青魚に多く含まれる）は必須脂肪酸で，さまざまな生理機能が示唆されている（例：高脂血症の改善，心臓病や神経変性疾患の改善など）機能性脂質で，健康補助食品としての需要が高まっている．天然食物からの抽出だけでなく，最近では微生物による生産も行われている．セラミド（スフィンゴシンと脂肪酸が結合したもの）は皮膚の細胞と角質の間で保水効果を発揮し（⇨ 不足するとアトピー性皮膚炎の悪化などにつながる），化粧品の成分として利用され，動植物から抽出したもの以外に合成品も利用される．テルペン（下記）に属するものに有

### ■ 図1 脂質工学の概要

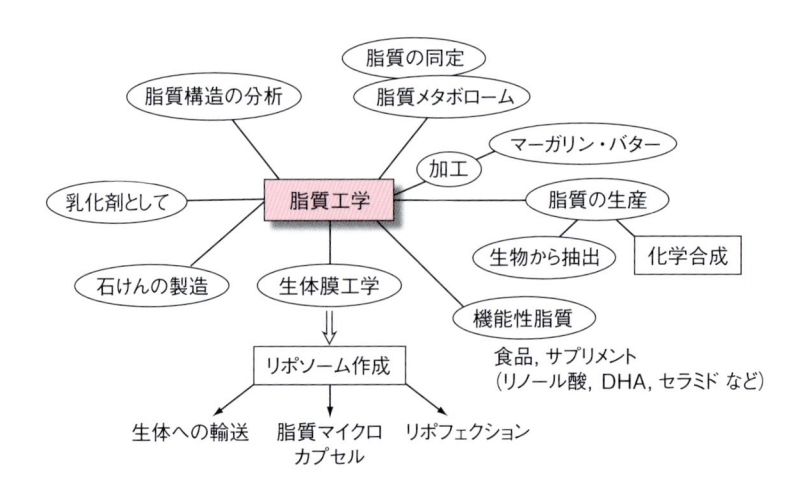

色野菜の色素成分であるカロテノイド（例：リコペン）があり，抗酸化作用があるが，あるキノコ由来のテルペンには抗癌作用をもつものもある．

### ■ 脂質の産業利用

脂質の利用価値を高めた食品の代表であるマーガリンは，乳化した油脂に水素を添加し，油脂の飽和度を上げることによって融点を上げて固化させたものである．脂質を水に分散させるものを乳化剤というが，化学的には石けんと同じ働きをする界面活性剤で，脂質が使われる．食品分野での乳化剤としては脂肪酸エステルなどが，パン製造，クリーム製造など，多岐にわたって利用される．食品以外での界面活性剤として石けん（⇨ 油脂に食塩とアルカリを加えてつくる）が産業的に重要である．イソプレンを単位とする炭化水素に香料となるテルペン類があり，植物の香り（例：シソ，メントール）などの成分として広く利用され，あるものはすでに化学合成でもつくられている

### ■ 生体膜工学

脂質二重層からなる生体膜はリン脂質を主成分とし，そこにコレステロールとスフィンゴ脂質が共存している．リン脂質を水に懸濁したものを激しく攪拌すると多数の人工脂質二重膜（リポソーム）ができるが，それを超音波処理すると単層膜のリポソームをつくることができる．リポソームには希望する物質を入れて，生体マイクロカプセルとして機能させることができ，薬剤をリポソームに入れると，細胞膜融合を介して細胞内に入れることも可能である．遺伝子工学実験でDNAを細胞に導入する場合にもリポソームが使われるが，これをリポフェクションという．

■ 図2　石けんをつくる

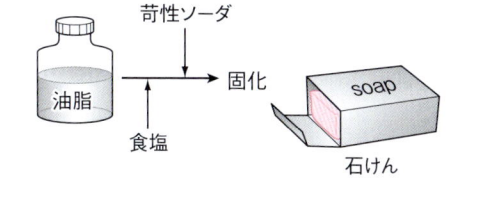

■ 図3　マーガリンをつくる

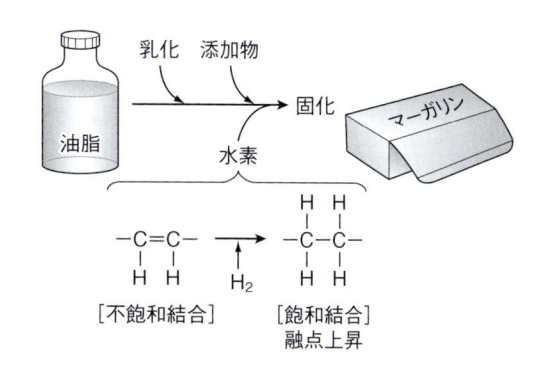

■ 図4　生体膜工学でリポソームをつくる

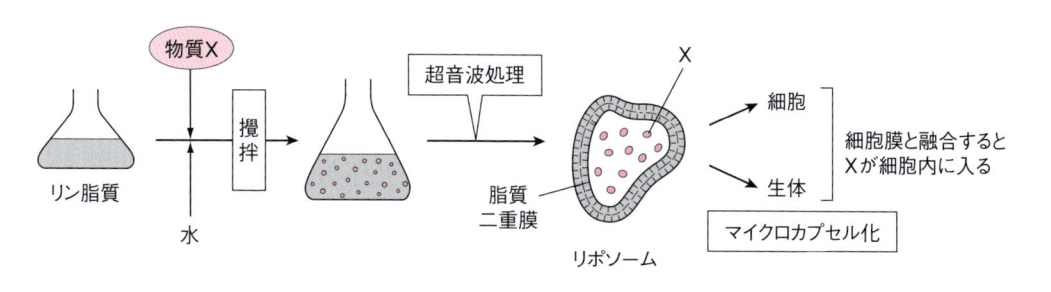

## 6章発展

# アミノ酸の生産と利用

アミノ酸はタンパク質の材料となるだけでなく、生体内でさまざまな生理活性を発揮する. このため、アミノ酸は補助食品・栄養食品としての利用価値が高く、生産も盛んである.

### ◆ 生物が利用するアミノ酸

アミノ酸はアミノ基とカルボキシ基を含む有機物で、タンパク質の素材にもなる. タンパク質を構成する20種類のアミノ酸は、すべてカルボキシ基を連結したα炭素にアミノ基が一定の向きで結合したα-L-アミノ酸である. アミノ酸はタンパク質の素材となるだけではなく、ヌクレオチド、一酸化窒素、ヒスタミンといった含窒素生理活性物質の前駆体にもなり、また神経伝達物質や尿素回路などの成分にもなっている. メチル基供与物質のS-アデノシルメチオニンもメチオニンからつくられる.

### ◆ アミノ酸の生産と利用

化学法によるアミノ酸合成では、産物がD体とL体の混合したラセミ体となってしまうが、発酵法ではL体のみの効率的で安価な合成が可能で、細菌や酵母が使われる. 当初は大量のアミノ酸を培地中に分泌するといった、ある意味異常な菌株を選んで使っていたが、その後遺伝子組換え法が導入され、さらにゲノム構造を目的に合うように修飾するゲノム育種も取り入れられ、より効率的な生産が行われている. 産物のアミノ酸が代謝の前段階を抑制するフィードバック阻害を回避する工夫を取り入れるなど、日本はこの分野では世界をリードしている. 健康志向の高まりから、最近ではアミノ酸が健康増進の補助食品として利用される機会が増えており、大きな市場となっている. グルタミン酸はうま味成分の一つである(商品名「味の素」. 昆布ダシの旨み). フェニルケトン尿症患者にはフェニルアラニン濃度を下げた食品が提供される.

### ■ 図1　アミノ酸にかかわる代謝と利用

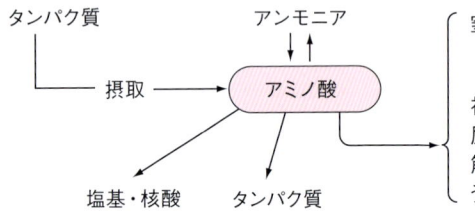

タンパク質 → 摂取 → アミノ酸 ← → アンモニア
アミノ酸 → 塩基・核酸
アミノ酸 → タンパク質
アミノ酸 → {
- 窒素化合物(一酸化窒素, ヒスタミン, セロトニン, チロキシン, ドーパミン, メラニンなど)の合成
- 神経伝達物質(グルタミン酸, グリシン, GABA*)
- 尿素回路(オルニチン*, シトルリン*)
- 筋肉(クレアチン*)
- うま味成分(グルタミン酸)
}

＊：非タンパク質構成アミノ酸

### ■ 図2　アミノ酸発酵

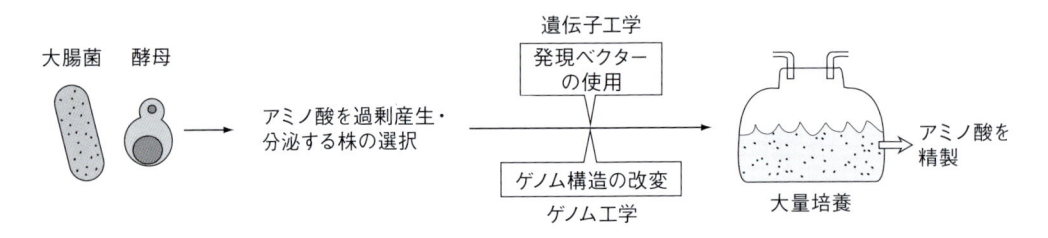

大腸菌, 酵母 → アミノ酸を過剰産生・分泌する株の選択 → [遺伝子工学: 発現ベクターの使用 / ゲノム工学: ゲノム構造の改変] → 大量培養 → アミノ酸を精製

# 7章

# 組成を変えた細胞や新しい動物をつくる

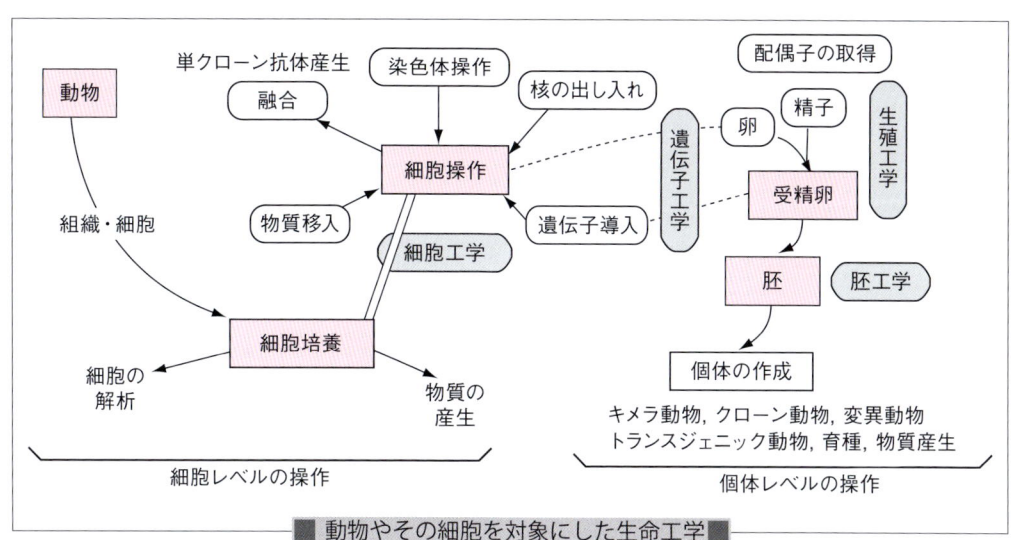

■ 動物やその細胞を対象にした生命工学 ■

　生命工学の基礎技術の延長線上にある技術として，新たな細胞や動物個体の作出がある．細胞の組成を変える技術を細胞工学というが，その基盤は細胞培養技術である．細胞培養技術の確立により，細胞による物質生産，幹細胞の維持，分化細胞の作出，そして受精卵や胚の維持や成長などが可能となった．細胞工学には細胞への物質注入や核の移入／除去などもあり，これらの手法は細胞機能の解析や細胞による物質生産につながるが，この技術の最も重要な成果はハイブリドーマによる単クローン抗体の生産である．

　個体レベルでの生命工学には，生殖工学や胚工学に関連した技術がある．この中には配偶子を取り出す技術，人工授精や体外受精技術，初期胚操作，そして胚を個体に戻して出産させる技術などが含まれる．このような技術を駆使することにより，畜産分野における育種が可能になり，不妊治療への応用にもつながる．

　近年の細胞工学や胚工学による成果としては，胚にある細胞の組合せを人為的に変化させ，そこから個体を作出するキメラ作製，体細胞の核を除核した未受精卵に入れて個体を作出する体細胞クローン技術，受精卵に遺伝子を導入して新たな遺伝子組成をもつ遺伝子導入（トランスジェニック）動物の作出がある．ただ，クローン動物にしても，トランスジェニック動物にしても，その技術をヒトへと応用することは禁止されている．

　細胞や個体レベルの改変や組換えといった領域の生命工学として，個体レベルの変異を介した遺伝子解析や，人工染色体の開発などがある．遺伝子改変個体は哺乳類以外の動物でも，遺伝子研究を目的にいろいろとつくられている．

## 7-1

# 動物細胞の培養

動物組織をばらばらにし，得られた細胞を培養する細胞培養は，均一で大量の細胞を扱えるため，細胞の基本機能を中心とする生命現象の解明に役立っているが，遺伝子工学や組織工学といった他の生命工学的技術にとっても欠くことのできないものとなっている．

### ■ 細胞培養の意義

動物個体を扱う操作は優れた面があるものの困難も多い．細胞の基本機能を見るのであれば培養細胞でも可能であり，大多数の均一な集団を扱えるなど，培養細胞が適している点も多い．培養細胞は操作しやすいため，個体からいったん細胞を取り出し（体外にある状況を ex vivo という），何らかの操作を施してから生体に戻すこともできる．細胞培養（組織培養ともいう）は細胞工学のみならず，再生医療，組織工学でも必須な基礎技術である．生体の組織／臓器をばらばらにせず，そのままの形態で培養する手法は器官培養といわれる．

### ■ 基本的培養技術

均一な状態で何世代も培養系で増やせるようにした細胞を細胞株といい，組織細胞をバラバラにして株化したものは初代培養株という．リンパ球も一定期間培養することができ，初期胚から得た細胞も ES 細胞として培養できる（注：この場合は支持細胞が必要）．ただこのような細胞を増やし続けても，いずれ寿命を迎えて死ぬ．他方，癌組織からつくった細胞株や癌ウイルス，あるいは癌遺伝子が導入された細胞は不死化しており，無限に増やすことができる．細胞株にはホルモン産生腫瘍由来のホルモン産生能など，元の細胞の性質を残しているものも

■ 図1　細胞培養（組織培養）とは

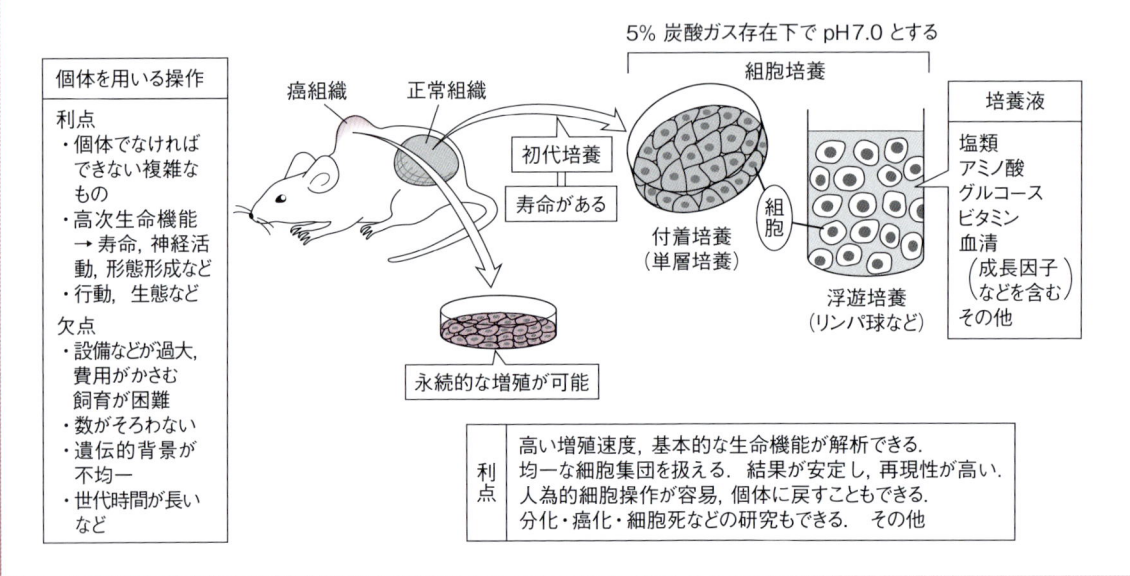

ある．培養形態は細胞の増殖状態により，浮遊培養（例：リンパ球）と器の底に付着して単層状に増える付着培養（単層培養ともいう．例：繊維芽細胞）に分けられる．付着細胞はぎっしり生えると増えにくくなるため，いったんトリプシンで剥がしてばらばらにし，大きな容器に蒔き直す．培養液はアミノ酸やグルコースなどを含む塩溶液に子牛血清を加えて用いる．培養のpHは培地にアルカリ性の炭酸水素ナトリウムを加え，そこに水に溶けて酸性を示す二酸化炭素を加えることで中和して中性に合わせる．

## ■ その他の培養工学的技術

血清を含まない純粋な化学物質のみでつくった培地（無血清培地）で細胞培養を行うこともでき，そのような環境でも増える細胞を選ぶことも行われる．望む細胞を遺伝的に純粋な（1個の細胞から増えた）状態で単離・増殖させることを細胞のクローニングといい，シャーレに2個以上細胞が入らないような薄い濃度で細胞を蒔いて増殖させて（限界希釈法）クローン細胞を得る．工場レベルで細胞を大量培養する技術は，分泌性の生理活性物質やワクチン（例：ワクチン株ウイルス）を生産・利用する場合には必須である．一般的には，浮遊状態で細胞が増えている培養タンクに一定量培養液を追加すると同時に，増えた細胞を同じ速度で回収するという連続培養を行う．付着性細胞の場合は，大きな筒状フラスコを回転しながら培養し，培養液の回収と追加を何度か行う．フラスコの内部に何重にも巻いたプラスチックのフィルムを入れ，そこに細胞を付着させて培養すると，培養液当たりの細胞数を高めることができる．

### コラム：細胞の凍結保存

培養液に凍結安定化剤を加えて凍らせた細胞は液体窒素中で保存でき，解凍して再度増殖させることもできる．この技術はヒトや動物の卵や精子の保存にも応用されている．

■ 図2　細胞培養がかかわる領域 ■

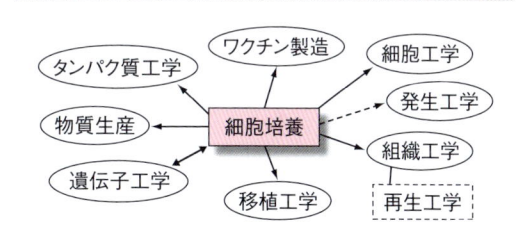

■ 図3　細胞培養のさまざまな技術 ■

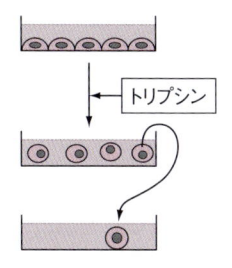

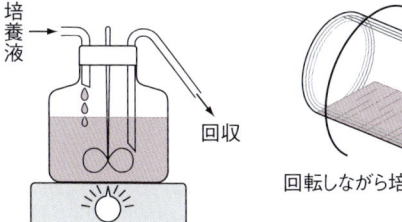

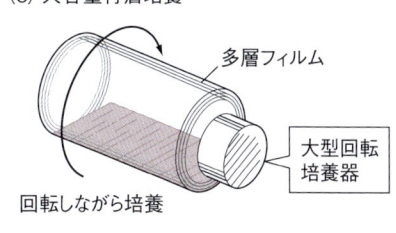

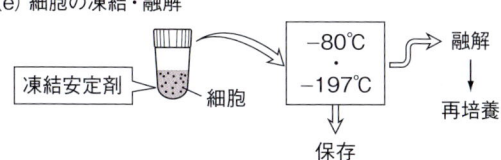

(a) 細胞の分散・植え継ぎ・クローニング
(b) 大量培養・連続培養
(c) 大容量付着培養
(d) 無血清培地での培養
(e) 細胞の凍結・融解

# 7-2 細胞工学に使われる一般的技術

細胞構造を再編・改変する細胞工学は細胞培養技術を基盤とし，遺伝子工学などとも関連する．細胞工学には複数の細胞を融合させて新しい細胞をつくる細胞融合技術や，脱核・核移植といった操作，細胞壁の除去，そして物質を移入する技術などが含まれる．

細胞工学は形態的に手を加えた真核細胞をつくる技術を含む．遺伝子工学を介した新規細胞作製もこの中に含まれる．

## ■ 細胞融合

二つ以上の細胞が融合して多核の細胞ができる細胞融合を人為的に起こすことができる．センダイウイルス（HVJ）は動物細胞に吸着して細胞膜の流動性を高める作用があり，複数の細胞との間で膜融合を介する融合細胞の形成を行う．ポリエチレングリコールや電気刺激（電気穿孔）も同じ効果を示す．物理的には異種生物細胞同士も融合させることができるが，系統関係が遠い（例：異なる科）と融合細胞は不安定で，増殖できない場合もある．ヒトとマウスの融合細胞では徐々にヒトの染色体が脱落するが，そのときに残った染色体と遺伝形質の解析から，目的とするヒト遺伝子がどこの染色体にあるかという染色体分析ができる．融合細胞は核を2個もつヘテロカリオンだが，操作によっては核も融合させて雑種細胞にすることができる．融合細胞が元の細胞の特性を保ちながら増殖する場合はハイブリドーマの作製（7-3）などといった応用が可能となり，菌類や植物の場合は融合細胞を直接個体にして育種に応用することもできる（9-4）．

## ■ 脱核・核移植

細胞をサイトカラシンやコルセミド処理して細胞骨格を一時的に壊し，遠心分離するかピペットで吸引するかして細胞から核を除くことができる．このような脱核細胞（除核細胞）は長くは生存できない．脱核細胞に核を入れる核移植は，顕微鏡下，微量ピペットを使って行う

■ 図1　細胞融合の様子

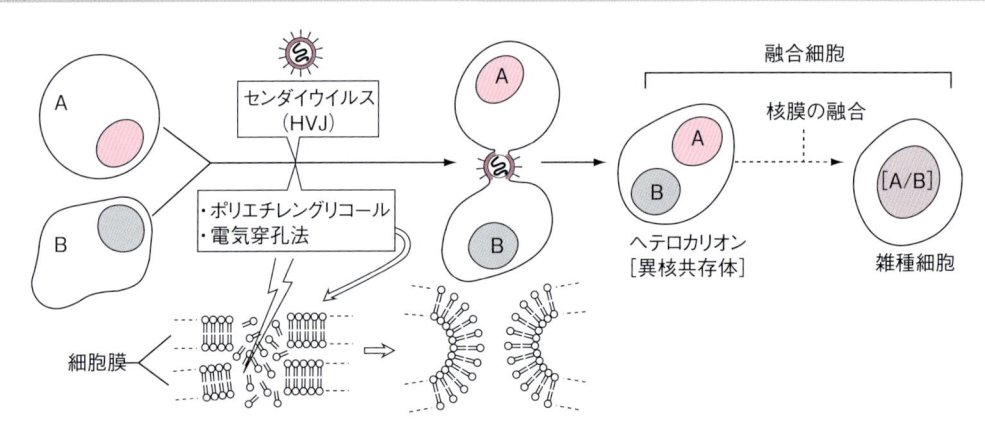

（顕微注入）が，動物卵を用いた実施例が多い．除核卵に通常細胞を注入し，電気刺激で細胞融合させる操作も核移植という．脱核細胞や不活化核をもった細胞が異種の細胞核をもつ状態（細胞質雑種細胞）はサイブリッドという．血小板に核を移入するなどの例があるが，細胞機能が核とミトコンドリアのどちらの制御を受けるかを決定する解析にも利用される．

### ■ 細胞に物質を注入する

動物細胞にDNAを導入する方法にはウイルスベクター，DNA感染やリポフェクション，金粒子に付着させて細胞に打ち込む方法（遺伝子銃）などがあるが，タンパク質やある程度大きなものの導入では，通常，顕微注入を行う．赤血球膜（⇨ 赤血球ゴースト）で物質を包み，細胞と融合させることで物質を注入することもできる．後述する微小核細胞融合法（7-9）は，染色体を断片化させた核に包み，細胞融合で細胞に染色体を導入する方法である．植物は細胞壁をもつため，動物細胞とは異なる方法が必要となる（9-4, 5）．

### ■ 細胞壁の除去

植物細胞や菌類細胞を細胞壁溶解酵素で処理して細胞壁を除いたものはプロトプラストといわれ，物質の導入や細胞融合が動物細胞と同じようにできる．細胞壁が部分的に残った状態の細胞はスフェロプラストという．

#### コラム：細胞分画装置：FACS

細胞周期進行の状況や遺伝子発現などに関し，用いた細胞集団がどのような分布を示すかを解析できる装置．目的物質に結合した蛍光物質の蛍光強度から細胞の分布を解析する．細胞の分取も可能である．

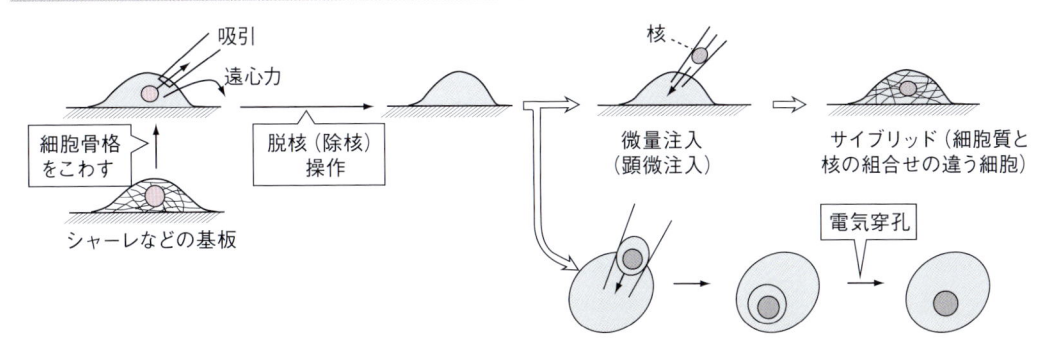

■ 図2　脱核と核移植

■ 図3　赤血球ゴーストを使う微量注入

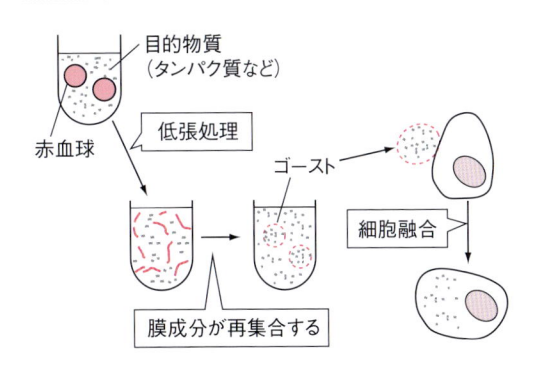

■ 図4　細胞壁の除去

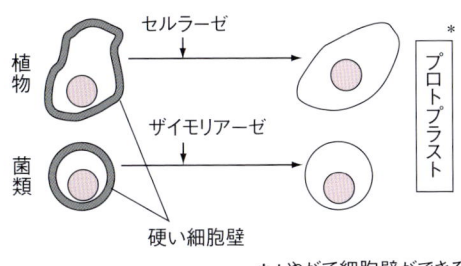

＊：やがて細胞壁ができる

# 7-3 抗体産生機構と単クローン抗体の産生

抗体は非自己の抗原と特異的に結合する血中タンパク質で，1個の成熟B細胞は1種類の抗体を分泌する．個体内では通常，抗体は一つの抗原に対して複数できるが，特定B細胞と骨髄腫細胞を融合してつくったハイブリドーマは，単一の抗体を産生しながら増殖し続ける．

## ■ 抗体と抗体産生細胞

抗体はいくつかの免疫系細胞の相互作用の結果，B細胞（Bリンパ球）から分泌されるタンパク質である．B細胞が抗原刺激を受けると形質細胞に成熟し，抗体が産生される．抗体はそれが誘導される元となった分子：抗原と特異的に結合し，生体内では細菌の死滅や毒素の無毒化などに働く．抗体分子（重鎖と軽鎖からなる）は抗原と結合する可変領域と抗体のクラスに特異的な定常領域からなる．抗体分子は定常領域の変化により変化するが（IgM→IgD→IgGなど），これをクラススイッチという．1個のB細胞（細胞クローン）は一つの特異性をもつ抗体しかつくらない．発生初期には多様なクローンが存在するが，自己の抗原に対するクローンはすみやかに淘汰される．その後抗原が体内に入ると当該クローンが刺激を受けて増殖し（⇒ クローン選択），血中に大量の抗体が放出される．抗体の多様性は可変領域DNAと定常領域DNAの組換えの結果生ずる（利根川進，1987年，ノーベル生理学・医学賞）．

## ■ ハイブリドーマの作製

ハイブリドーマはミエローマ（骨髄腫／B細胞リンパ腫）と特定の抗体を産生するB細胞からつくられる融合細胞である．マウスに抗原を注射すると抗体ができるが，抗原には通常複数の抗原決定にかかわる部位（抗原決定基／エピトープ）があるため，産生される抗体の種類も複数となる．このような通常抗体をポリクローナル抗体（多クローン抗体）という．抗原を注射したマウスの脾臓から多数のB細胞を調製し，これをミエローマと別々に融合させる．その後融合細胞を個別に培養し（クローニングし），培養液中の抗体の有無をエライザ法で調べて陽性細胞を選ぶ．材料のミエローマはチミ

■ 図1 抗体産生の過程

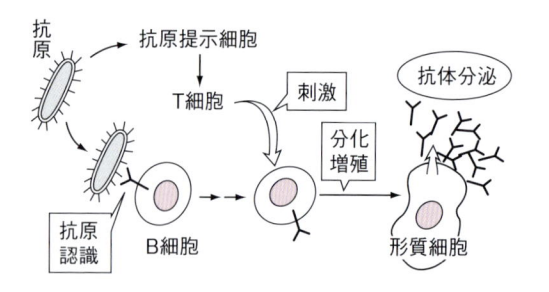

■ 図2 抗体の構造（IgGの場合）

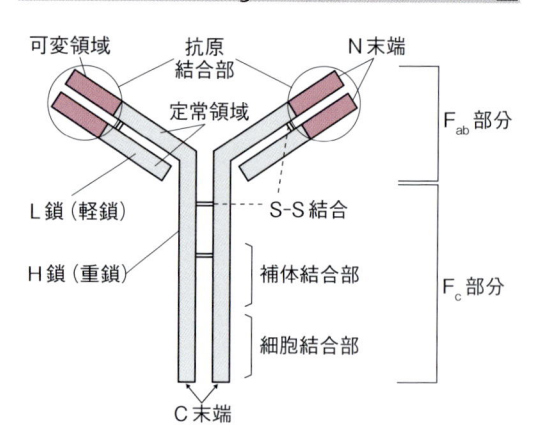

ジンキナーゼ欠損株などとし，ハイブリドーマを選択的に増やす工夫をとる．ハイブリドーマは抗体を産生しつつ癌細胞として増殖する（ケラーとミルシュタイン，1984年，ノーベル生理学・医学賞）．

## ■ 単クローン抗体の生産・取得

ハイブリドーマは単一のB細胞に由来する融合細胞で，元細胞が産生していた抗体を産生し続けながら増殖するが，細胞の維持・継代は培養系で行う場合と，マウス腹腔内で増やす場合とがある．ハイブリドーマの培養液上清や腹腔液を回収し，そこから抗体を精製して利用するが，得られる抗体を単クローン（モノクローナル）抗体という．この抗体は単一分子なので純粋な「試薬」として使用することができ，細胞を凍結保存しておけばいつでも調製できる．ポリクローナル抗体は抗原によっては抗体価が上がらないという欠点があるが，単クローン抗体ではそのようなことはなく，自己とほとんど同じ構造の分子を抗原としてもつくることができる．

■ 図3　単クローン抗体産生の手順

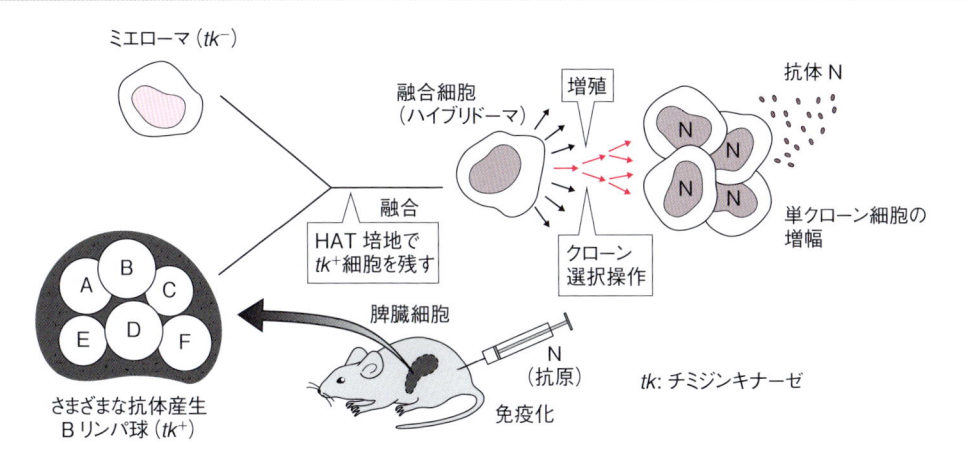

■ 図4　エライザ法による抗体産生チェック（直接法の例）

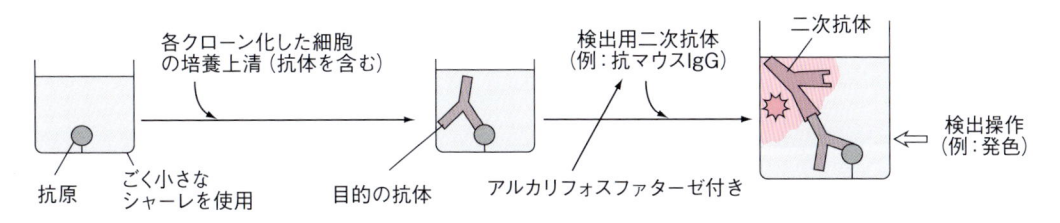

■ 図5　ハイブリドーマの増殖

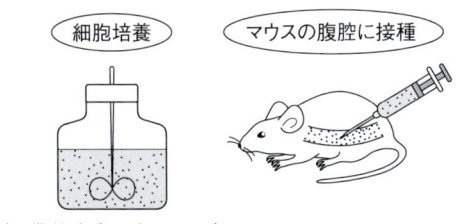

### コラム：エライザ法

Enzyme Linked Immunosorbent Assayの略で，抗原や抗体の検出に利用され，いろいろな手技がある．直接法の場合，抗原を付着させた試験管に次に抗体（一次抗体）を結合させる．洗浄後に酵素（例：アルカリホスファターゼ）がついた二次抗体を一次抗体に結合させ，酵素基質を加えて反応（例：発色）させる．

## 7-4 哺乳動物における生殖工学

哺乳動物を中心とした配偶子の取得や保存，そして妊娠〜出産を目標にした受精に関する技術を生殖工学といい，胚工学などが基盤になっている．この技術はすでに動物の系統保存や有用動物の量産，さらにはヒトの不妊治療技術などとして実用化されている．

### ■ 配偶子や胚の取得と保存

生殖過程を人為的に操作する技術の第一歩は，精子や卵を採取することである．基本的にはどのような動物からも得ることができ，大型動物（ヒトを含む）の場合は比較的容易で（精子は大量に得られる），畜産業では重要である．採取した細胞は液体窒素中で長期間保存することができる．動物では受精卵や胚も，取得したものをこのようにして保存することができ，融解させて生殖工学に用いることができる．動物からヒトに至るまで，多数の系統や個体別に細胞を保存した，精子バンクや卵（子）バンク，受精卵バンクが整えられている．凍結精子を融解させ，これを排卵が起こったメスの生殖器内に移入して受精させることができるが，この操作を人工授精といい，有用家畜の繁殖ではとくに重要な技術である．

#### コラム：精子の選別
雌雄精子の運動性の違いを利用し，パーコールという高分子化合物の中で遠心分離して雌雄の精子を分離するという技術があるが，分離精度はあまり高くない．

### ■ 体外受精

体外で卵と精子を融合させる操作を体外受精という．両者を単純に接触させるほか顕微鏡下で精子を注入する顕微授精という方法もあり，ヒトの不妊治療でも行われている（注：着床前初期胚の DNA 検査により性別や病気遺伝子の有無の診断もできるが，日本では行われていない）．受精後，受精卵を適当な段階まで発生させるが（2 細胞期〜胞胚 [胚盤胞]），試験管内での発生はある程度までしか進まず，誕生させるには母胎雌が必須である．移植場所は発生初

■ 図1 哺乳動物の生殖工学の領域

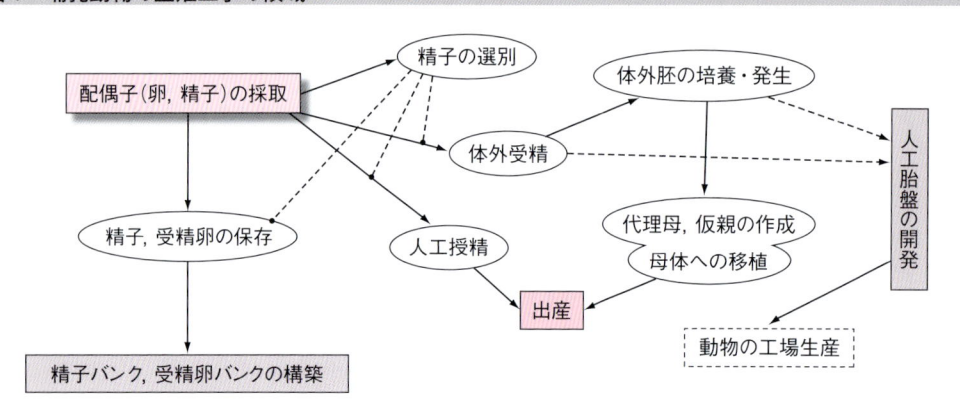

期の状態では卵管，後期の場合は子宮である．胚移植の場合，母胎は胚が着床できる状態になっている必要がある．体外受精は不妊治療には欠くことのできない技術であるが，学術的な意義は少なく，動物においては少産系動物の系統維持，排卵誘発によって大量の卵を得て生涯産子数をはるかに超えた個体の量産，無菌動物の生産といった実用的意味が大きい．

## マウスでの体外胚を発生させる技術

実験的には，さまざまな胚操作（7-6）が行えるマウスにおいて，*ex vivo* で生存させた胚を体内（母胎）に戻して発生・誕生させる技術が重要である．マウスではオスによる交尾刺激がメスの妊娠状態の誘導に必要なため，単に胚を子宮に移植しても着床・妊娠しない．このために，まずオスの精管を結紮（けっさつ：糸で結ぶこと）などの方法で遮断し，そのような状態で不妊交尾させてメスを偽妊娠状態にさせる．その後胚を卵管あるいは子宮に移植する．妊娠効率を上げるためにホルモンを使用する場合もある．

### コラム：生殖工学の究極の技術：人工胎盤・人工子宮

胚盤胞が子宮に着床すると胎児と胎盤が形成される．胎盤を *in vitro* でつくる技術は臓器作製の一つの目標で（8-9），動物では妊娠のある特定時期に機能する胎盤がつくられている．着床から出産までを試験管（人工子宮）の中で一貫して機能させる完全な胎盤の作製はまだ成功していないが，もし成功すれば，家畜を工場の容器を使って「作製」することができる．

■ 図2　体外受精の手順と利用目的

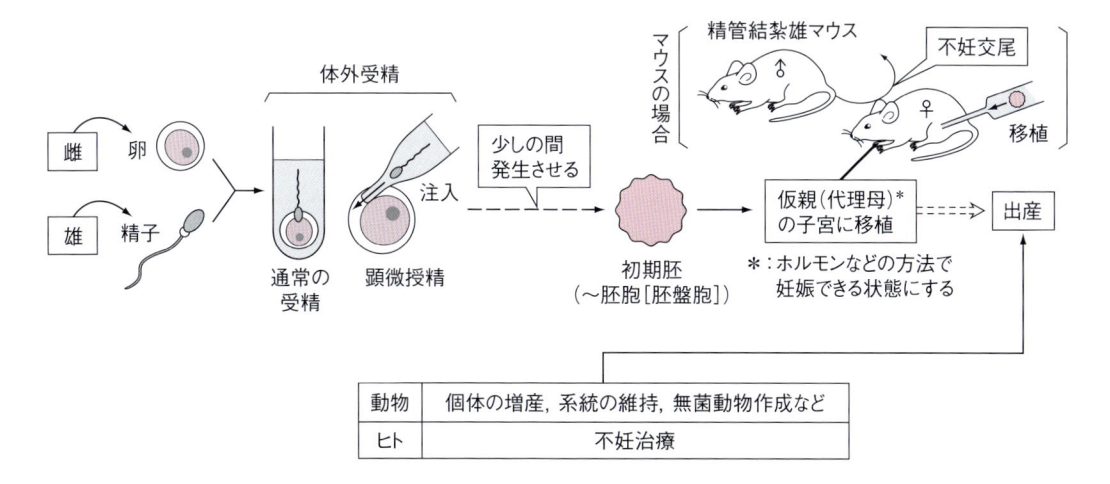

| 動物 | 個体の増産，系統の維持，無菌動物作成など |
|---|---|
| ヒト | 不妊治療 |

■ 図3　もし人工子宮・人工胎盤ができれば

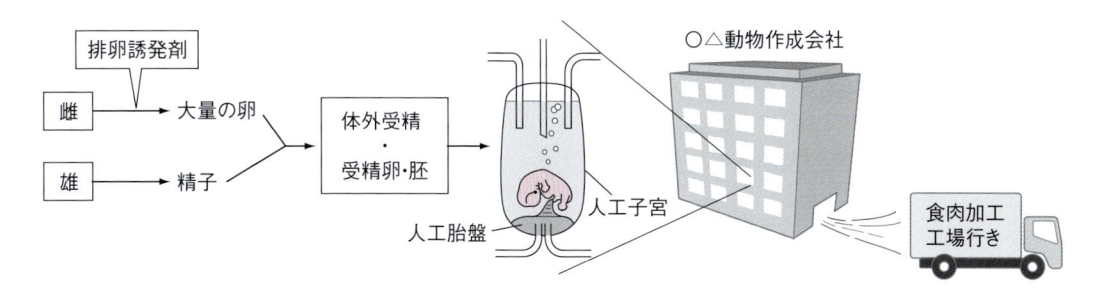

## 7-5 体細胞クローン動物をつくる

クローン増殖しない哺乳動物でも，体細胞から採取した核を除核した未受精卵に入れてから母胎に移植し，核を得た個体と遺伝的に同一のクローン個体を生ませることができる．この技術は畜産における優良品種の生産や希少系統の保存という点で意義がある．

### ■ 有性生殖産子の非クローン性

有性生殖では減数分裂で生じた卵と精子の間で子ができるが，減数分裂では相同染色体間で高頻度に組換えが起こるため（⇨ 精子／卵子はそれぞれが遺伝的に別），産子間でもゲノム構成が異なる．一卵性双生児は細胞分裂した受精卵細胞が自然に分離し，それぞれが独立に発生して誕生したクローン個体（遺伝的に同一の個体）である．遺伝的に安定な系統（例：研究用マウス）でも，有性生殖で生まれた個々の産子はたとえ「純系」と表現しても，クローンとは表現しない．クローンという用語は無性生殖で増えた多細胞個体について使われる．

#### コラム：クローンとして増える動物

植物のクローン増殖はよくみられるが（例：挿し木）動物にはない．ただヒドラは身体の一部から組織が出芽して個体に成長する．クラゲも固着型のポリプが分裂して小型のクラゲ型幼生が多数発生する．

### ■ 最初の体細胞クローン動物

脊椎動物のクローンには卵割した受精卵を人為的に分割し，それを個々に発生させた受精卵クローンと，体細胞の核をもった体細胞クローンの2種類がある．最初に体細胞クローンをつくった人物は J. ガードンである（2012 年，ノーベル生理学・医学賞）．彼はカエル未受精卵の核を紫外線で不活化し，体細胞であるオタマジャクシの腸の細胞の核を取り出して上の処理卵に入れ，孵化させてカエルに成長させた（注：ただし成功率は核を採る個体の成長に伴って下る）．この実験は，「分化細胞のゲノムは不要部分が失われている」という考えを否定し，ゲノムの恒常性を示したという点で意義は大きい．

### ■ 図1 有性生殖と無性生殖による次世代個体のクローン性

(a) 有性生殖

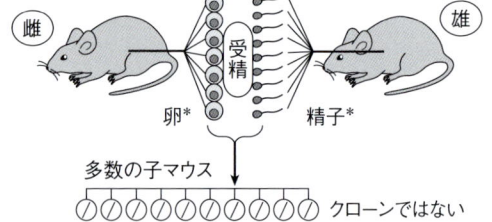

雌　受精　雄
卵*　　精子*
多数の子マウス　クローンではない

＊：個々の生殖細胞は遺伝的にすべて異なる

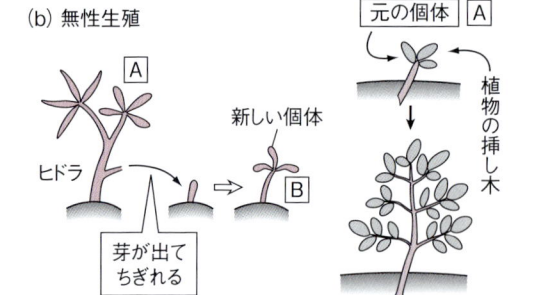

(b) 無性生殖

元の個体 A
ヒドラ　新しい個体 B
芽が出てちぎれる
植物の挿し木

A と B は同一クローンである

## ■ 体細胞クローン哺乳動物の作製

最初の哺乳動物の体細胞クローン（名前はドリー）はヒツジの乳腺細胞からつくられた．まず未受精卵から核を除き，他方で乳腺細胞を培養化に馴れさせておく．こうした乳腺細胞を除核未受精卵に注入し，電気刺激で細胞融合を起こさせて核移植を行い（この細胞は細胞質が卵由来，核が体細胞由来），ヒツジ母胎に戻して発生・出産させる．現在も類似の方法で多くの哺乳動物の体細胞クローンがつくられている．

## ■ クローン動物の可能性と問題点

誕生するクローン個体の形質は100％予想することができるため，畜産分野では優良個体の増産や保存のためにこの技術が使われ，また生殖能力を失った個体でも，この技術で系統を保存させることができる．ただ現在の技術では核受容細胞は未受精卵に限られており，卵を安定的に得られるかどうかという問題が残っている．クローン個体では生殖細胞を経由するときに起こるゲノム修飾（⇨ ゲノムインプリンティング）が正しく起こらず（2-13），おそらくそれによるために生ずる健康問題が指摘されている（⇨ ただクローンから生まれた子には問題はないらしい）．

### トピックス「マンモス復活計画」

保存状態のきわめて良好な冷凍マンモスが発見されたが，もし死体細胞の核がクローン技術に使えるなら，近縁のゾウの未受精卵を使って「ゾウにマンモスを生ませる」というSF的な夢が語られている．

■ 図2　J. ガードンの実験（クローンガエルの作製）

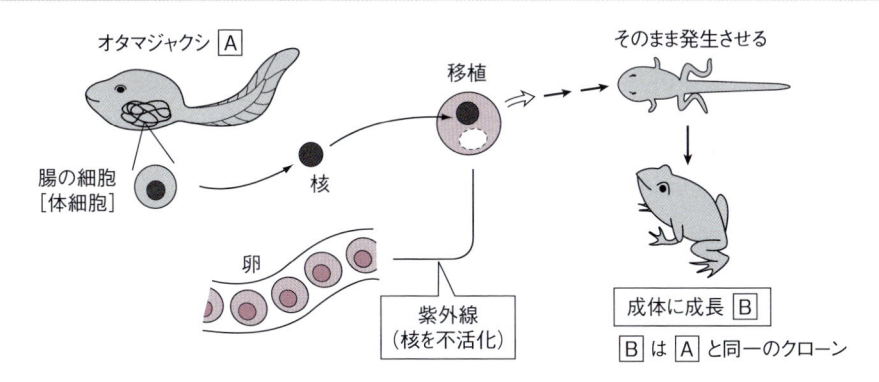

■ 図3　クローン動物の作製（マウスの例）

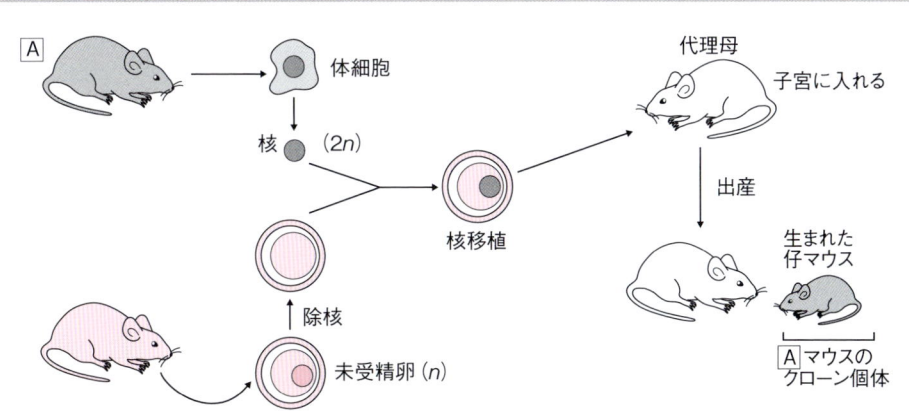

## 7-6 発生工学の概要とキメラ動物作製

> 動物の初期胚を人為的に操作して個体をつくる技術を発生工学という．発生工学は必然的に細胞工学，生殖工学，胚工学を含み，時として遺伝子工学などの技術も伴う．異なるゲノム構成をもつ細胞からなるキメラ動物の作製は，中核となる発生工学的技術である．

### ■ 哺乳動物の発生工学，初期胚操作

動物の胚を in vitro で操作し，その後生体に戻して発生させるなど，動物の発生に手を加える技術を発生工学といい，主に哺乳動物を対象にする．胚の扱いやすさやその後の操作を考え，扱う胚はほとんど受精卵～胞胚（胚盤胞）までの初期胚のため，胚操作に関する部分は胚工学／初期胚操作ともいわれる．発生工学は胚発生過程を含むため，必然的に生殖工学と密接な関連性をもつ．この技術は幅広い応用性をもち，胚細胞を遺伝的に改変する場合には遺伝子工学と関連があり，実用的な細胞や組織の作製を目指す場合には，組織工学や再生工学とも関連する．

### ■ 発生工学の領域

発生工学の基盤技術には，胚の取得や培養といった生殖工学技術に加え，胚割球を分割したり集合させたりする技術，そしてそれを母胎に戻すといった技術があるが，さらには遺伝子工学的技術や細胞工学的技術が入る場合もある．このような基盤技術を使って新しい個体をつくる操作として，胚細胞の構成を組み替えるキメラ作製，遺伝子導入（トランスジェニック）動物作製，遺伝子破壊（ノックアウト）動物あるいはターゲティング動物の作製，そして前述の体細胞クローンや受精卵クローン個体の作製などがある．これらの技術は，遺伝子導入動物作製に関しては品種改良，モデル動物作製，遺伝子治療（胚細胞治療）に応用され，また代謝工学，生物工場／生物生産工学，抗体工学，RNA工学といった生命工学の元となる．

■ 図1 発生工学の扱う対象と基本操作

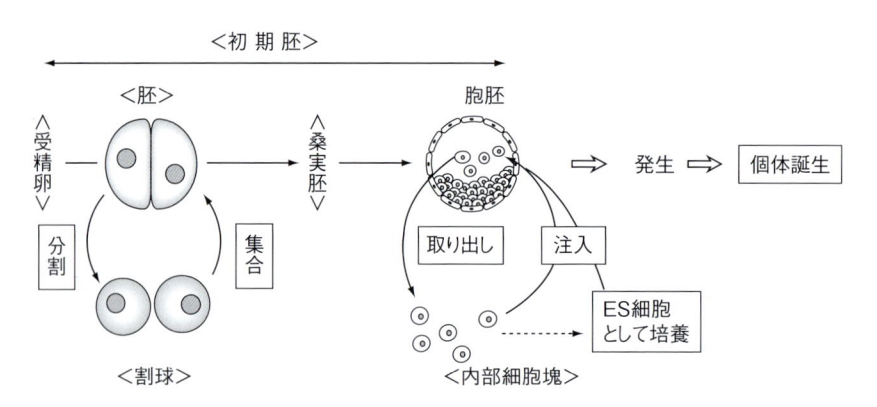

## ■ キメラ動物作製

キメラ（chimera）とは，頭がライオン-身体がヤギ（あるいはヒツジ）-尾がヘビという，ギリシャ神話に登場する怪物で，複数に由来したものが一つになった分子や多細胞生物に対して使われる（下記コラム参照）．受精卵の卵割の初期にいったん割球をばらばらにし，他のばらばらにした割球と集合させてキメラ胚（集合キメラ）をつくることができる．キメラ胚を偽妊娠したメスの子宮に移植して子どもを生ませることができるが，生まれた動物は全身の組織が2種類の割球由来細胞からなる斑状のキメラとなる．胞胚腔に他の内部細胞塊由来細胞などを入れてつくった胚（注入キメラ）から子を生ませることもできる．

## ■ キメラ個体作製の意義

キメラを使うことにより，遺伝的に異なる2種類の細胞の相互作用の解析ができる．たとえばニワトリ胚の神経組織にウズラ（染色法でニワトリと区別できる）の特定の神経前駆細胞を移植し，中枢神経組織が斑状になったキメラをつくり，移植した目的細胞がどのように移動し，定着するかなどを明らかにすることができる．キメラでは遺伝子が個体におよぼす影響を明確にすることはできず，7-7に述べるように，次世代個体の全身に遺伝子が存在する状態にしなくてはならない．

### コラム：キメラとモザイク

キメラは複数の胚に由来する一つの個体と定義され，一つの胚に由来するが異なる遺伝情報をもつ細胞が部分的に入り交じったモザイクとは区別される．生物学的には臓器移植を受けたヒトや接ぎ木された植物もキメラである．

■ 図2　発生工学が扱う領域・技術

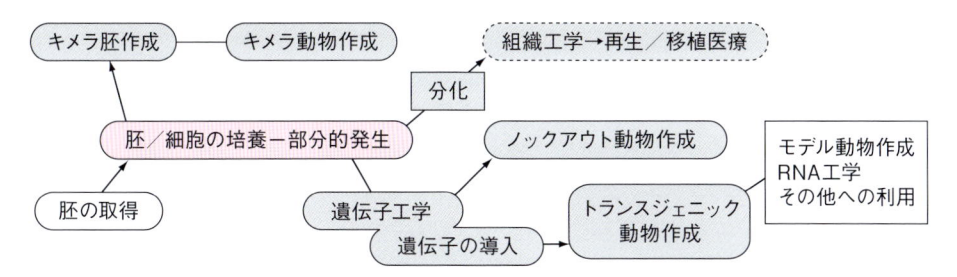

■ 図3　キメラ動物の作製手順

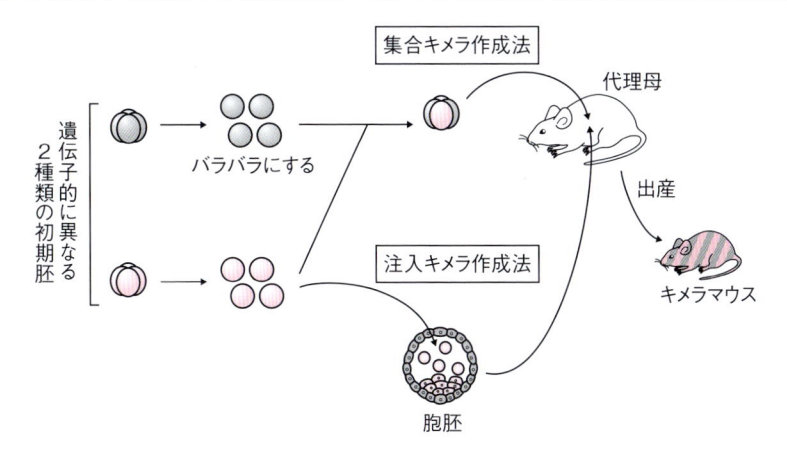

## 7-7 遺伝子導入（トランスジェニック）動物

> 多細胞生物の全部のゲノムに，等しく外来DNA／遺伝子が組み込まれた状態をトランスジェニックといい，遺伝子工学と発生工学を融合させた技術を用いてつくられる．この技術は，遺伝子の機能解析や有用動物の作製に利用されている．

### ■ 遺伝子導入（トランスジェニック）動物

多細胞生物にDNAを注射しても限られた細胞にDNAが入るだけで，遺伝子の効果を全身レベルで見ることはできない．このような問題の解決のために開発された技術がトランスジェニックである．用語の意味からわかるように，目的遺伝子が生殖細胞に入り，そこから有性生殖可能な子が安定にできる必要がある．実験室では主にマウスが使われる．この技術によって遺伝形質が変化する場合は，形質転換動物や遺伝子改変動物という用語も使われる．

### ■ 外来遺伝子導入細胞をもつマウスを誕生させる

トランスジェニックマウスをつくるには，まず交配直後の雌マウスから受精卵を採取する．受精卵は雌雄由来の前核が2個存在するので，そこにDNA（⇨ 遺伝子の場合，cDNA+転写制御配列）を顕微注入し，偽妊娠させたメスの子宮に移植する．DNAは卵割・発生の不特定の時期，不特定の位置にランダムにゲノムに組み込まれるため，誕生した個体はDNAの組み込みに関しては不均質なキメラとなる．胞胚の内部細胞塊から培養したES細胞を使う場合は，細胞にDNAをトランスフェクションで導入し，それら細胞を胞胚に顕微注入した後，胚を子宮に移植して子を出産させる．

### ■ 遺伝子導入マウスを系統化する

上のようにして作製した動物は導入DNAに関してはいずれもキメラとなるので，次に均一なトランスジェニックを得るため，まずキメラ

■ 図1　多細胞生物におけるトランスジェニック

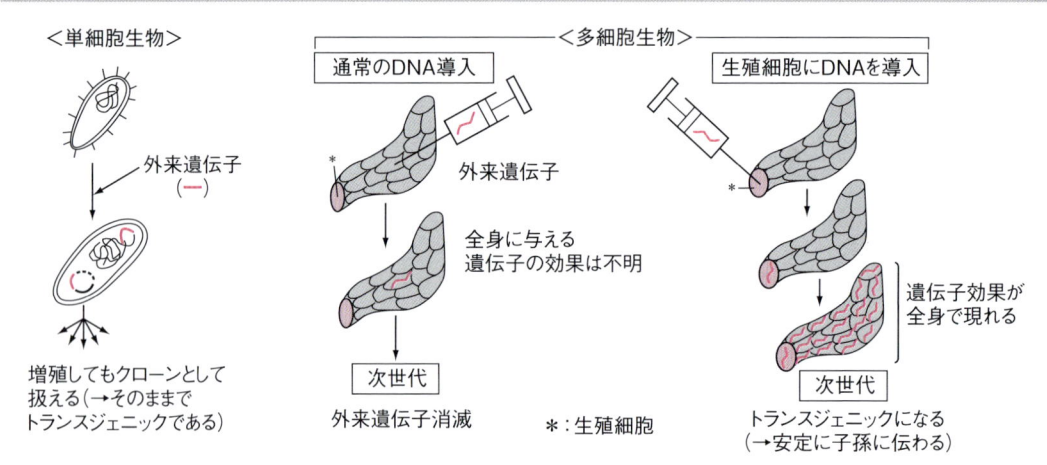

&lt;単細胞生物&gt;
外来遺伝子（―）
増殖してもクローンとして扱える（→そのままでトランスジェニックである）

―――&lt;多細胞生物&gt;―――

通常のDNA導入
外来遺伝子
全身に与える遺伝子の効果は不明
次世代
外来遺伝子消滅

＊：生殖細胞

生殖細胞にDNAを導入
遺伝子効果が全身で現れる
次世代
トランスジェニックになる（→安定に子孫に伝わる）

マウスを親にして子をつくり，その組織（⇨通常はシッポ）のDNAをPCRで増幅して目的DNAの有無を調べる．DNAが検出された場合は，親マウスは生殖細胞ゲノムにDNAが組み込まれたトランスジェニックであることがわかる．ただこのマウスは導入DNAに関してヘテロなため，相同染色体の両方に導入DNAが入ったマウスを得るためには，そのマウスを親にして生まれた子マウス同士を交配（弟妹交配）させ，メンデル遺伝に従ってホモのトランスジェニックマウスを得る必要がある．

### コラム：スーパーマウス

成長ホルモン遺伝子に重金属で活性化する転写活性化因子（メタロチオネイン）の結合配列をもつDNAをつないでトランスジェニックマウスをつくる．マウスに重金属を投与すると成長して「スーパー（巨大）マウス」となる．

## ■ 技術の実施例や利用法

トランスジェニック技術は，学術的には細胞レベルの解析で明らかにされた遺伝子機能や制御能が個体でもみられるか否かという，遺伝子機能や遺伝子発現調節機構の研究に使われる．組み込まれた遺伝子の位置や数によって充分な活性が出ないこともあるが，個体でなければ解析できない事柄（例：臓器の形態形成能）も多く，意義は大きい．このほかの応用研究としては，疾患モデル動物の作製，遺伝子治療研究（注：ヒトは含まない）もある．家畜分野では，品種改良（高品質，高病気抵抗性，高生産性など）の一環として研究が行われている．このほか，物質生産や（動物工場作製），ヒトに使える臓器（ヒト型臓器）などを開発する目的でもこの技術が使われる．

■ 図2 トランスジェニックマウスの作り方

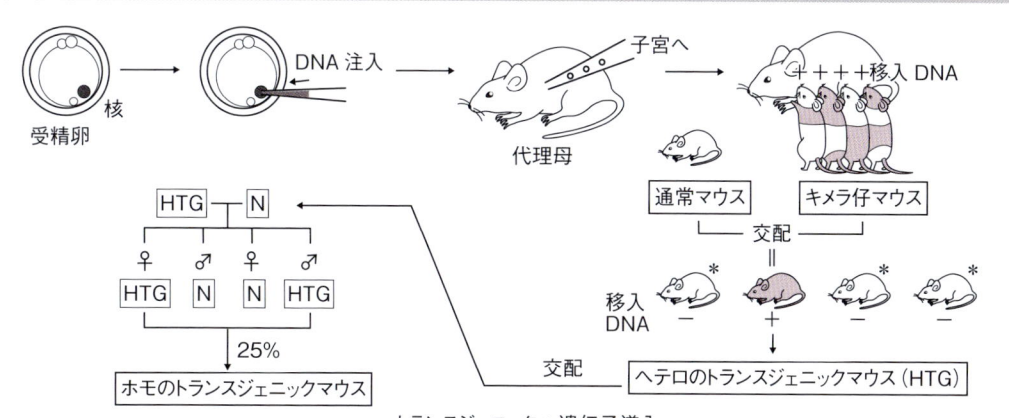

トランスジェニック：遺伝子導入
＊：親にしたキメラマウスの生殖細胞に移入DNAが入っていなかった場合
N：normal

■ 図3 トランスジェニック動物の利用法

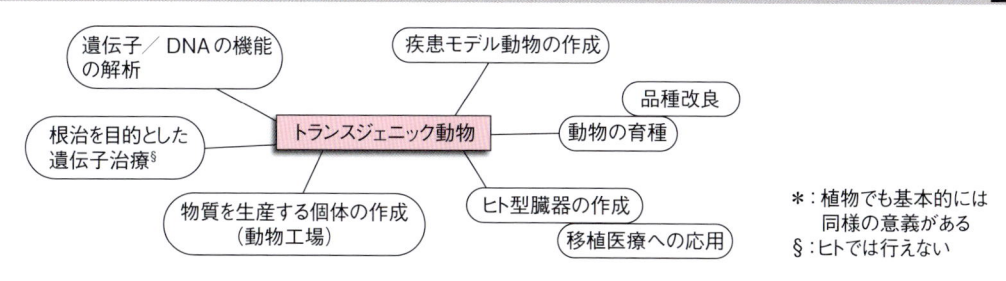

＊：植物でも基本的には同様の意義がある
§：ヒトでは行えない

## 7-8 動物遺伝子の変異解析

ゲノム解析で動物遺伝子の構造は解明できたが，その働きの多くは依然不明である．個体での遺伝子機能を明らかにするには変異遺伝子をもつ個体を作製し，その表現型を解析する必要がある．困難な作業ではあるが，すでにいくつかの方法で研究が進んでいる．

### ■ 部位特異的変異

ゲノムの場所を決めて遺伝子を壊す手法を遺伝子ノックアウト，DNAの挿入は遺伝子ノックイン，まとめて遺伝子ターゲティング（単にターゲティングともいう）という．細胞でのターゲティングでは，配列内部にマーカー遺伝子（例：ネオマイシン耐性）をもつベクターを細胞に入れ，狙った部分を相同組換えでマーカー遺伝子に置換・破壊する．このヘテロノックアウト細胞をマーカーを変えて再度ターゲティングすると，生存に必須な遺伝子でなければダブルノックアウト細胞（変異細胞）となる．

### ■ ノックアウトマウス

ヘテロノックアウトES細胞を胞胚に注入し，発生させて子マウスを生ませる．生まれた個体はキメラなので，交配を経てヘテロそしてホモノックアウトマウス（変異マウス）を得る．表現型解析から，遺伝子機能を個体レベルで明らかにすることができる．ただし，ノックアウトした遺伝子が生育に必須な場合，子マウスは生まれないので，そのときはCre-loxPシステムを使う．組換え配列 loxP を破壊したい部位の両脇に入れ，別の場所に組換え酵素 Cre を誘導的転写制御配列の下に置く．このような個体に誘導剤（例：金属塩，ホルモン）を投与して Cre を発現させると loxP 間で組換えが起こり，loxP 間の内部 DNA が抜け落ちてノックアウト状態になる．この手法を条件的ノックアウトという．

#### コラム：二つの個体レベルの変異解析法

ノックアウト法ではほかに類似遺伝子があると表現型が出ないという欠点がある．他方トランスジェニックで遺伝子を増強したり変異優性の遺伝子を導入し，遺伝子機能を推定することができる．

■ 図1 ターゲティングで変異細胞を作る方法

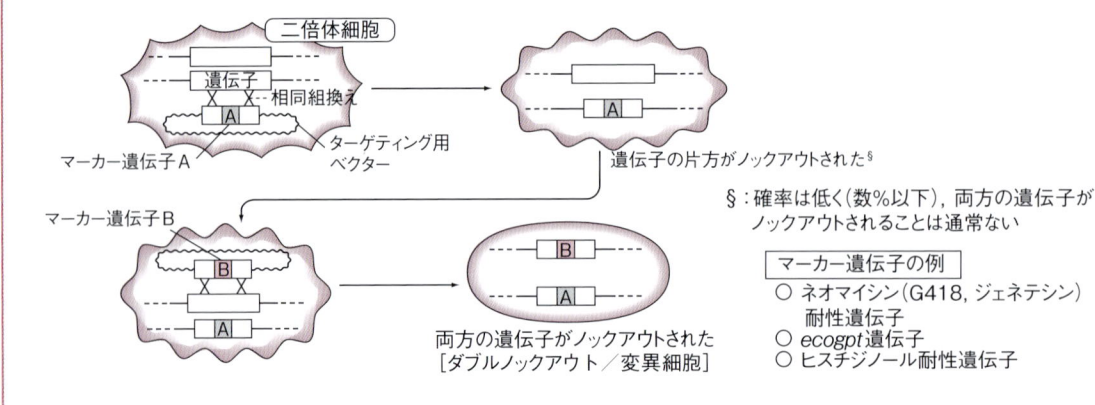

二倍体細胞
遺伝子
相同組換え
ターゲティング用ベクター
マーカー遺伝子A
遺伝子の片方がノックアウトされた§

§：確率は低く（数%以下），両方の遺伝子がノックアウトされることは通常ない

マーカー遺伝子B

両方の遺伝子がノックアウトされた
[ダブルノックアウト／変異細胞]

マーカー遺伝子の例
○ ネオマイシン（G418，ジェネテシン）耐性遺伝子
○ ecogpt遺伝子
○ ヒスチジノール耐性遺伝子

## ■ 変異剤を使ったランダム変異の導入

ノックアウト技術にかかる労力を回避する方法に，変異原を使う網羅的変異解析がある．エチルニトロソウレアは化学変異で，雄マウスに投与するとランダムに変異をもつ精子が産生され，このマウスを父親にして生まれたマウスには，ランダムなヘテロの変異が入るが，優性変異の場合は形質に現れる．劣性変異の場合は処理マウスの子をもとに交配し，変異がホモになって異常な形質が現れるものを捜す．この方法は多くの変異を扱うことはできるが，膨大な労力を払って個体レベルの遺伝解析を行わないと，変異と表現型を結び付けられないという欠点がある．

## ■ 遺伝子トラップ法

図4のようなスプライシング受容部位を含むトラップ用ベクターをES細胞に導入し，遺伝子内部に入れると，スプライシングの結果，マーカー遺伝子が個々の細胞特異的な当該mRNAと連結されて発現し，またある頻度で遺伝子破壊も起こる．破壊された遺伝子の代わりのマーカーが発現することから，この方法はトラップ（捕まえる）といわれる．次にES細胞から個体を作製して表現型とマーカーの発現を解析し，最後にベクター配列をもとに遺伝子を単離・同定することで，変異表現型にかかわる候補遺伝子が明らかになる．上述の方法と比べると遺伝子同定までの時間は短縮できるが，大量解析には向かない．

■ 図2　ノックアウト（KO）マウスの作り方

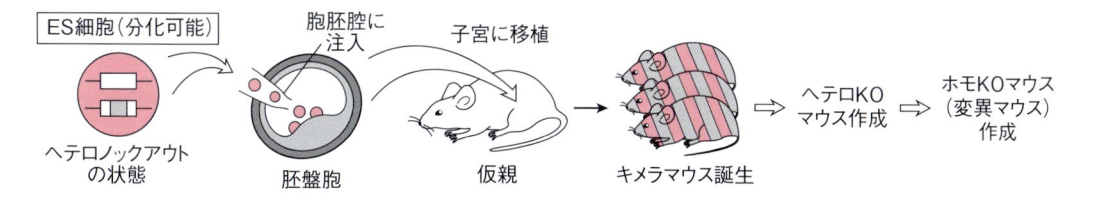

■ 図3　Cre-*loxP* システムの原理

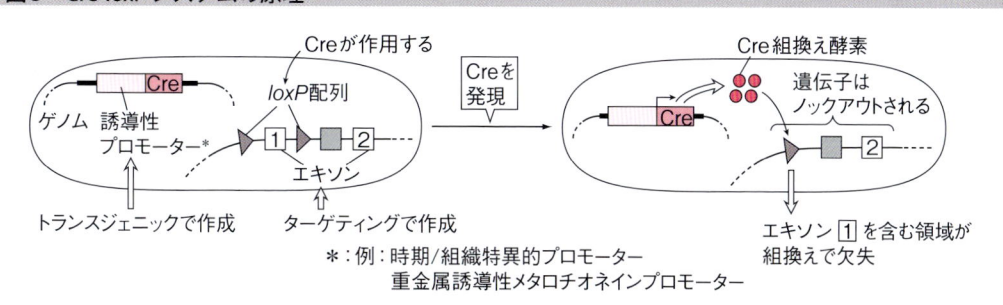

■ 図4　遺伝子トラップ法

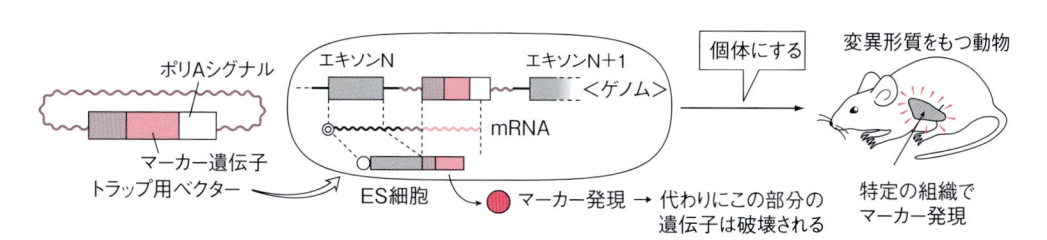

# 7-9 ヒト人工染色体

哺乳類細胞内でゲノムレベルの巨大 DNA を安定に維持させるベクターとして，ヒト人工染色体（HAC）がボトムアップ方式やトップダウン方式で開発されている．ゲノムに影響を与えない HAC は，細胞や遺伝子を治療・改変する手段として注目されている．

## ■ HAC（ヒト人工染色体）ベクターとは

巨大なゲノム遺伝子を組み込めるベクターはすでに 4-3 で簡単に触れたが，ここでは哺乳類細胞で使えるベクターについて述べる．動物細胞には巨大 DNA を組み込める安定なプラスミドはなく，ベクターにできる可能性は，染色体維持に必須な ori（注：ori は 100kb に 1 個程度は存在する），セントロメア，テロメアをもたせた哺乳類人工染色体（MAC）に絞られる．MAC の開発はもっぱらヒトを目標にしたヒト人工染色体（HAC）に絞られる．もしヒト細胞の中で HAC が安定に維持され，そこに必要な遺伝子を挿入して発現させることができれば，細胞の性質を修飾させるなど，さまざまな応用が可能になる．

## ■ ベクターのつくり方

HAC 作製には三つのアプローチがある．

（1）トップダウン方式：既存染色体から特異的な部分を除いてミニ染色体を作製する方法である．一つの方法として，組換え能の高いトリ細胞を利用して染色体の特異的な部分を削るとともに人工テロメアと組換え配列の loxP を導入し，次に目的遺伝子を Cre-loxP システムや他の相同組換えシステムなどでベクターに挿入し，最後にそれを目的細胞に入れるというもので，21 番染色体をもとにした作製例がある．

（2）ボトムアップ方式：必須な要素 DNA を集めて染色体を再構築する方法である．一つ

### ■ 図1　巨大 DNA 用のベクター

| 大腸菌用 | コスミド*，BAC[①]，PAC[②]，フォスミド |
|---|---|
| 酵母用 | YAC[③] |
| 哺乳類用（ヒト用） | MAC[④]（HAC） |

*：20～30kbp の DNA のみ可能
①細菌人工染色体（F 因子を利用）
②P1 人工染色体（P1 ファージを利用）
③酵母人工染色体（酵母の ARS を利用）
④哺乳類人工染色体（ゲノム中の ori を利用）

### ■ 図2　HAC（ヒト人工染色体）作製の概要

(a) トップダウン方式（例）
(b) ボトムアップ方式（例）
(c) 自然断片利用法

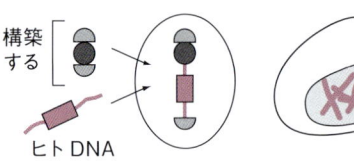

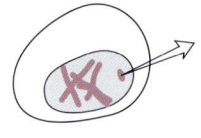

注）いずれの場合も ori は用いた巨大 DNA に含まれることが多い

は，テロメアとセントロメアを連結したものをヒトDNAとともに細胞に入れ，細胞内組換え反応を使って作製する方法がある．ほかに，まずYACで基本形をつくり，それをヒト細胞に入れてDNAを取り込ませて，HACとして存続する細胞を得る方法もある（注：テロメアは外来DNA末端に付着する）．

（3）自然断片利用方式：ヒト（あるいは患者の）染色体由来の断片を利用するものである．ただHACベクターは，作製に関する再現性があって構造も明らかになっている必要があるの で，①や②の方式が主流である．

## ■ ヒトへの応用

遺伝子治療で用いたウイルスベクターがゲノムに組み込まれたことが原因で，白血病が発症したという事例があり，非ウイルス性で非組込み性の安定なベクターの必要性がHACの開発を加速したという経緯があった．従ってHAC最大のメリットは，「ゲノムに組み込まれず，宿主遺伝子に影響せず，安定に存続する」点にある．HACはゲノム遺伝子といった染色体レベルの巨大DNAも組み込むことができるうえ，コピー数が比較的少ない状態で細胞内で維持されうる．以上の状況から，HACは遺伝子治療における *ex vivo* 用のベクターとして期待されている．これに加え，HACは細胞治療の道具やiPS細胞に適用させて再生医療に応用させるための道具，さらには動物個体を染色体規模で改変させてヒト型動物（例：ヒト抗体作製マウス）をつくる道具になる可能性もある．

> **コラム：微小核細胞融合法**
>
> 細胞内で作製した巨大なHACベクターを目的細胞に導入するための方法．細胞をコルセミドで処理し，染色体の脱凝縮と核膜の再形成を誘起して染色体を含む微小核をつくらせる．次にサイトカラシンB処理で脱核させた後，微小核を回収し，最後に細胞融合法によってそれを目的細胞と融合させることによってHACベクターを細胞に導入する．

■ 図3　微小核細胞融合法による染色体の細胞導入

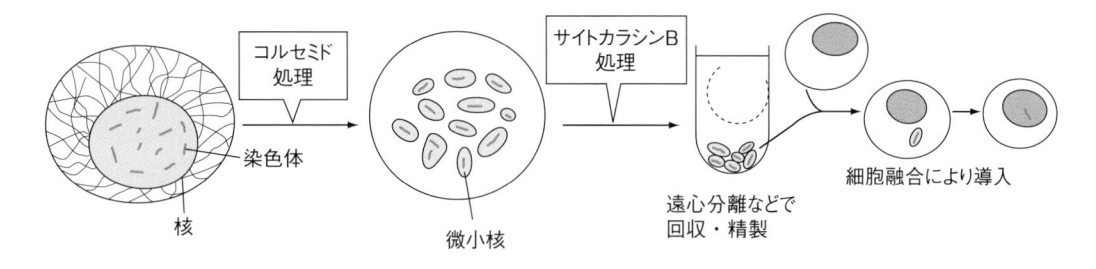

■ 図4　HACの利点，可能性

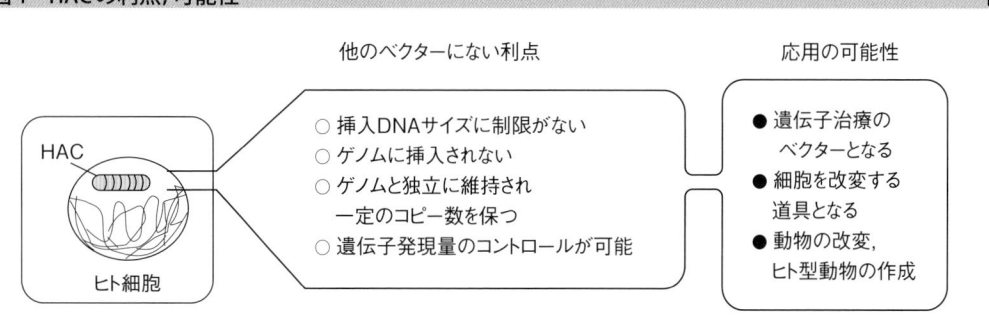

# 7章発展

# 哺乳動物以外を対象にする

遺伝子を改変した動物の作製や，個体レベルの変異処理は哺乳動物に限ったものではない．魚類，昆虫，線形動物での遺伝解析もマウスと同等，あるいはそれ以上に進んでいる．

## ◆ ショウジョウバエ

ショウジョウバエ（キイロショウジョウバエ）は3mmほどの小型のハエで，染色体が4本と少ない．多数の突然変異体が知られており，簡単な装置と餌で大量に飼え，孵化から11日で成虫になり，すぐに交配できる．遺伝子操作もP因子というDNAトランスポゾンで簡単にできる．半数以上の遺伝子がヒトの遺伝子と相同であり，ヒトの遺伝子研究への応用もできる．

## ◆ センチュウ

研究で使われるセンチュウ（線虫）（英語の呼び名はネマトーダ）は1mm程度の線状の虫で，S.ブレンナー（2002年，ノーベル生理学・医学賞）により使われて以来，発生，細胞死，寿命などの研究で広く使われている．大腸菌をエサに飼育できる．自家受精で300個ほどの卵を生み，世代時間が3日と短く，大量の個体を扱え，しかも凍結保存できる．約1000個の細胞の系譜がすべてわかっており，体が透明なので生きたまま発生を観察できる．筋肉，神経，生殖器などの分化研究のよいモデルになる．プラスミドをもつ大腸菌を食べさせたり，培地にsiRNAを加えたりして，核酸の導入が容易にできる．

## ◆ ゼブラフィッシュ

小型の淡水魚で，縦縞模様があることからこうよばれる．メスからの卵が数日に1回の頻度で得られ，約2.5日で発生が完了する．寿命は50日程度，胚が透明で発生の観察が容易なため，脊椎動物の発生・形態形成の研究で用いられる．トランスポゾンを使ったDNA導入や，化学変異剤処理による突然変異体作製が容易で，ヒトの疾患モデルとしても重視されている．

■ 図1　P因子を使ってショウジョウバエにDNAを導入する ■

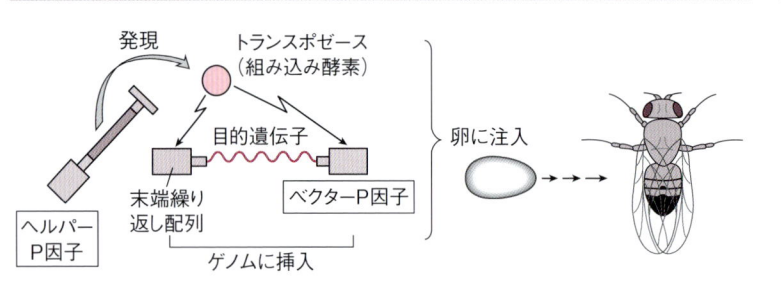

■ 図2　センチュウの培養 ■

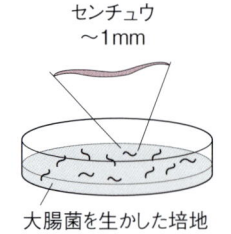

■ 図3　脊椎動物発生のモデル動物：ゼブラフィッシュ ■

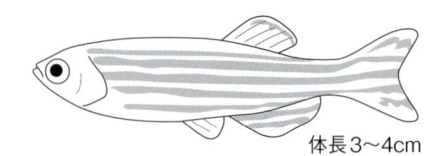

# 8章

# 医療における生命工学の利用

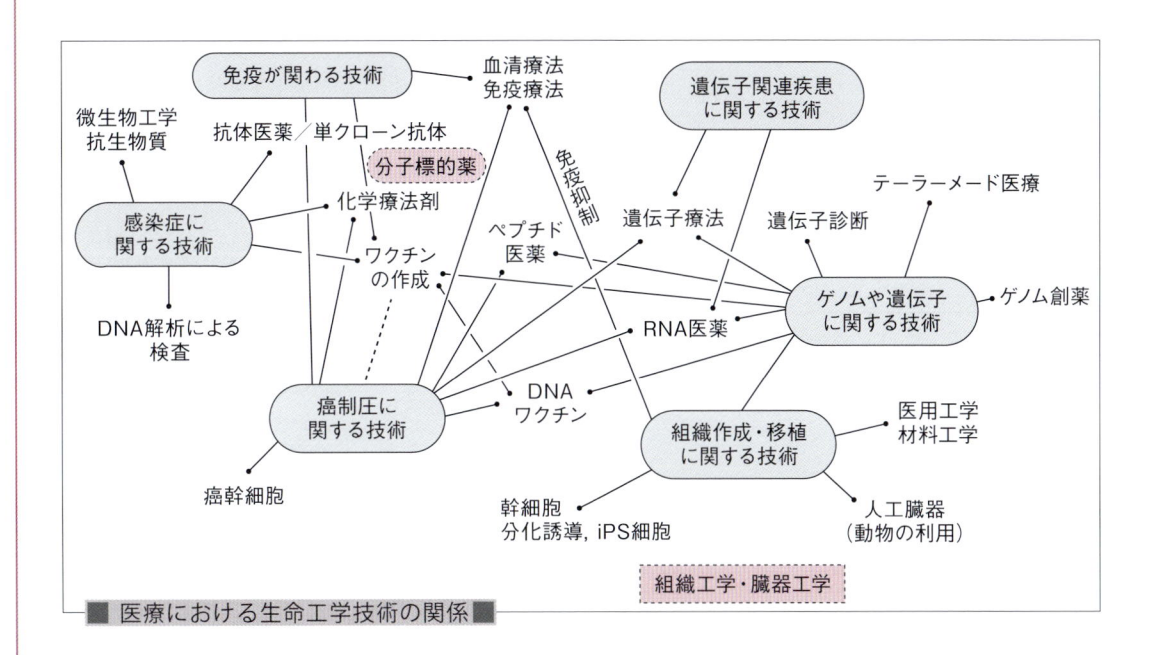

■ 医療における生命工学技術の関係 ■

　人間の健康や病気への対処にも生命工学がさまざまな形で使われているが，古典的にはワクチンや血清療法を中心とした免疫療法や，ペニシリンに端を発した抗生物質の発見とそれを用いた化学療法の発展があった．現在の生命工学における医療分野での応用例の一つに，遺伝子工学を取り入れた遺伝子治療や，病因を遺伝子から明らかにしようという遺伝情報の解析に基づく遺伝子診断，個人の遺伝的背景に応じた医療として現在準備されているテーラーメード医療などがある．生命工学によってタンパク質医薬やペプチド医薬，RNA医薬など，これまでになかった医薬が開発されており，さらに，特定の分子標的をもった化学物質や抗体が医薬としても使われている．

　ヒトの疾患を細胞や組織のレベルで治療する試みは，移植医療，再生医療として進められつつある．移植に用いる組織を作製する試みは，最初，多分化能をもつES細胞の樹立から始まった．しかしES細胞にさまざまな問題があることがわかり，現在ではiPS細胞がとって代わっている．自身の細胞からつくったiPS細胞が，治療に供される日もそう遠くないかもしれない．移植する組織の状態を本来の組織形態にする技術は別の次元の問題で，比較的単純な構成の組織であれば立体的な組織をつくることも可能になっているが，複雑な内臓などの臓器の再生は現段階ではまだできない．このための一つの対応として，人工的な素材を用いて，組織や臓器の一部や全部を代替する人工臓器があり，一時的に体外で使用するものや体内に埋め込んで持続的に使用するものなど，すでに多くの分野で用いられている．

## 8-1 感染症防御にかかわる古典的バイオ技術

ヒトの健康維持や医療にかかわる生命工学の歴史は古く，とりわけ近代になって開発されたワクチンによる感染症予防と，カビや細菌から発見された抗生物質は寿命延長に決定的な役割を果たした．ただ抗生物質耐性菌の出現には充分注意しなくてはならない．

ヒトの寿命が近年飛躍的に伸びた主な理由は感染症死の低下だが，これにはワクチンと抗生物質の寄与が大きい．

### ■ ワクチンによる予防接種

麻疹（はしか）にかかると二度とかからないこと，つまり免疫が得られることを人間は経験的に知っており，これを利用し，毒力を弱めた病原体などを接種して人為的に抵抗力を付ける措置が行われてきた．このように免疫を得るために予防的に接種されるものをワクチンといい，生ワクチン（弱毒性病原体）と不活化ワクチン（殺した病原体，病原体成分，不活化毒素［トキソイド］）がある．この技術は免疫工学の一つで，歴史的には痘瘡の予防に使ったジェンナーの種痘が最初である．現在でもワクチンは，感染力が強く予後が深刻な感染症や，特効薬のないウイルス感染症などの予防には重要である．病原体が増える生ワクチンは効力は高いが，稀に当該感染症を起こす場合がある．

### ■ 抗生物質

微生物の増殖を抑える化学療法剤（⇨ 化学物質として合成された薬）には，古くはサルファ剤やプロントジル（ドマーク，1947年，ノーベル生理学・医学賞）などがあったが，特効薬的に効くものではなかった．このような中，フ

---

**コラム：ウイルスに効くインターフェロン**

動物細胞はウイルスの増殖を阻止するタンパク質であるインターフェロンをつくる．γインターフェロンはウイルスによって起こるC型肝炎やB型肝炎（いわゆる血清肝炎）に効果がある．

---

■ 図1　感染症予防で使用されるワクチン ■

| | 疾患 | ワクチン |
|---|---|---|
| 細菌感染症 | ジフテリア | トキソイド |
| | 百日ぜき | 成分ワクチン |
| | 破傷風 | トキソイド |
| | 結核 | BCG（生ワクチン：弱毒株） |
| ウイルス感染症 | ポリオ | 不活化ワクチン§ |
| | はしか | 弱毒生ワクチン |
| | 水痘 | 弱毒生ワクチン |
| | 日本脳炎 | 不活化ワクチン |
| | インフルエンザ | 不活化ワクチン |
| | おたふくかぜ | 弱毒生ワクチン |
| | B型肝炎 | 成分ワクチン |
| | 狂犬病 | 不活化ワクチン |

§：2012年より，生ワクチンから切り替えられた．

■ 図2　ワクチンの原理 ■

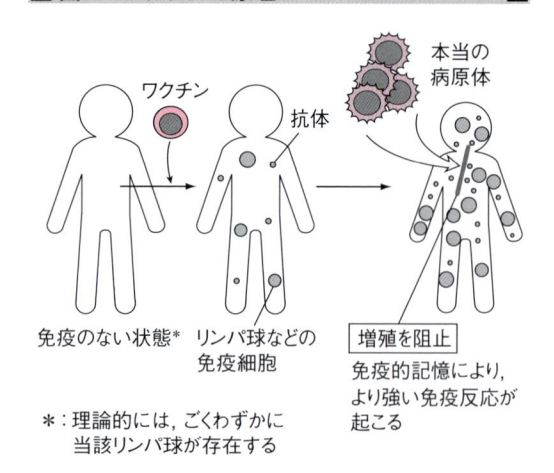

免疫のない状態＊　→　リンパ球などの免疫細胞　→　増殖を阻止／免疫的記憶により，より強い免疫反応が起こる

＊：理論的には，ごくわずかに当該リンパ球が存在する

レミングは青カビから多くの細菌に劇的に効くペニシリンを発見し，その後ワックスマンは放線菌という細菌類の一種から結核菌に効くストレプトマイシンを発見した（それぞれ1945年，1952年，ノーベル生理学・医学賞受賞）．このように，生物がつくり，他の生物（主に細菌）の増殖を抑えるものを抗生物質という．抗生物質は手術後の化膿死や戦場での感染症死などを劇的に減らし，人類の健康に多大な貢献を果たした．現在までに，作用機構も，効く細菌種（⇨抗菌スペクトル）も多様な多くの抗生物質が開発されており，中には真菌や動物細胞，ウイルスや癌に効くものもある．現在，抗生物質は代謝工学的に改良された生産菌を培養工学的な培養装置で培養して生産されているが，あるものは化学合成されている（⇨ つまり化学療法剤との厳密な区別はない）．遺伝子組換え実験では選択薬剤として汎用される．

### ■ 図3　ペニシリンの発見 ■

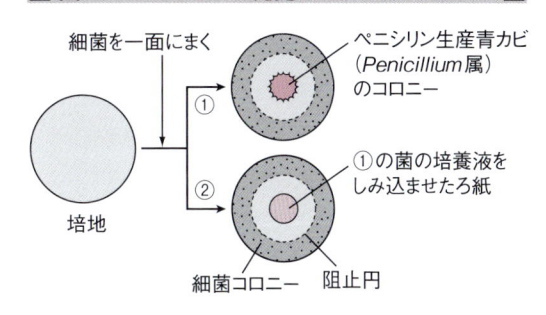

### ■ 図4　主な抗生物質 ■

| 合成阻害 | 細胞壁 | βラクタム系 | ペニシリン系 | ペニシリン<br>ペニシリンG<br>アンピシリン |
|---|---|---|---|---|
| | | | セフェム系 | セファロスポリン |
| | | その他 | ホスホマイシン | ホスホマイシン |
| | | | グリコペプチド系 | バンコマイシン |
| | 核酸合成阻害 | DNA | キノロン・ニューキノロン系 | ナリジクス酸 |
| | | RNA | リファンピシン | リファンピシン |
| | 細胞膜傷害 | | 環状ペプチド系 | ポリミキシンB<br>コリスチン |
| | タンパク質合成阻害 | | アミノ配糖体系 | ストレプトマイシン<br>カナマイシン<br>ゲンタマイシン |
| | | | テトラサイクリン系 | テトラサイクリン<br>ドキシサイクリン |
| | | | マイクロライド系 | エリスロマイシン |
| | | | クロラムフェニコール | クロラムフェニコール |

### コラム：抗生物質耐性菌の問題

抗生物質耐性菌の出現が近年増えている．耐性獲得は細菌が耐性プラスミド（R因子）をもつことで起こり，プラスミドの伝達でさらに拡大する．医療現場や畜産／養魚では，それぞれ治療や感染症予防のために抗生物質が大量に使われるが，これが耐性菌増加の一因とされている．このため耐性菌撲滅のために新しい薬剤を発見しても，すぐ新たな耐性菌が出現するというイタチごっこが続いている．耐性遺伝子がトランスポゾンによって他の耐性プラスミドに移ると多剤耐性菌が出現する．このような菌が健康弱者に感染すると，毒力の弱い細菌であっても治療ができなくて死亡するケースがある．

### ■ 図5　院内感染の原因の一つは多剤耐性菌 ■

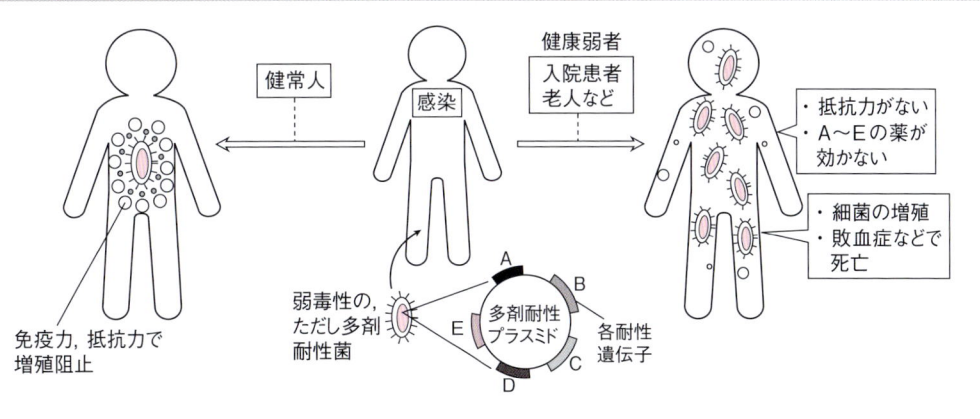

## 8-2 遺伝子治療

遺伝子欠陥などによる疾患を，疾患原因遺伝子，それに関連する遺伝子，細胞の生死にかかわる遺伝子などを用いて治療する戦略を遺伝子治療という．物理的方法やウイルスベクターによって遺伝子を成体組織に導入するが，効果やリスクの面でまだ多くの改良の余地がある．

### ■ 遺伝子治療

遺伝子に起因する疾患を原因遺伝子から治す遺伝子治療（遺伝子療法）という発想がある．導入した遺伝子がつくるタンパク質で欠陥を補うという主旨だが，癌細胞治療では細胞の増殖抑制や死滅という方向の戦略もある．導入したDNAがゲノムに組み込まれる場合とそうでない（やがて消滅する）場合があり，前者は継続的な効果が期待できる．導入物質がDNAでなく，抑制性RNAを使って遺伝子発現を抑えるといったRNA工学を介した戦略も遺伝子治療の一つである．

### ■ 遺伝子導入法と ex vivo 法

遺伝子を患部へ物理的（電子銃や電気穿孔法），あるいはリポフェクションで導入する方法もあるが，効率的に導入するためにはウイルスベクターを使う．アデノウイルス，アデノ随伴ウイルス，レトロウイルスなどが使われるが，それぞれ利点と欠点がある．後者二つはDNAがゲノムに組み込まれる．ベクターによる事故を防ぐため，「増殖性をなくす」は厳守されている．個体に直接に措置を施す in vivo 法のほか，取り出した組織由来の細胞を培養し，DNA導入後に生体に戻す ex vivo 法という方法もある（⇨ リンパ球を対象にする場合の常套手段）．

### ■ 遺伝子治療の対象疾患と実施例

遺伝子治療の対象になる疾患は癌が圧倒的に多く，ほかには単一遺伝性疾患（いわゆる典型的な遺伝病），感染症，心・血管疾患などがある．はじめての遺伝子治療は，遺伝病である重症複合型免疫不全症（SCID）の一つのADA（アデノシンデアミナーゼ）欠損症について行われ

■ 図1　遺伝子治療の方法 ■

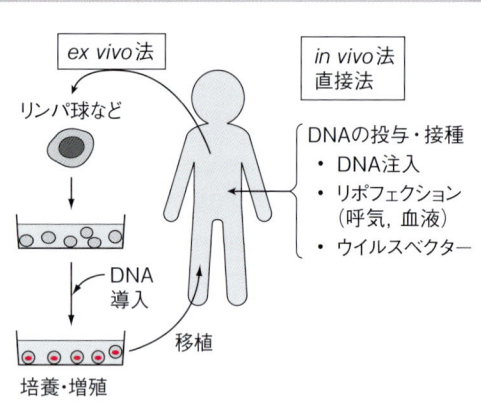

■ 図2　遺伝子銃によるDNA導入 ■

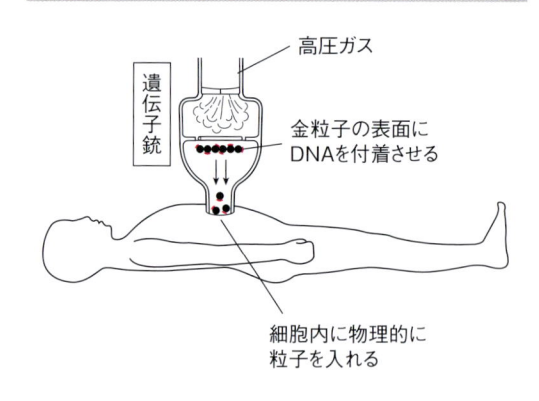

た．この遺伝子は主にリンパ球で発現して感染症防御に関与する．患者から取り出したリンパ球に *ex vivo* で ADA 遺伝子を導入し，その後患者に戻すという措置がとられた．リンパ球に寿命があるために ADA の発現は一過的にしか起こらないが，疾患改善効果はみられた．癌の遺伝子治療は，癌抑制遺伝子の高発現といった直接的な効果を期待するものが多いが，免疫能を向上させる IL-2 などのサイトカインや，癌細胞を攻撃するインターフェロンの高発現といった間接的方法もある．

## ■ 遺伝子治療の問題点

遺伝子治療は 1990 年，日本では 1995 年，ともに ADA 遺伝子による治療を対象に，夢の治療法としてデビューした．しかしヒトでは配偶子や胚を介した遺伝子導入が禁じられているため，全身レベルの治療はできない．また遺伝子発現制御が困難で，遺伝子導入細胞の比率も低く，概して治療実績もさほど芳しくなく，加えて DNA のゲノムへの組込みにより細胞が癌化するといったリスクも未解決のままなので，客観的に見れば遺伝子治療はまだ不完全な技術といわざるをえない．このような状況の中，最近ではより機動的で信頼性の高い，分子標的薬の開発に力が注がれている．

### コラム：細胞溶解性ウイルス

細胞を殺すウイルス（例：アデノウイルス，ヘルペスウイルス）の遺伝子発現制御機構を変えたウイルスを，癌細胞特異的に感染させて癌細胞を殺すという手法も，広い意味では遺伝子治療である．

■ 図3　ウイルスベクターの特徴

|  | アデノウイルス | アデノ随伴ウイルス | レトロウイルス |
|---|---|---|---|
| 利点 | ・細胞を選ばない<br>・大きな DNA を扱える | ・細胞を選ばない<br>・ゲノムの特定部位に安定に挿入 | ・ゲノムに数コピー安定に挿入 |
| 欠点 | ・ゲノムにランダムに DNA が挿入する | ・大きな DNA を扱いにくい | ・感受性のある特定細胞（例：リンパ球）のみに感染 |

■ 図5　実施された疾患と遺伝子の例

| 疾病のカテゴリー | 例，導入遺伝子 |
|---|---|
| 癌 | 組織適合抗原，自殺遺伝子，癌抑制遺伝子（p53 など），IL-2 |
| 単一遺伝子疾患 | SCID における ADA 遺伝子，血液凝固IX因子 |
| 感染症 | AIDS（エイズ） |
| その他の疾患 | リウマチ，アテローム硬化症<br>神経変性疾患（パーキンソン病など） |

■ 図4　ウイルスベクターの特徴（レトロウイルスの例）

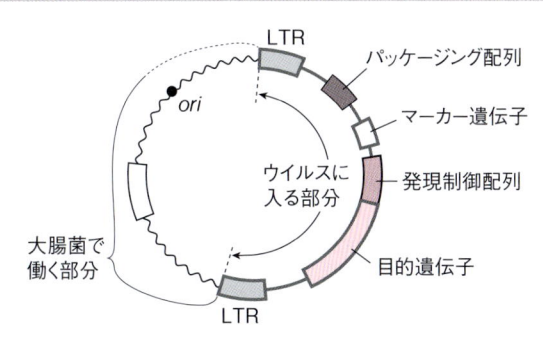

ウイルスタンパク質を発現している（ただしウイルスにはならない）
動物細胞内で使うと，LTR 間の DNA でパッケージング配列をもつ DNA が増殖のないウイルス粒子に取り込まれるので，そのウイルスを使用する．

## 8-3 ゲノム情報に基づく医療

> ヒトゲノムの多型解析（個人識別）はマイクロサテライトDNAなどを使って解析され，病因遺伝子の探索にはSNP解析という方法がある．病気遺伝子や病原体が既知ならDNAレベルで決定でき，全ゲノム構造がわかればテーラーメード医療も可能となるだろう．

### ■ DNA多型分析

ゲノム配列は個人間でわずかに異なるが，繰り返し配列などではとりわけ隔たり（⇨多型という）が大きい．多型検出の究極の方法は全ゲノム配列解析だがまだ一般的でなく，通常は指標となるDNA配列（多型マーカー，DNAマーカー）に焦点を当ててPCRを行い，その産物を電気泳動分析する方法がとられる．個人の多型解析（DNA鑑定）では主に血縁で変化しやすく正確な断片解析ができるマイクロサテライトDNAが使われ，多数のマーカーの組合せによって理論上はすべての個人の識別が可能である．目的によっては超可変性のミニサテライトDNAや母性遺伝するミトコンドリアDNAが使われることもある．

### ■ ゲノム情報による病気遺伝子の検索

特定疾患が特定遺伝子によることを示すには，原因遺伝子の同定が必要である．大部分の典型的な一遺伝子病の原因遺伝子はすでに同定されているが，糖尿病，高血圧，肥満などの生活習慣病，癌，ある種の精神神経疾患や免疫関連疾患，そして老化などは，多数の遺伝子が関与する多因子疾患であり，原因遺伝子の全貌はまだ不明である．このような疾患で原因遺伝子を検索する方法に一塩基多型（SNP）解析がある．疾患群と対照群を対象に，さまざまなDNAマーカーを使った塩基配列レベルの分析によって，有意な確率（数%以上）で疾患群に共通の変異が見つかる場合SNPと判断し，疾患遺伝子の候補とする．

### ■ DNA診断

ある病気の関連遺伝子とそれを検出するためのDNAマーカーがわかれば，マーカーを指標としてDNA診断ができる．必要に応じて塩基

■ 図1　DNA検査による個人識別のやり方

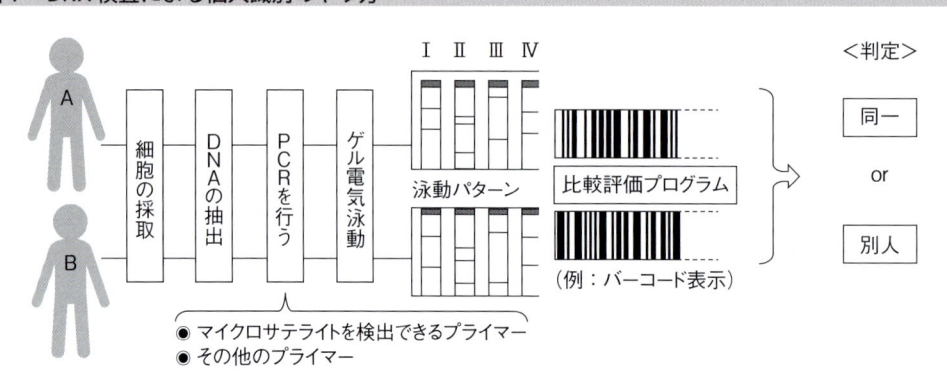

配列分析を行い，遺伝子産物がつくられないような変異であればその遺伝子がその病気の原因と判断される．DNA診断は病原体同定にも使われる．これまでは患者検体から細菌類や菌類を純粋培養で分離し，菌の形状や性状，抗原性などから菌種を決定したり，ウイルスの場合は患部から試料（＝ウイルス）を採取し，免疫反応などでチェックしていたが，いずれも迅速性，感度，機動性の点で問題があった．しかし型別決定用プライマーを使ってPCRを行えば，微量試料からでも短時間で病原体を同定することができる．RNAウイルスの場合はRT-PCRを行う．

### ■ 個人ゲノム情報とテーラーメード医療

現在は，多因子疾患の治療でも一般的な治療法が採用されている．しかし原因遺伝子はおそらく個々で異なるので，原因遺伝子がわかればおのずとより有効な治療方針がとれるはずである．また，ゲノム情報があれば個々における疾患予測も可能になり，生活習慣改善の方針を立てやすい．このような意味から，個人に応じた医療「テーラーメード医療（オーダーメード医療）」の必要性が論じられている．このためには個人ゲノム情報と最新のゲノム医学情報の融合が不可欠だが，ゲノム解析は高価でまだあまり一般的ではないが，具体的な運用のためには次世代シークエンサーの普及による安価なゲノム解析が不可欠となる．現在この実現に向け，「1000ドルゲノム」という目標が立てられている．

■ 図2　SNPを用いた病気遺伝子検索

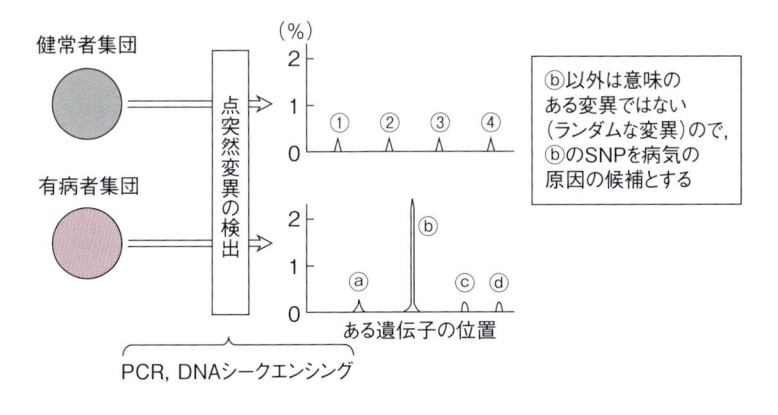

ⓑ以外は意味のある変異ではない（ランダムな変異）ので，ⓑのSNPを病気の原因の候補とする

■ 図3　DNA診断

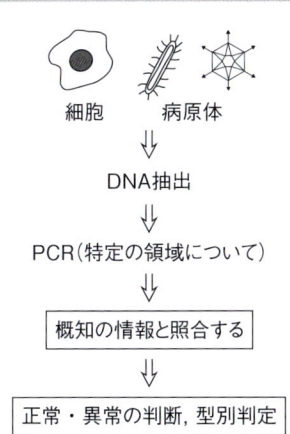

細胞　病原体
⇩
DNA抽出
⇩
PCR（特定の領域について）
⇩
概知の情報と照合する
⇩
正常・異常の判断，型別判定

■ 図4　テーラーメード医療に向けて

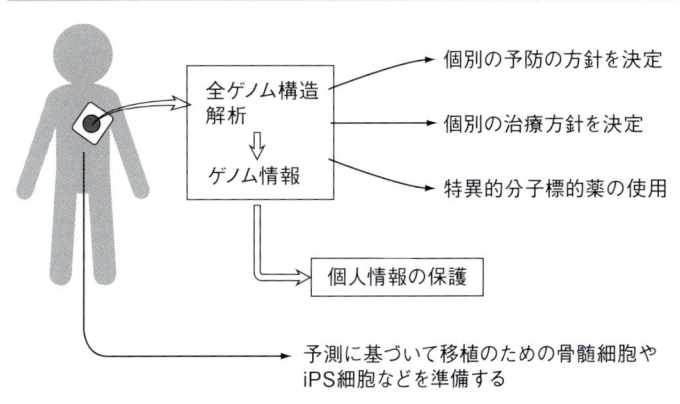

全ゲノム構造解析
⇩
ゲノム情報

→ 個別の予防の方針を決定
→ 個別の治療方針を決定
→ 特異的分子標的薬の使用
→ 個人情報の保護
→ 予測に基づいて移植のための骨髄細胞やiPS細胞などを準備する

## 8-4 生命工学と創薬の融合

現在の医薬には生命工学技術を取り入れた遺伝子工学に基づくタンパク質薬，ペプチド医薬，RNA医薬，さらには薬の効く対象を絞ってつくる低分子化合物や抗体医薬などの分子標的薬がある．ゲノム情報をもとに行う創薬はテーラーメード医療にとって必須である．

### ■ 医薬の原点から新薬開発まで

治療や症状緩和のために投与される物質を薬あるいは医薬といい，昔は動植物の組織や抽出液などが使われてきたが，これも生物を利用するという意味では生物工学の一つである．近代以降は化学療法剤や抗生物質が開発されたが，現在は生命工学によってつくられた多くの新薬が使われている．

### ■ 遺伝子組換え医薬

医薬となるタンパク質の遺伝子（cDNA）を大腸菌やそれ以外の細胞，あるいは動植物個体（⇨ 生物工場）に導入し，大量にタンパク質をつくらせる．遺伝子に変異を導入して付加価値（例：体内での安定性）の高いものをつくることもできる．疾患に直接効果をもつホルモン，インターフェロン，増殖因子，血液タンパク質，血液凝固因子，血栓溶解因子，酵素阻害剤などのほか，間接的作用をもつ抗体やワクチン（⇨ 病原体の成分）なども遺伝子工学的手法でつくられる．組換えタンパク質はウイルスなどの混入がなく，副作用の不安がないヒト遺伝子構造をもつものもつくれるが，このことはタンパク質を医薬に利用する場合に重要である．

### コラム：ペプチド医薬

ペプチドは薬としての利用価値が高く，生理活性ペプチド（例：ナトリウム利尿ペプチド）は比較的歴史がある．現在では，癌の分子標的薬としての抗癌性ペプチドのほか，ペプチドワクチン，酵素阻害剤，自然免疫の原理を応用した抗菌性ペプチド（注：ある種の抗生物質はペプチドである）など，多様なペプチド薬が利用されている．

### ■ 図1　遺伝子組換え医薬の例

| | |
|---|---|
| ホルモン | インシュリン，ソマトトロピン，グルカゴン |
| 生理活性物質 | 心房性Na利尿ペプチド，G-CSF，EGF，トロンボポエチン |
| インターロイキン | IL-2, -3, -11 |
| インターフェロン | IF-$\alpha$，IF-$\beta$，IF-$\gamma$ |
| ワクチン | B型肝炎ウイルス，肺炎球菌 |
| 血液関連 | エリスロポエチン，プラスミノーゲンアクチベーター，アルブミン，第VIII因子，ウロキナーゼ |
| その他 | $\alpha$1アンチトリプシン，TNF，DNase I |

## ■ 分子標的薬

特定の分子に直接作用する薬を分子標的薬という．対象となる疾患は癌が多いが，関節リウマチやクローン病などの疾患にも使用されて効果を上げている．従来のような一般的細胞増殖抑制剤に比べて副作用が比較的少ない．物質としては低分子化合物と単クローン抗体の2種類があり，ゲノム創薬的な面もある．低分子化合物にはチロシンキナーゼ阻害剤を中心とするキナーゼ阻害剤（語尾にニブ [-nib] と付く．例：肺癌治療薬のイレッサ），TNF-α阻害剤などがある．抗体薬に関しては8-5で解説する．

**コラム：RNA 医薬**

RNA も医薬になる．分子標的薬と類似の概念でRNAの結合性を利用し，RNA抗体として使用できるほか，細胞内に取り込ませ，RNA抑制活性を利用する遺伝子療法剤としても使える．

## ■ ゲノム創薬

疾患の原因遺伝子やその結果としてつくられる不都合なタンパク質の遺伝子をゲノム解析で明らかにし，それをもとに標的タンパク質に作用させる（例：結合して不活化する）分子をコンピューターで予測し，創薬する取り組みをゲノム創薬といい，癌や生活習慣病などでの応用が期待されている．作製される物質は低分子化合物以外にもペプチド，RNAなどがある．これまでの薬のように偶然発見されるものと違い，短時間でつくることができ，標的が明確なために副作用を少なくできる可能性がある．コスト面の軽減が可能なので比較的患者数が少ない疾患にも適用でき，とりわけテーラーメード医療には必須の手段である．

### ■ 図2　分子標的薬の概要

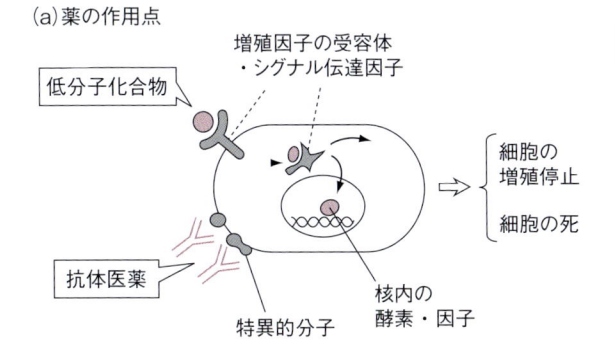

(a) 薬の作用点

- 低分子化合物
- 増殖因子の受容体・シグナル伝達因子
- 抗体医薬
- 特異的分子
- 核内の酵素・因子
- → 細胞の増殖停止／細胞の死

(b) 一般の化学療法薬との比較

| 分子標的薬 | 化学療法薬 |
| --- | --- |
| ・標的を選択して作製 | ・はじめは標的は不要 |
| ・in vitro で検索し，in silico# で選択する | ・単なる細胞死効果のみで選択する |
| ・特異性が高く，副作用は少ない | ・正常細胞にも毒性があるので，副作用は前提 |

# *in silico*：コンピューターを用いて解析すること．

### ■ 図3　分子標的薬の例

A 低分子化合物
- チロシンキナーゼ阻害剤………イマニチブ，ゲフィニチブ（イレッサ）
- TNF-α阻害剤　　　………エタネルセプト
- Rafキナーゼ阻害剤　………ソラフェニブ

B 抗体医薬
- キメラ抗体………リツキシマブ，インフリキシマブ
- ヒト化抗体………トシリズマブ，ベバシズマブ
- ヒト型抗体………アダリムマブ

## 8-5 免疫工学と抗体医薬

> 免疫にかかわる技術を免疫工学といい，抗原作製，抗体作製（抗体工学という），それらを医薬や物質解析／測定へと応用する技術を含む．最初の抗体医薬は抗血清であったが，最近ではハイブリドーマから副作用の少ない優れた抗体医薬が多数つくられている．

### ■ 免疫工学とは

免疫にかかわるさまざまな技術を免疫工学といい，抗原作製，抗体作製，医薬利用，それらを使った物質解析などがある．抗原作製では遺伝子工学，ペプチド工学，糖鎖工学などが利用され，ワクチン製造もここに含まれる．多クローン抗体でも単クローン抗体（7-3）でも，その作製技術はほぼ確立されている．単クローン抗体はタンパク質の特異的検出試薬として，生体中では特定分子と結合する分子標的薬として利用される．医療現場での抗体による抗原測定は，以前は放射免疫測定が行われていたが，現在はエライザ法（7-3）が中心となっている．

### ■ DNAワクチン

DNA導入でつくられたタンパク質を体内で異物（＝抗原）として働かせ，体内で自発的に免疫をつくり出そうとさせる，遺伝子治療的発想である．従来のワクチンに比べ，DNA構造の改変だけで抗原に即時に対応でき，免疫に要する総期間を短縮でき（⇨ しかもCpG配列にはアジュバント［免疫増強］効果がある），できたタンパク質が本来の構造をとって効率的な免疫原性が出ると期待される．動物では実用研究が進んでいる．

### ■ 古典的抗体医薬：抗血清

免疫工学の中心に，治療に使う抗体の作製がある．多クローン抗体を含む血清（抗血清）を使う古典的治療法に血清療法がある．毒素や病原体を動物に注射して抗体をつくらせ，その動物の血清や精製γグロブリンをヒトに注射して使用する．血清療法は歴史的には北里柴三郎と

**■ 図1 免疫工学の扱う領域**

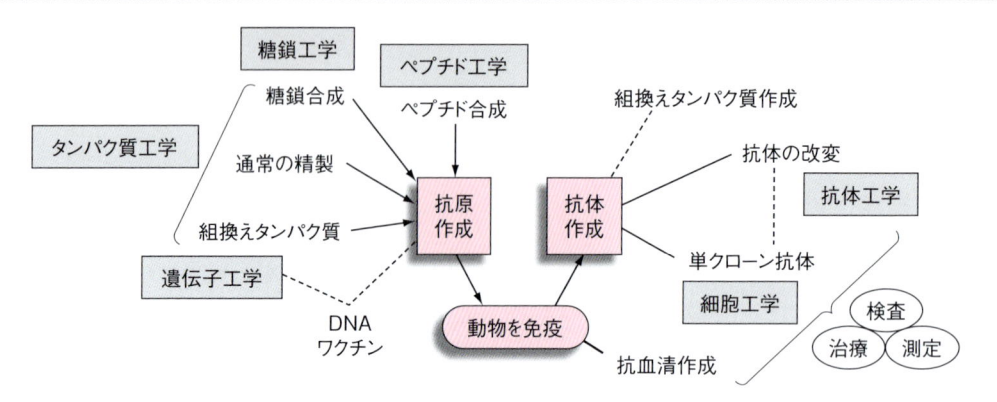

ベーリングによる破傷風とジフテリアの抗毒素血清から始まり（ベーリング，1901 年，ノーベル生理学・医学賞），現在でも重篤な毒素疾患や有効な治療法のない疾患（例：蛇毒中毒，狂犬病，ガス壊疽）では唯一の治療法となっているが，下記コラムのような問題がある．

### ■ 抗体工学と薬としての単クローン抗体

抗体分子を改変して新たな分子を作製する技術を抗体工学という．その中心は抗体医薬としての単クローン抗体作製で，分子標的薬としてすでに多くの疾患で実用化されている．ただ基本的な単クローン抗体はマウスタンパク質なので抗血清と同じく副作用が強く，医療には使われない．ヒトに使う場合はマウスハイブリドーマを基本とし，そこにヒトの抗体 DNA の一部を入れ，組換えを起こさせて新しい抗体遺伝子をゲノムに構築させる．抗体の定常領域，あるいはそれに加えて可変領域の一部（超可変部）だけを残してヒト型の配列にしたものはそれぞれキメラ抗体，ヒト（型）化抗体といい（⇨ 製品の語尾にマブ -mab が付く），またすべてをヒト型にしたヒト抗体もマウスでつくられている．抗体工学ではこれとは別に，異なる抗原を認識する単一抗体分子（⇨ ハイブリドーマ同士の融合による），大腸菌でつくらせる断片化抗体，抗体に別の機能部位を連結させたハイブリッド抗体（例：酵素抗体）などもつくられている．

■ 図2 DNAワクチン ■

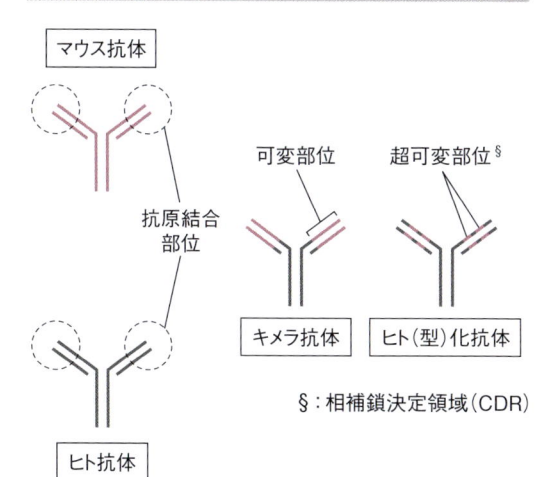

■ 図3 血清療法の方法（抗毒素の場合）■

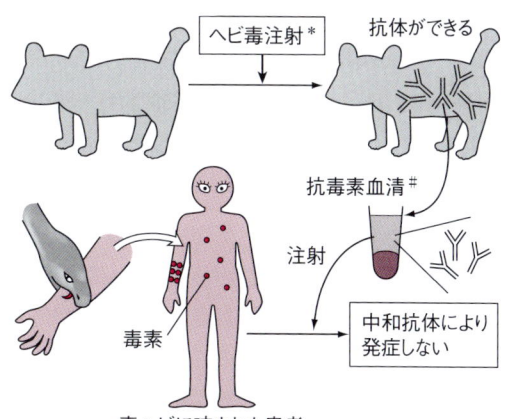

＊：毒力をあらかじめ調節する
＃：通常 ガンマグロブリンに精製される

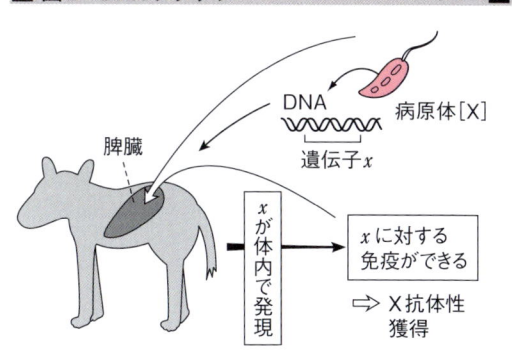

■ 図4 抗体工学による抗体分子の改変 ■

§：相補鎖決定領域（CDR）

### コラム：血清病

初回の抗血清接種で動物血清に対する抗体ができるため，2 度目の接種で抗原抗体反応が起きて数日以内に副作用が出る．時としてきわめて短時間に重篤なアナフィラキシーショックが起こる場合がある．

## 8-6 幹細胞を培養化する

> 幹細胞は胚，生殖系列細胞，成体の組織などから得られる．本来の分化能はそれぞれ異なるが，多くは培養系で維持させ，分化させることができる．体細胞の遺伝子発現を操作して未分化な幹細胞状態を維持させた培養細胞は，人工多能性幹細胞（iPS細胞）といわれる．

### ■ 再生と幹細胞

腸管内皮，骨髄，生殖器官などは常に再生が起こっており，肝臓，筋肉，骨などは傷を受けた場合に再生する．再生する組織には分化細胞の前駆細胞である幹細胞がある．成体の幹細胞を組織幹細胞あるいは体性幹細胞といい，一方向に分化する（分化の単能性）．成体中の細胞のなかでも受精卵と骨髄細胞は特別で，前者には分化の全能性があり，完全な個体ができる．骨髄細胞の中には血液細胞に分化できる造血幹細胞や，循環系細胞をつくる血管内皮前駆細胞，そして骨格筋／骨／脂肪細胞の前駆体となる間葉系幹細胞が含まれる．臍帯血（ヘソの緒にある血液）も類似の細胞を含む．

### ■ 生体にある幹細胞を培養で得る

幹細胞を培養して in vitro で分化させられれば，in vivo に戻して定着・増殖させて再生の手助けができ，医療（再生医療）が大きく前進すると期待される．最初に培養化された組織幹細胞は骨髄細胞だが，通常この細胞集団の場合は培養を介さずそのまま移植されることが多い．骨や筋肉，皮膚などを培養するとそこから幹細胞が遊離し，増えてくるが，これらの細胞は再生医療の材料となる．マウス精巣からは mGS（多能性生殖幹細胞）という多能性の幹細胞が樹立されている．

### ■ 胚由来の多能性幹細胞

マウス胞胚内部の細胞は多分化能をもつが，ここから樹立した培養細胞は培養下でも多分化

■ 図1　幹細胞を分類する

| 分化能による | 起源による |
|---|---|
| ・全能性幹細胞 | ・胚性幹（ES）細胞 |
| ・多能性幹細胞# | ・胚性生殖細胞 |
|  | ・生殖幹細胞 |
| ・単能性幹細胞 | ・体性（組織）幹細胞 |

#：いわゆる"万能細胞"といっている細胞．

■ 図2　ES細胞の樹立

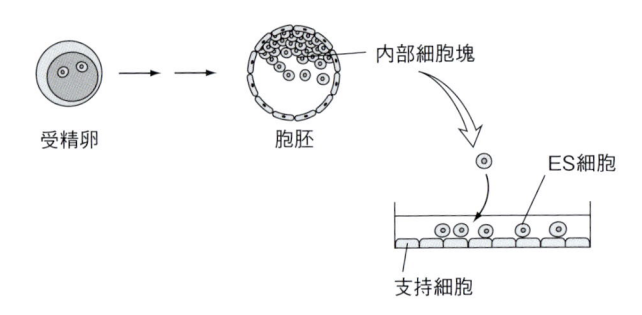

能を示し，胚性幹細胞（ES細胞）といわれる．他の動物でも作製することができる．胎児内に存在する，将来精子や卵子になる始原生殖細胞（生殖細胞の幹細胞）も分化の多能性をもつが，ES細胞のように培養して細胞株として樹立することができ，EG細胞とよばれている．

### ■ 人工多能性幹細胞：iPS細胞

体性幹細胞が分化の多能性を示すことから，分化してもゲノムの遺伝情報が生殖細胞のままで保持されると推定できるが，このことを明確に示したのはカエルの体細胞由来の核移植によってカエルの個体を孵化させたガードンである（2012年，山中伸弥とともにノーベル生理学・医学賞）．分化は遺伝子発現が変化して起こるので，体細胞も遺伝子発現状態を変えて初期化させれば幹細胞化できると考えられるが，それを証明したのが山中伸弥博士である．山中らはマウスの体細胞に4種の遺伝子発現調節遺伝子を導入・発現させることにより細胞を初期化（再プログラム化）させ，株化細胞として樹立させた．これはiPS細胞（人工多能性幹細胞）と名付けられ，その後ヒト細胞でも成功した．iPS細胞はES細胞同様，適当な誘導処理によって多くの細胞に分化することができる．最近，分化させたあとで動物に移植し，卵子になることも示された．

#### コラム：ヒトの幹細胞の扱い

ヒト幹細胞研究は厳しく監視・制限され，ES細胞，体性幹細胞，iPS細胞に関しては指針がある．他方，生殖幹細胞には別の指針が必要とされ，現在は死胎児由来も含め，生殖幹細胞の樹立そのものが制限されている．ただiPS細胞から生殖細胞ができるなどの急速な技術革新があり，取り扱い方針はひんぱんに変更される可能性がある．

■ 図3　骨髄には複数の幹細胞が含まれる

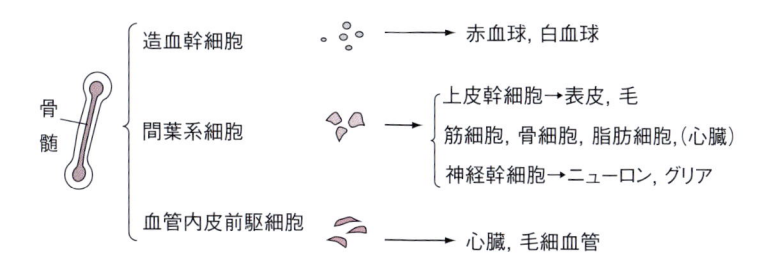

骨髄
- 造血幹細胞 → 赤血球，白血球
- 間葉系細胞 → 上皮幹細胞→表皮，毛
  - 筋細胞，骨細胞，脂肪細胞，（心臓）
  - 神経幹細胞→ニューロン，グリア
- 血管内皮前駆細胞 → 心臓，毛細血管

■ 図4　iPS細胞の樹立

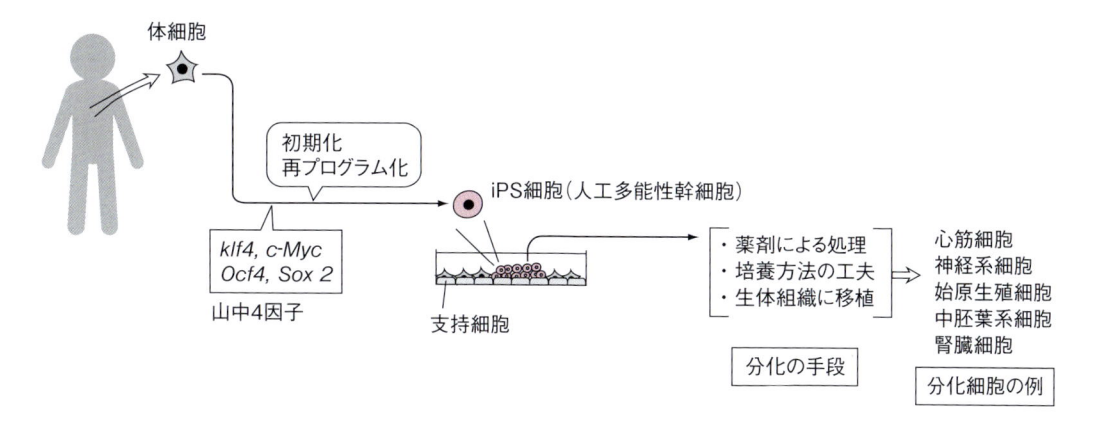

体細胞 → 初期化・再プログラム化（klf4, c-Myc, Ocf4, Sox 2　山中4因子）→ iPS細胞（人工多能性幹細胞）／支持細胞 → 分化の手段：・薬剤による処理　・培養方法の工夫　・生体組織に移植 ⇒ 分化細胞の例：心筋細胞，神経系細胞，始原生殖細胞，中胚葉系細胞，腎臓細胞

## 8-7 再生医療と組織工学

幹細胞などを使って組織修復を目指す医療を再生医療という．ES細胞には多くの問題があるために実施は困難で，現在iPS細胞による臨床研究が実施されつつある．培養・分化した細胞を成体に移植するためには，さまざまな組織工学的工夫が必要となる．

### ■ 移植医療

成体に細胞／組織／臓器などを移植する医療を移植医療という．医療機関で行われる最も普通の移植は輸血だが，その他よく知られた移植には骨髄移植や腎移植などもある．成体や死胎児，あるいは脳死患者由来の生物材料はもちろんのこと，人工物を埋め込む措置も広い意味では移植に含まれる．移植にかかわる技術を移植工学という．

### ■ 細胞培養を介する再生医療

生組織／器官の移植には提供者（ドナー）の材料を被移植者（レシピエント）に直接移植する場合と，ドナーの組織をいったん試験管内で維持・増殖させ，その後レシピエントに移植させる場合とがある．後者では遺伝子治療を目的とした遺伝子操作や，再生医療を目的とした分化処理も可能である．再生医療では，定まった分化能と増殖能をもつ細胞を損傷した筋肉，骨，神経組織などに移植して組織を補修する．薬剤や他の細胞との共培養で目的細胞にまで分化させてから移植する以外に，レシピエント体内で分化させる方法もある．最近iPS細胞を中胚葉に誘導させ，腎細胞と共培養することによって種々の腎臓細胞に分化させることがマウスで成功した．

### ■ 再生医療で使用される幹細胞

最も単純な方法は自身の体性幹細胞を使う方法で（例：自身の細胞を自身の組織に移植する），

■ 図1　移植医療

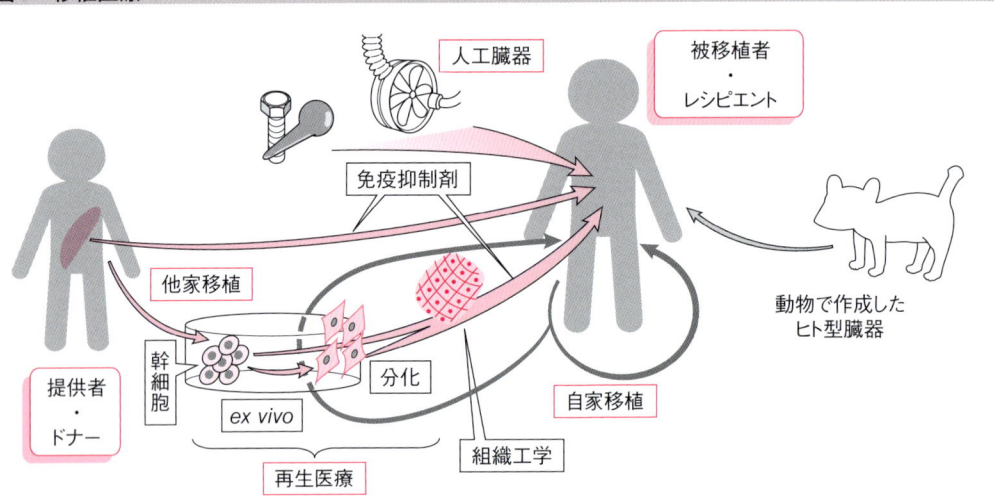

倫理的問題もなく，筋細胞や皮膚細胞ではよく行われている．あとの一つは iPS 細胞を使う方法で，自身の組織から iPS 細胞を樹立し，それを希望の方向に分化・増殖させて移植する．自家移植の範囲に入り，胚や生殖細胞を介さず倫理的な問題も少ないため，現在 臨床試験の段階に入りつつある．ただ iPS 細胞は ES 細胞と同様，未分化状態では成体で癌細胞に変化する可能性があるため注意する必要がある．

### ■ 組織工学

材料を移植に適した組織形態に加工・構築する技術を組織工学（あるいは細胞組織工学）といい，移植には欠かせない．移植用硬膜のように，レシピエントの硬膜を採取し，移植しやすいように不純物を除き，大きさを整える（⇨商業ベースで生産されている）ことも組織工学の領域である．組織培養された細胞は不定形のため，やはり組織工学が必要である．一つの手法として，単層で増えた細胞を何重にも重ねて扱いやすい移植片「細胞シート」をつくるという基本的な操作があり，その応用として，皮膚を構成する何種類もの細胞を重ねる「培養皮膚」をつくる操作がある．血管や筋肉のような三次元構造をしている組織では，3D プリンターの機能を使い，樹脂などの代わりに細胞「バイオインク」を吹きつけて組織を立体的につくる技術「バイオプリンター」があり，中には人体に直接"印刷"できるものもある．これとは別に，細胞をゲル（例：コラーゲン）のマトリックスに包み，ゲルごと組織に埋め込むという方法もある（例：骨細胞，皮膚細胞）．

■ 図2　iPS 細胞を用いた再生医療 ■

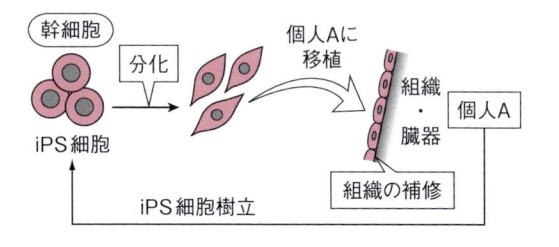

■ 図3　iPS 細胞を用いる移植の潜在的問題点 ■

・感染性因子の混入
・目的の分化細胞以外の細胞の除去
・発癌の抑制
・望む細胞・組織構築の可否
・未分化状態の安定維持
・ウイルスベクター使用の危険性（感染，癌化）
・癌関連遺伝子使用の可否
・材料細胞をどこから得るかの決定
・低い初期化効率をいかに上げるか

■ 図4　細胞工学による細胞シートの作製（バイオプリンターによる方法）■

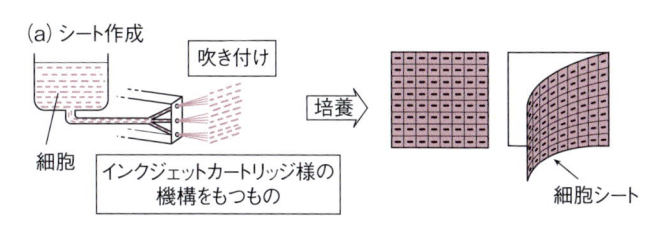

(a) シート作成
(b) 管状組織作成
(c) 人体に直接プリント

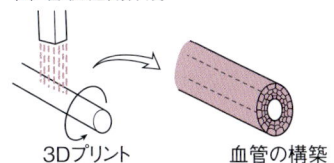

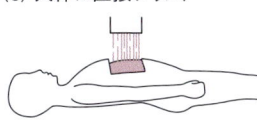

### コラム：かつてのスター：ES 細胞は今

iPS 細胞以前は ES 細胞が再生医療の有力候補細胞だった．しかし拒絶反応の問題や，受精卵や胚の入手が困難であることなど，技術的，倫理的問題が多すぎて，今ではほとんど扱われなくなってしまった．

# 8-8 臓器工学

移植医療がもつ臓器供給不足という問題の解決策の一つに臓器作製があるが，組織工学では臓器の作製は困難である．この状況の打開策として，動物の体内にヒト（型）臓器をつくらせたりヒトの細胞〜臓器を移植して成長させたりして，それを使うというアイデアがある．

## ■ 臓器移植の基本的問題

治療できない組織や臓器の欠陥を回復させる場合は，移植は必須である．移植において，ドナーとレシピエントが同一個人の場合を自家移植（例：火傷で失った皮膚の部分に尻の部分の皮膚を移植する），異なる場合は他家移植というが，大部分は他家移植である（例：輸血，肝移植）．他家移植には（1）ドナーあるいは臓器をいかに確保するかという問題と，（2）拒絶反応をいかに克服するかという二つの問題が常にある．後者は近年の免疫抑制剤（例：サイクロスポリン）の進歩により徐々に改善されつつあるが，前者の状況は以前と変わらない．医療が進んだ現在，ドナー不足は深刻な問題となっている．

## ■ 臓器工学

臓器移植に使える臓器を in vitro でつくれるのか？　血管や腸管といった，画一的で比較的単純な構造をもつ器官は，組織工学の技術向上によってつくり出せるかもしれないが，大型の臓器（例：膵臓，腎臓）は構造が非常に複雑なうえに血管や神経も必要で，これまでの再生工学や組織工学の技術ではまだ不可能である．このため移植用の臓器作製には新たなアプローチが必要であり，現在，臓器生産技術（臓器工学）を利用して，動物体内でヒト臓器をつくらせようとする研究開発が進められている．

## ■ 動物による組織・臓器の生産：動物工場

移植医療のごく初期には，ヒトにサルなどの動物臓器を移植したり，ウシの膵 $\beta$ 細胞を移植

■ 図1　臓器移植問題

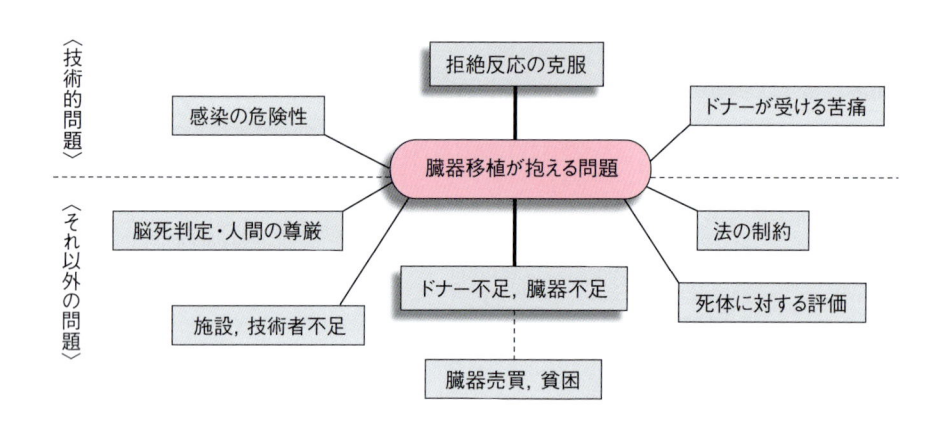

したりするなど，多くの試みが行われた．短時間の効果はあったが，ヒトと動物の抗原性の大きな違いによる移植免疫による強い拒絶反応が現れ，移植臓器が長時間生着することはなかった．しかし近年，発生工学や遺伝子工学が進歩したことを受け，動物の臓器をヒトに使えるようなものにつくり変えるさまざまなトリックが考え出され，開発が進められている．このような戦略は，動物を「動物工場」として利用するというコンセプトに立ったもので，畜産を利用する生命工学の一分野である．動物として，大きさがヒトに近く多産であり，人畜共通伝染病が少ないという観点からもっぱらブタが対象となっている．主に，以下の二つのアプローチがある．

(1) ヒト型ブタの作製：トランスジェニック技術を使ってヒトの遺伝子を入れたブタを作製し（⇨ 胎生期からヒト抗原があれば動物内では異物にならない），その動物の臓器や組織を移植に使おうというもの．すでに，ヒツジにサルの臓器をつくらせるといった試験研究がされており，ヒトへの応用も不可能ではないかもしれない．

(2) 免疫不全ブタの作製：細胞性免疫のないブタの作製で，ブタを生きた培養器として使うというアイデアである．このような動物はヒトの組織や臓器を移植されても排除されず，体内で生着・成長できるので，それを取り出して利用する．膵 $\beta$ 細胞などを増やす候補になりうる．

ブタは食用でもあるために倫理的問題は少ないが，一部には動物愛護の面で問題を指摘する声や，動物臓器をもつことになったキメラヒトの病的精神状態「アイデンティティー・クライシス（同一性危機）」を懸念する声がないわけでもない．

■ 図2　動物の臓器をそのままで移植に使えない

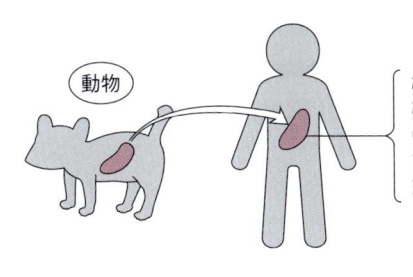

強い拒絶反応
強い副作用
ウイルス感染の危険
アイデンティティークライシス
動物愛護の観点

■ 図3　動物工場による臓器・組織の生産

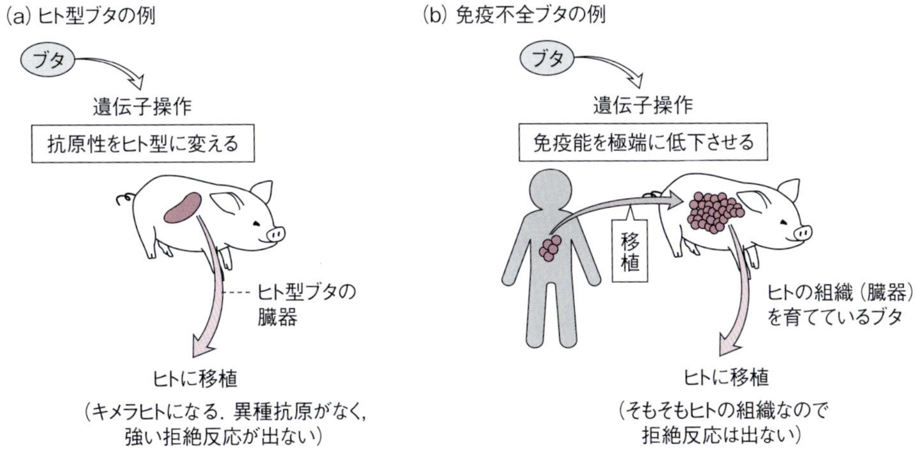

(a) ヒト型ブタの例
ブタ → 遺伝子操作
抗原性をヒト型に変える
→ ヒト型ブタの臓器
→ ヒトに移植
（キメラヒトになる．異種抗原がなく，強い拒絶反応が出ない）

(b) 免疫不全ブタの例
ブタ → 遺伝子操作
免疫能を極端に低下させる
→ 移植 → ヒトの組織（臓器）を育てているブタ
→ ヒトに移植
（そもそもヒトの組織なので拒絶反応は出ない）

## 8-9 化学工学の人体への適用：医用工学

移植臓器不足を解消する 8-8 とは別の対策に，医用工学による人工臓器の作製があるが，これらは期待される機能に加えて，安全性や強度なども求められる．人工臓器には，体内に埋め込んで使用するものや体外の機器に連絡して使うものなど非常に多くのものがある．

### ■ 人工臓器とその材料

臓器不足解消のもう一つの打開策は非生物的な人工臓器の開発である．人工臓器には人工心臓や人工透析器などがあるが，広義には眼鏡なども含む．狭義の人工臓器は体内に埋め込むもの（インプラント）と体外，場合によっては携帯型として使われるものがある．なお心臓の一部を人工物にした人工弁などはハイブリッド人工臓器といい，義歯や人工関節など意外に多い．

人工臓器の材料に求められる条件として，安全性，組織適合性，血液適合性（血栓を形成しないかどうか），そして強度がある．移植に特有な生体代替品としては，透析（人工腎臓）やガス交換（人工肺）に使われる生体膜に代わる素材，あるいは人工皮膚などに使われる生体高分子（コラーゲン，ゼラチン）などがある．

### ■ 開発された人工臓器

日常的な人工臓器は歯科（例：人工歯根），眼科（例：眼内レンズ），美容整形の領域で多い．形成外科領域では骨固定用ボルトや人工関節があり，金属部分は最近では丈夫なチタン合金などの特殊合金が使われる．軟骨相当部分にはヒドロキシアパタイトや，特殊なセラミックスが使われる．内臓のような複雑な臓器では体外設置型（⇨ チューブなどで体内と連結するもの）と埋め込み型に分けられるが両者の中間型もある．埋め込み型では複雑さ，重量，大きさの観点からまだ完成されたものはないが，管状の組織や臓器の一部を置き換えるハイブリッド型のものは実用化されている（例：人工血管，人工肛門）．

人工心臓（⇨ 完全置換型と補助人工心臓型

#### コラム：ハイブリッド肝臓

肝臓に出入りする血管を体外で肝細胞培養容器につなげ，動物を一定期間生存させることができる．肝細胞と工学的な装置を融合させたハイブリッド肝臓だが，小型化して人工膵島（右頁）のように使えるかもしれない．

■ 図1 包埋型人工臓器に求められる安全体と適合性

| 要点 | 要件 |
|---|---|
| 安全性 | 毒性，発熱性，溶血性などがない |
| 安定性 | 化学的，物理的に安定 |
| 組織適合性 | 炎症や壊死がなく，組織融合性がある |
| 血液適合性 | 血栓をつくらない |
| 力学的適合性 | 組織を傷つけたり変形させない |

がある）はポンプを基本に電源と制御システムが組み込まれる．内部埋め込み型もある．長期間使用でき，充分に満足できるものはないが，心不全などの患者にとっては有用である．このほか，拍動の制御用の心臓ペースメーカー，弁を人工物とする人工弁などもある．人工膵島（ランゲルハンス島）はインシュリン分泌欠陥の患者に使われるが，携帯型体外装置で，グルコースセンサーとインシュリン分注器からなる．腎臓は多様な機能をもつ臓器だが，その全部をまかなえる人工腎臓はまだなく，現在はもっぱら老廃物除去，すなわち人工透析装置として使われる（⇒ 血液を取り出して行う血液透析と腹膜を透析膜として使い，在宅でも行える腹膜透析がある）．受精卵を発生させる人工胎盤とその入れものとなる人工子宮は実験動物を用いて開発が進められているが，発生を通して機能し，三次元構造ももつようなものはまだできていない．

### コラム：人工血液

代替血液ともいう．基本機能は赤血球に代わる酸素の運搬であり，手術時，一時的に血量や血圧を維持するために使われる．高い酸素溶解能をもつパーフルオロカーボンや精製ヘモグロビンなどが使われる．

■ 図2　人工臓器に用いられる素材の例

透析膜
　　再生セルロース，ポリメチルメタクリレート(中空系)
ガス交換膜
　　多孔性ポリプロピレン，シリコン膜
形成外科領域
　　[骨] ステンレス，Co-Cr合金，チタン合金，アパタイト
　　[関節] 同上
　　[皮膚] コラーゲン，ゼラチン，シリコン
眼科領域
　　[コンタクトレンズ] ポリメチルメタクリレート
　　[水晶体，角膜] 同上，シリコン
歯科領域
　　チタン合金，ジルコニア，アパタイト，
　　ポリメチルアクリレート
縫合糸
　　生糸，ナイロン，ポリプロピレン

■ 図3　人工臓器のタイプ

(a) 埋め込み型
　例）人工関節，人工中耳，人工血管[#]，人工弁[#]，
　　　心臓ペースメーカー，人工血液，人工心臓，
　　　人工水晶(体)，人工歯根

(b) 外部接続型
　例）人工肝臓，人工膵臓，人工腎臓(透析器)

(c) 生体非侵襲型
　例）義歯，義足，義歯，眼鏡／コンタクトレンズ

#：ハイブリッド人工臓器

## 8章発展

# 癌治療の新たなターゲット：癌幹細胞

> 癌組織中には多様な癌細胞を生産し続ける少数の癌幹細胞が存在する．癌幹細胞は増殖速度が遅く抗癌剤も効き難く根絶が難しかったが，最近それを根絶する新たな方法が開発された．

### ◆ 癌幹細胞とその性質

通常の分化細胞と同じように，癌にも自己複製能と分化した癌細胞をつくる能力をもつ癌幹細胞が存在するという考え方が癌幹細胞仮説で，1990年代の後半になってその存在が示された．癌幹細胞にはいくつかの共通の挙動がみられるが，とりわけ治療では穏やかな増殖性と抗癌剤耐性が問題となる．薬剤耐性亢進では，細胞外に異物などを排出するトランスポーター機能の亢進が認められる．抗癌剤を含め，癌療法の基本は「癌細胞はよく増殖するので，それを死滅させるためにその増殖性を利用する」というものである．しかし癌幹細胞は，組織中の大多数の癌細胞とは異なる性質をもち，抗癌治療に抵抗性を示すために難治性で，治療後の癌再発は，わずかに残った癌幹細胞が再び癌細胞を大量につくるためと考えられている．

### ◆ 癌幹細胞を叩く

上述のように癌幹細胞は難治性であり，それをどう死滅させるかが癌治療の大きな問題であった．最近，日本においてこれに対する一つの解決法が報告された．冬眠状態（静止期）にある癌幹細胞に，冬眠状態を維持する因子 Fbxw7 があるが，この因子を無力化させると眠りからさめて増殖しはじめ，そうすると抗癌剤に感受性を示し，死滅することが見出されたのである．これを利用する治療は「静止期追い出し療法」といわれ，白血病をはじめとする多くの癌への応用が期待される．これ以外には，特異的薬剤で癌幹細胞のみを叩く方法も開発されているが，いずれも癌を根絶するための治療法としての期待が大きい．

■ 図1　癌の再発と癌幹細胞

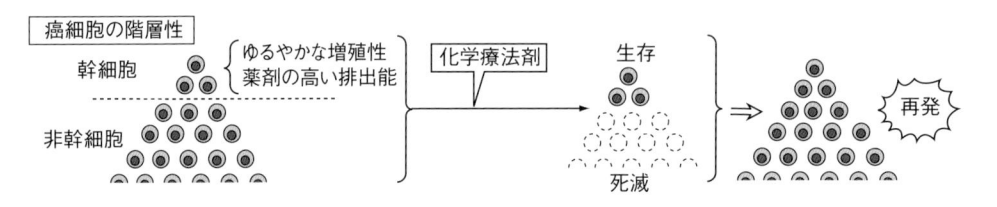

■ 図2　癌幹細胞を標的とする治療

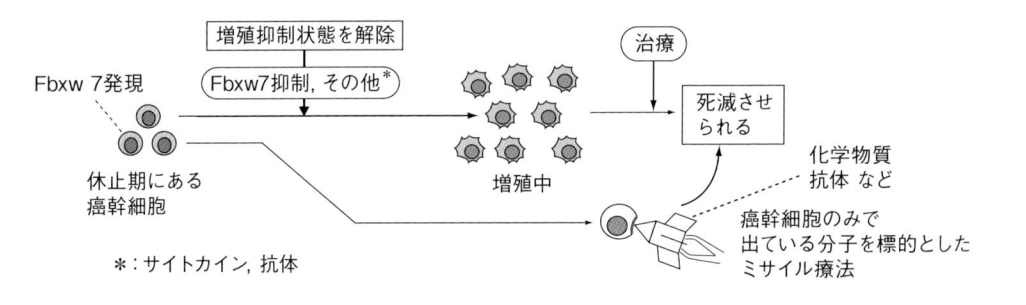

＊：サイトカイン，抗体

# 9章

# 一次産業で使われるバイオ技術

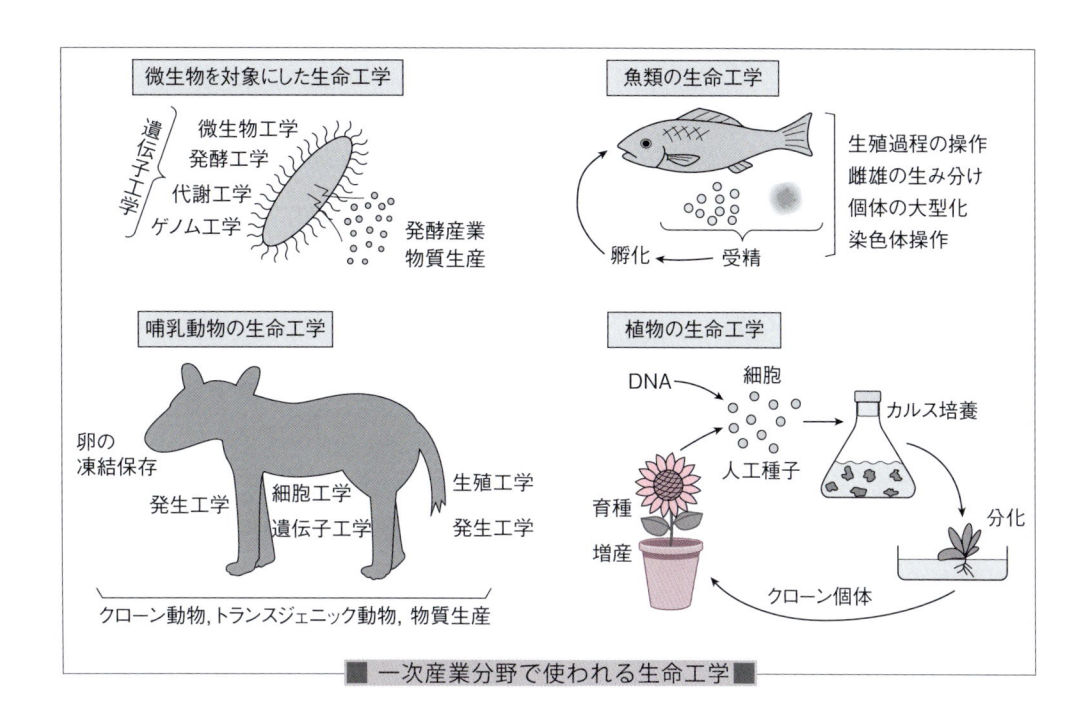

■ 一次産業分野で使われる生命工学 ■

　動植物を操作の対象にする生命工学は，一次産業の振興のみならず，動植物を物質生産の場として使えるようにするなどといった点で重要である．古典的な生命工学に，微生物を使った発酵食品やアルコール飲料の生産があるが，近年はそこに遺伝子工学，ゲノム工学，代謝工学の手法を取り入れたより効率的なプロセスが開発されている．魚類には雌雄産み分けや染色体数操作の容易性という特徴があり，卵数増加や個体の大型化にもこの特徴が応用されている．家畜の生命工学としては以前から人工授精による妊娠・出産があったが，近年は胚工学や細胞工学，さらには遺伝子工学を組み入れた取り組みが盛んである．体細胞クローン個体の作出は優良個体の増産のみならず，遺伝子資源の保護という点でも意義があり，また遺伝子導入（トランスジェニック）動物の作出は，付加価値の高い個体をつくる分子育種や，動物に有用タンパク質をつくらせて乳汁などに分泌させるという動物工場の手段としても取り入れられている．

　植物には分化の全能性があり，どんな細胞からも個体がつくれるため，遺伝子導入でアグロバクテリウムを使うといった特殊な操作もあるが，動物に比べて格段に生命工学的操作が簡単で，人工種子やカルスからの個体発生を介した個体増産が盛んに行われている．本来植物がつくらない物質をつくらせて植物の育種をしたり，有用な物質を生産するといったことも行われ，ウイルスをもたない清浄で健康な個体もこのような方法を利用してつくることができる．一次産業においてはこのほか，交配の人為的操作，生物農薬，発芽制御技術などの手法もある．

# 9-1 発酵工学, 微生物工学, 代謝工学

人は古くから微生物を利用して多くの加工食品をつくってきたが、これらを発展させた、微生物の能力を利用して産業や医療にとって有用な物質を生産する発酵工学や微生物工学という領域がある。より効率的な物質生産には代謝を人為的に変える工夫も必要である。

## ■ 微生物を利用する

人間は昔からアルコール飲料，味噌，醤油，チーズ，酢などを，微生物を利用して生産してきた．このようなプロセスを発酵というが，学術的には有機物が微生物によって主に無酸素的に分解され，人に有用なものができる代謝過程をいう（注：有害なものができる場合は腐敗という）．このことから微生物で有用物質がつくられる過程も一般に発酵という．現在多くの天然物が発酵によってつくられている．発酵に利用される微生物の取得とその改良，工学的な培養〜生産システムの構築など，発酵に関する技術的な領域を発酵工学といい，その大部分を占める微生物にかかわる部分は微生物工学，醸造にかかわる部分は醸造工学という．

## ■ 発酵工学の利用別の種類

微生物の利用の仕方は以下のように分けられる．

（1）微生物そのものを利用するもので，麹（コウジカビ）や酵母の生産などがある．

（2）微生物に酵素を生産させるもので，天然の動植物から得るより効率的で，遺伝子工学的手法などでより代謝効率のよい菌体を作製することもできる．

（3）代謝産物を生産させるもので，発酵工学の主要な目的である．代謝産物には生命維持に必須な一次代謝産物とそうではない二次代謝産物がある．前者にはアルコールやヌクレオチドなどがあり，後者で重要なものは抗生物質である．

■ 図1 発酵工学，微生物工学の概要 ■

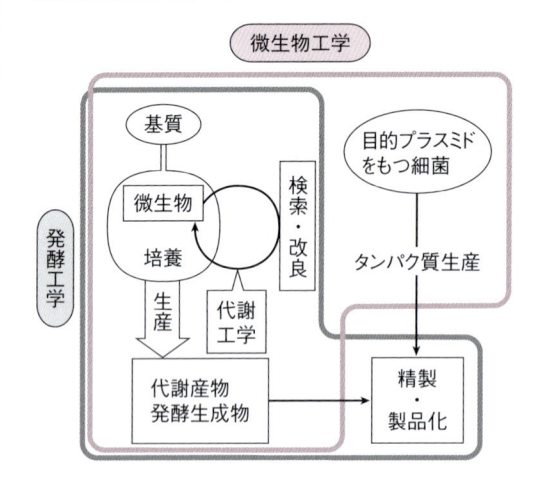

■ 図2 発酵とそれに使われる微生物の典型例 ■

| 酵母 | アルコール発酵, グリセロール発酵 |
|---|---|
| 乳酸菌 | 乳酸発酵 |
| クロストリジウム属細菌 | アセトン・ブタノール発酵 酪酸発酵 |
| プロピオン酸菌 | プロピオン酸発酵 |
| メタン細菌 | メタン発酵 |
| 酢酸菌 | 酢酸発酵, グルコン酸発酵 |
| コリネバクテリウム属細菌 | アミノ酸発酵 |

(4) 微生物をバイオリアクター（10-3）とみなし，物質を微生物に代謝させてより価値の高いものに変換する．化学合成に比べて低コスト，高効率で生産できる．

(5) 発酵ではないが，プラスミドにコードされたワクチンやタンパク質製剤を生産する「微生物工学」がある．

### ■ 培養における工学的過程

発酵工学では産物を培地に放出させることを基本とする．まず目的物質がいかに効率よく，大量に産生されるかを小規模な培養器：ジャーファーメンターでテストする．培養法の改良点として，酸素供給量，温度，培地組成など，そして酸素供給を妨げる泡を消すための消泡剤の検討がある．培養法も回分培養（1サイクルのみの培養で，コンタミネーション［雑菌汚染］の危険性が低い），連続培養（培養液を加えつつ菌液を回収する），流加培養（培地に成分を追加する）のいずれかを選ぶ（⇨ 後者二つは工業レベルの大型プラント専用）．回収培養液からの目的物質の回収，精製，製品化の工程も必要である．

### ■ 微生物の改良

効率的生産のためのもう一つの措置は微生物の改良である．古典的な方法は，環境や菌株ストックから検索，あるいは突然変異させてより生産性の高いものを検索する方法である．ただこれらの方法は偶然による部分が大きく，近年ではゲノムを目的のように変異・改変することも行われる．

### ■ 代謝工学

代謝を操作して生産効率を上げる工夫を代謝工学というが，その一つは負の調節機構（例：フィードバック阻害）を無効にする方法で，代謝工学の中心をなす．二つ目は代謝の側路を遮断し，代謝を目的経路に向かわせるやり方である．生産性向上に向けたそれ以外の改善としては，安定性や微生物膜透過性を上げる方法などがある．

■ 図3　発酵産物とその利用

| 産物 | 用途 |
| --- | --- |
| 一次代謝産物 | |
| 　エタノール | 飲料，燃料 |
| 　ブタノール，アセトン | 有機溶媒 |
| 　クエン酸 | 食品工業 |
| 　グルタミン酸，酢酸，ヌクレオチド | 調味料 |
| 　ビタミン類 | 添加物 |
| 二次代謝産物 | |
| 　抗生物質 | 医薬 |

■ 図5　代謝による生産性の向上

(a) 阻害経路を抑える

前駆体 → 目的物質
阻害物質

(b) 代謝側路を抑える

前駆体 → 別の代謝産物
　　　 → 目的物質

■ 図4　3種の大量培養システム

(a) 回分（バッチ）培養　　(b) 連続培養　　(c) 流加培養

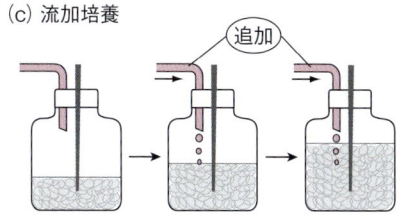

## 9-2 魚類に関する生命工学技術

魚類では卵形成時に染色体が倍化することがあり，また人為的に雌由来染色体を倍化させたり，受精後にメスをオス化させたりすることができる．このような染色体工学に適した魚の特徴を生かし，個体サイズの大型化や，種間雑種も含めたクローン魚の生産が行われている．

### ■ 古典的な繁殖法

日本では以前から水生生物の繁殖や生産に関し，人工授精や養殖といった技術がよく利用されている．前者は一度に大量の稚魚を得ることができ，養殖魚ではこのような種苗生産は一般的である．養殖は魚の安定供給とコスト面では優れているが，個体の汚染（抗生物質などの使用），品質，資源減少（完全養殖でない限り．稚魚が枯渇している．ウナギでは深刻な問題），生体量の無駄（例：ハマチ1kgを生産するのにエサのイワシは3〜5kg要る！）という点では問題も抱えている．

### ■ 染色体工学による魚の大型化

一般に染色体の倍数性が増える（例：三倍体，四倍体……）と個体サイズは大きくなるが，このことを魚の大型化に利用する技術がある．受精直後の卵には半数体の精子由来染色体と卵由来染色体があり，そこに極体が付随する．ここで低温・高圧という措置を施すと極体が分離せずにそのまま卵に残り（⇨ 紡錘糸が脱重合するため），結果 三倍体となって細胞分裂・発生が始まり，本来の個体より大きく成長する．このような個体は生殖腺が未発達で，さらに大型化する（⇨ 生殖腺が発達すると成長は止まる）．

■ 図1　養殖の形態

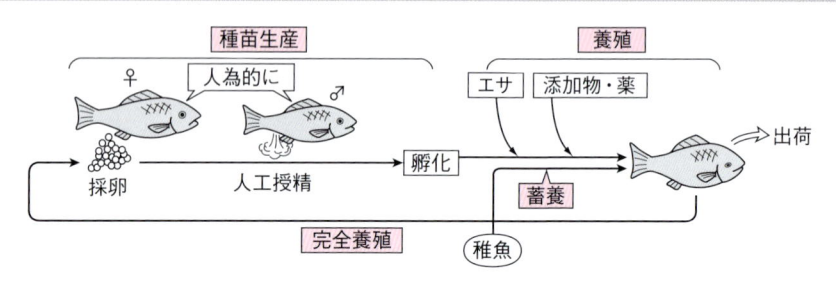

■ 図2　倍数性を上げて魚を大きくする

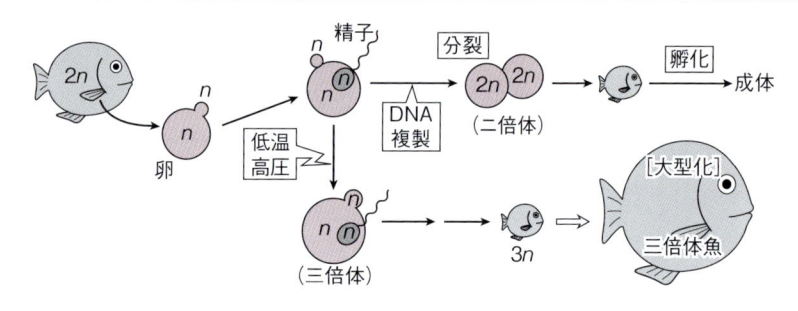

## ■ 雌性発生技術

魚卵（例：イクラ，キャビア）には経済的価値があり，養殖でもメスの比率を高くする方がよいが，単為発生を応用するとそれができる．卵は減数第二分裂の途中にあり，受精により分裂が完結する．なお魚の発生開始には受精は必須でなく，精子の侵入刺激だけでも発生が始まる（人為的にはガンマ線などで不活化させた精子を用いる．媒精の一種）．媒精と低温・高圧処置を組み合わせると二倍体卵ができ（倍数化），そのまま単為発生して成体となるが，このような集団はすべてメスとなる．この技術は多くの養殖魚で応用されているが，自然界でも時折大多数がメスの集団が観察される．

## ■ クローン魚の生産

前述のように生まれたメス個体は遺伝子型としてはホモであり，このホモ個体がつくる配偶子はすべて同じ遺伝子構造をもつので，再度雌性発生させて孵化した個体はすべてが同一個体のクローンとなる．一方，魚の生理機能は発生後から厳密に雌雄が決まるわけではなく，ホルモンなどでメスをオス化させて生殖器官を発達させることができる．従って，クローンメス集団の一部をオス化させて両者で交配させれば，完全なクローンメスが大量に孵化する．種間雑種は減数分裂に欠陥があるために有性生殖ができない（不稔）が，魚の雑種ではある頻度で卵原細胞の染色体が倍数化する．そのような細胞（それぞれの種の染色体を2セットずつもつ複二倍体）の染色体は相同染色体のように振る舞い，減数分裂過程を進んで卵をつくる（注：ただし非減数卵）．その後，倍数化処理を施すと雑種個体のクローンとして樹立でき，受精すれば三倍体ができる．市場に流通している雑種魚（例：ホウライマス×イワナ）はこうしてつくられる．

### コラム：遺伝子導入巨大サケ

魚でもトランスジェニック技術があり，成長ホルモン遺伝子を入れて巨大化したサケなどがつくられている．

■ 図3　雌性発生技術

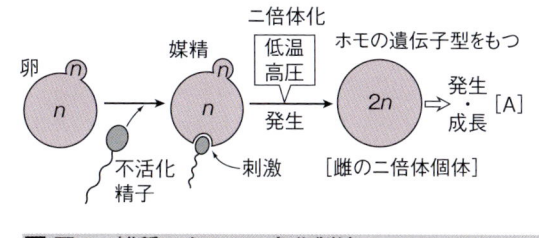

■ 図4　魚のクローン作製

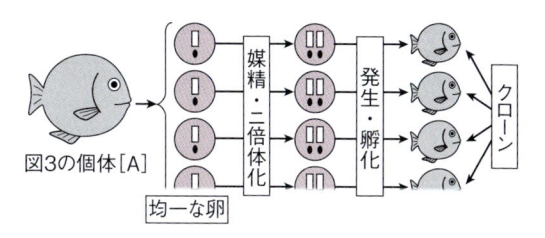

■ 図5　雑種のクローン魚作製法

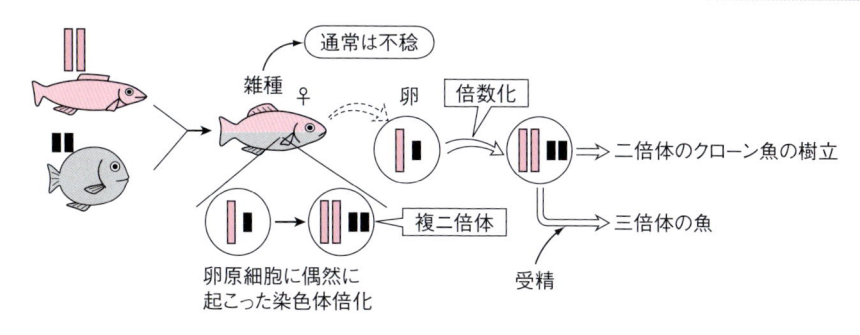

## 9-3 家畜における生命工学

畜産では伝統的な生殖技術に加え，クローン動物作出技術や遺伝子導入動物作出技術，あるいはその両方を合わせた技術も使われている．動物をそのまま利用したり，その一部，あるいは動物がつくる物質を人間のために利用する取り組みは，動物工学といわれる．

### ■ 家畜の生産

繁殖の基本はオスを確保し，それによって子孫を維持することである．日本での大型家畜を対象にした畜産業では，品質の維持向上と安定な生産を目標に，自然交配はあまり行われず，計画的な繁殖，すなわち人工授精が行われており，精子の採取や保存システムは非常によく整っている．ウシではほぼ100％が人工授精となっており，優良精子の商品価値は非常に高い．しかし，人工授精にはメリットも多いが，デメリットがないわけでもない（図1）．

### ■ クローン技術による繁殖

一つの手法はクローン技術で，ウシ，ヤギ，ヒツジ，豚などで盛んに行われている．クローンは遺伝的には通常個体と変わらず，基本的に流通における制限はない．受精卵クローン作製では，桑実胚の割球を分け，複数（数頭～10頭）の同一クローン個体の誕生に成功している．体細胞核を使った体細胞クローンも愛玩動物や家畜で多数つくられている．この場合，優良品種個体の核を使って体細胞クローンを作製すれば，交配を行わずに核を得た個体と同等の個体を得ることができる（注：雌雄のいずれかのみができる）．クローン技術の目的は個体の増産ではなく，系統の維持・確保の側面が強い．

### ■ トランスジェニック動物の作製

もう一つの手法はトランスジェニック動物（遺伝子導入動物）の作製で，ウシ，ヤギ，ブタなどでとくに盛んである．導入に使われる遺伝子としては品質にかかわるもの，飼育しやすさ（例：抵抗性，繁殖性），人や特定の疾患に対して何らかのメリットのあるものが有用で，さらには産業的に意義のあるものが条件となる（⇨ 研究用ではモデル疾患動物の作製という目

■ 図1 人工授精の特徴

(a) メリット
・オス側からの品種改良の速度が高められる
・コストの減少．少数のオスで済む
・物理的，時間的制限がなく，衛生面が向上

(b) デメリット
・人工的操作のため，受胎率が低い
・少数のオスしか必要ないため近親交配が進みやすく，個体能力の低下が問題となる

■ 図2 家畜を対象とした生命工学

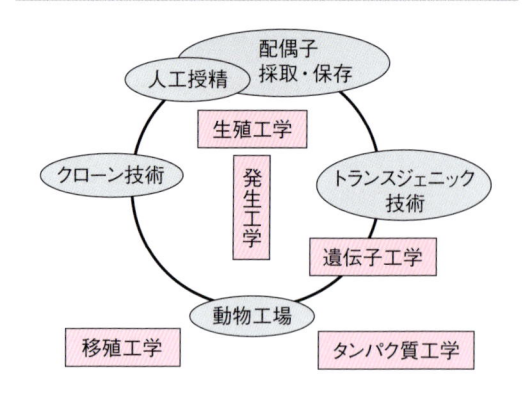

的もある).畜産におけるこのような状況を「遺伝子酪農」といい,すでにホウレンソウの遺伝子を組み込んで肉質を柔らかくしたブタや,乳糖の少ないウシ（⇨乳糖不耐症患者にとって有益）,ヒトアルブミンを産生するウシなど,枚挙にいとまがない.さらに,遺伝子導入技術とクローン技術を同時に使い,短時間でトランスジェニック家畜を作製することも行われている.このようなトランスジェニック動物はまだ市場には出回っていないが,いずれは実用に供されることになるだろう.

### ■ 動物工場

充分に管理され,産業的に有用な動物を生産する施設は「動物工場」というが,広義には個体のみならず,個体のある部分（例：細胞,組織,臓器）や物質（例：タンパク質）をつくり出す施設も含む（⇨水生生物の場合は養殖という）.組織や臓器をつくる動物工場は移植医療を目的に運用される.動物が母乳に目的物質を分泌するのであれば,動物を殺さず,連続して物質を生産させることができる.すでにヤギやウシの乳腺で働くカゼインなどのプロモーターを使い,物質を乳汁として回収することが行われている（例：アルブミン,ラクトフェリン,アンチトロンビン）.この技術は遺伝子組換え技術と組み合わせて使われ,タンパク質以外でも有用物質の生産ができる（例：魚の油脂を母乳に分泌するヒツジ）.動物工場の製品を利用する場合は,人畜共通感染症の病原体に充分注意する必要がある.

■ 図3　体細胞クローン技術によるトランスジェニック家畜の作製

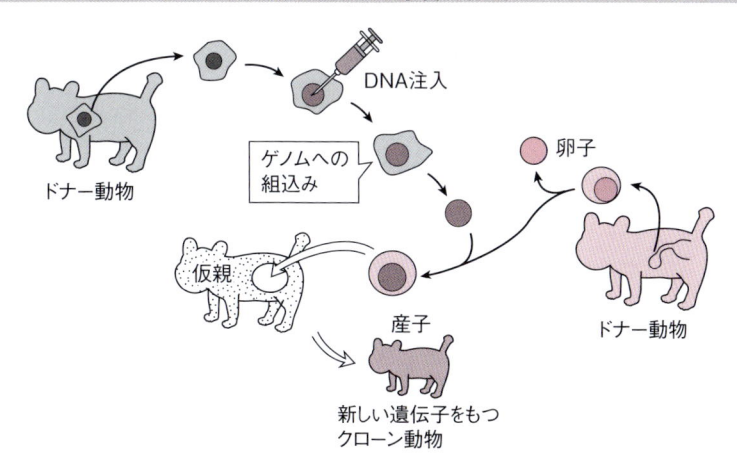

■ 図4　動物工場（乳汁に分泌性タンパク質を産生させる例）

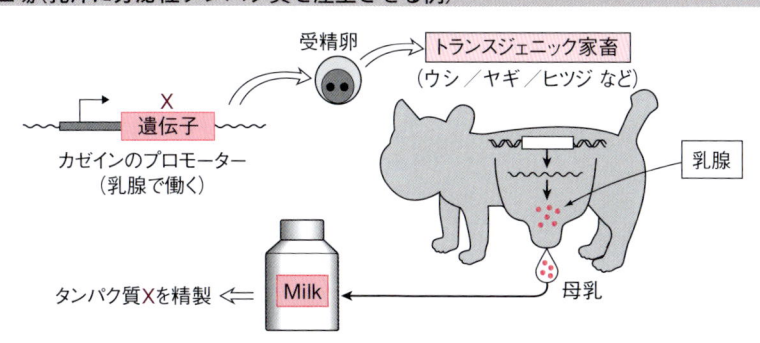

## 9-4 植物細胞工学と個体作製

植物には分化の全能性があり，細胞や組織からカルスをつくり，分化処理を経てクローン個体をつくれるが，商業的に価値の高いウイルスフリー植物もこの技術の応用である．細胞壁を除いたプロトプラストを動物細胞のように培養でき，融合細胞をつくることも可能である．

### ■ 植物の細胞培養

植物組織は，セルラーゼなどで細胞壁を壊し個別になった細胞を懸濁培養で増やすことができ，培養は水と光と酸素，そして糖（例：スクロース）とわずかな無機塩（例：硝酸塩）を加えるだけで可能である．細胞壁のない細胞はプロトプラストといい，遺伝子導入や細胞融合に使われる．茎頂部や根毛先端部といったウイルス侵入のない組織を使うと，ウイルスフリー細胞を得ることができる．ウイルスフリー個体は一般に個体サイズが大きく，商業価値が上がる．現在栄養繁殖できる経済的価値の高いほとんどの作物はウイルスフリー化されている．

### ■ カルスとその分化

切り取った植物組織をオーキシンやサイトカイニンという植物ホルモンの入った寒天培地に移すと，切り口から不定形の細胞が増えてくるが，これをカルスという（注：培養化細胞や不定胚もカルス化できる）．カルスは脱分化した細胞の集まりであるが，カルスと似たものに，カルスが少しだけ分化した塊の不定胚がある

■ 図1　植物細胞の培養

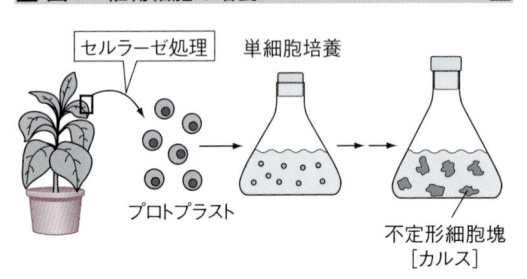

セルラーゼ処理　単細胞培養
プロトプラスト　不定形細胞塊［カルス］

**コラム：植物の染色体工学**

一倍体の花粉の四分子を培養し，分化処理を経て一倍体個体をつくることができる（一倍体培養）．さらにそれをもとに，染色体分裂を阻害するコルヒチン処理や細胞融合により，ホモ接合型の二倍体植物がつくれ，実際に応用されている．一方，染色体を倍化処理して四倍体にすると個体サイズが大きくなるが，これも実際に応用されている（例：ブドウの巨峰）．

■ 図2　カルスを経て個体をつくる

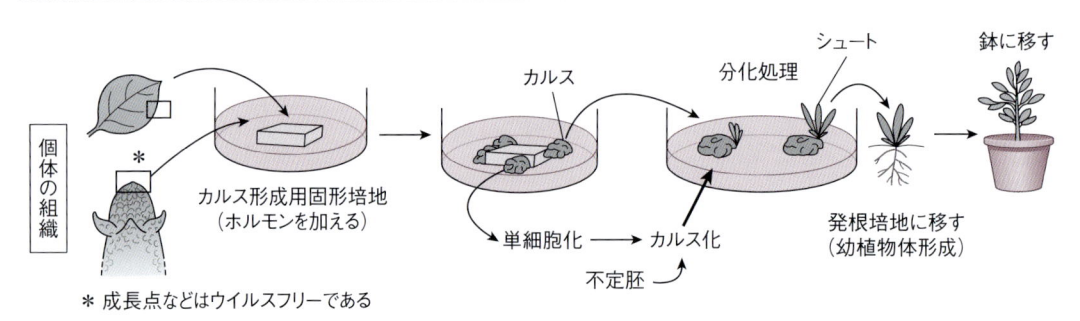

個体の組織　カルス形成用固形培地（ホルモンを加える）　単細胞化 → カルス化　不定胚　カルス　分化処理　シュート　発根培地に移す（幼植物体形成）　鉢に移す

＊成長点などはウイルスフリーである

（胚として運命が定まった細胞塊）．植物には分化の全能性があり，由来細胞によらず分化させて個体にすることができる．カルスの分化は植物ホルモンの濃度の調節で行う．まずカルスを分化培地に移してシュート／茎を形成させ，次にシュートを別の培地に移植して発根させる．個体まで成長したら通常の栽培鉢に移して植物体として成育させる．このように植物は種子がなくとも無性生殖で繁殖でき，増えた個体は元と同一のクローンとなる．この手法によって商業価値の高いクローン植物（例：ラン，キク）などが大量につくられている．

### ■ 植物細胞の融合

プロトプラストは細胞壁がないために動物細胞のように扱うことができ，電気穿孔法などによる細胞融合も可能である．融合させた細胞を増殖させ，上述の分化処理によって個体へと分化させることもでき，すでにナス科，アブラナ科，ミカン科などでは，融合細胞をもとにして多くの個体が実験室でつくられている．最初の融合細胞でつくられた植物個体はトマトとジャガイモ（ポテト，⇨ 両種はナス科ナス属）からつくられたポマトで，地下部と地上部にそれぞれ小さなポテトとトマトができる（⇨ 商品価値はないものだった）．ただ融合細胞での核融合の頻度が低く，個体は不安定で多くが不稔であるため，安定的に樹立され，実用化されたものはほとんどない．現在，細胞融合はむしろ遺伝子導入の一つの方法として利用されている．プロトプラストとサイトプラスト（脱核したプロトプラスト）を融合させてミトコンドリアにある雄性遺伝子を移して育種の手段にする，などに実際に使われている．

■ 図3　一倍体培養

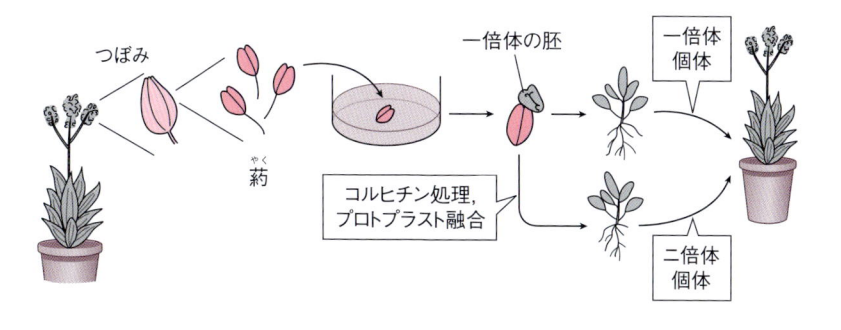

■ 図4　植物の細胞融合技術

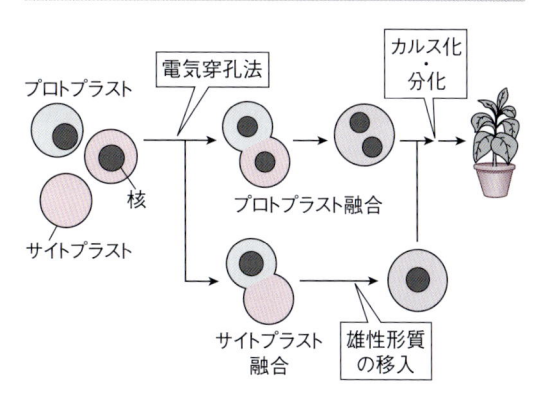

■ 図5　細胞融合でつくられた植物

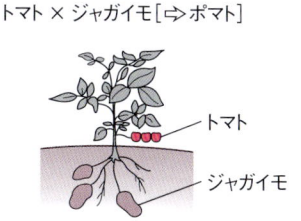

# 9-5 植物を対象にした遺伝子工学

DNA導入法の一つに電子銃があり，細胞や個体に直接DNAを導入するために使われる．また，TiプラスミドをつかうとDNAを容易にゲノムに組み込ませられる．遺伝子を組み込んだ細胞やカルスをマーカーで選択し，分化させて遺伝子組換え植物を作製することができる．

## ■ 植物細胞への遺伝子導入

植物細胞へ遺伝子を導入する場合，形質転換細胞／植物を選択するためのマーカー（例：カナマイシン耐性遺伝子）を目的遺伝子と連結させたベクターDNAを細胞へ導入する．プロトプラストにすれば動物と同じ導入法が使えるが，現在よく使われる方法の一つに遺伝子銃（パーティクルガン．DNAを付着させた金粒子を高圧ガスで打ち込むもの）を使う方法がある（⇨ 単子葉植物で主に使われる）．細胞に導入されたDNAはゲノムやプラスチド（⇨ 葉緑体などの色素体）DNAに組み込まれる．DNAを打ち込み，マーカーで細胞を選択した後カルス形成培地に移して分化させる．電子銃は個体（主に葉）に直接DNAを打ち込むためにも使われる．

## ■ Tiプラスミドの系を利用する遺伝子導入

植物感染菌のアグロバクテリウム（*Agrobacterium tumefaciens*）はTiプラスミドをもち，プラスミド内部には両側に組込み配列を配したT-DNAと組込み酵素遺伝子がある．細菌が傷などを標的に植物細胞に付着すると，組込み酵素がT-DNAを切り出して植物ゲノムに挿入させる．そこでまず，組込み配列の間に目的DNAとマーカー遺伝子を組み込み，細菌細胞に入れて形質転換細菌を得る．組込み酵素遺伝子もベクター内にある必要があるが，別のベクターに入れて導入してもよい．この細菌を植物細胞に接触／感染させると，目的DNA＋マーカー遺伝子が効率よくゲノムに挿入されるので，あとは上と同様に選択培地でカルス化させ，個体を作製する．双子葉植物での常套手段

■ 図1 植物へのパーティクルガンによるDNA導入と個体作製

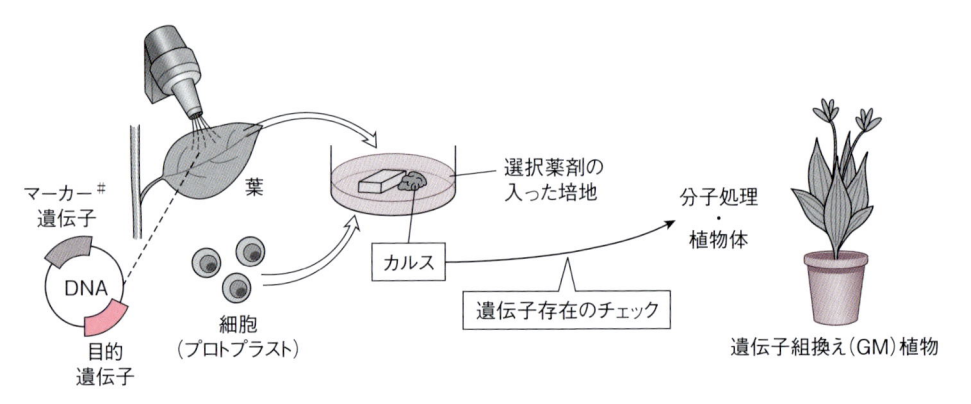

＃：カナマイシンなど

であるが，組込み酵素が単子葉植物で強く働くようにすると，単子葉植物でも行える．

### ■ 遺伝子導入植物をつくる

個体となった遺伝子導入植物（GM植物，遺伝子組換え植物）は，1個の細胞からスタートしたのでない限り導入遺伝子に関しては不均一であるが，実質的にトランスジェニックであり，交配によって均質なトランスジェニック個体も作製できる．この方法は育種（分子育種，遺伝子育種）に広く応用されているが，日本ではバラにペチュニアのF3′5′H酵素遺伝子（青色色素をつくる．バラには本来ない）を導入して青いバラなどがつくられている．商業的に重要な植物では，耐性，品質や栄養価，生存性，収量，保存性など，実用的な点にかかわるさまざまな遺伝子育種が広く行われている．単純なDNA導入でなく，遺伝子ノックダウンなどの手法による育種も行われている．

### ■ 遺伝子導入植物に対する懸念

GM植物のうち，食品となるものは遺伝子組換え（GM）食品ともよばれ，ダイズ，コムギなどの重要な作物を中心に作製され，実際に流通している．GM食品は疾患患者に有用な食物を提供できるという意義深い面は多数あるものの，安全性（⇨導入遺伝子やマーカー遺伝子の産物や副産物）に対する懸念があり，またGM植物一般に対し，生物多様性や伝統的な品種が失われるという懸念や，企業による作物生産の寡占／支配という食糧安全保障に対する懸念もある．

■ 図2　Tiプラスミド系を用いるゲノムへのDNAの組込み

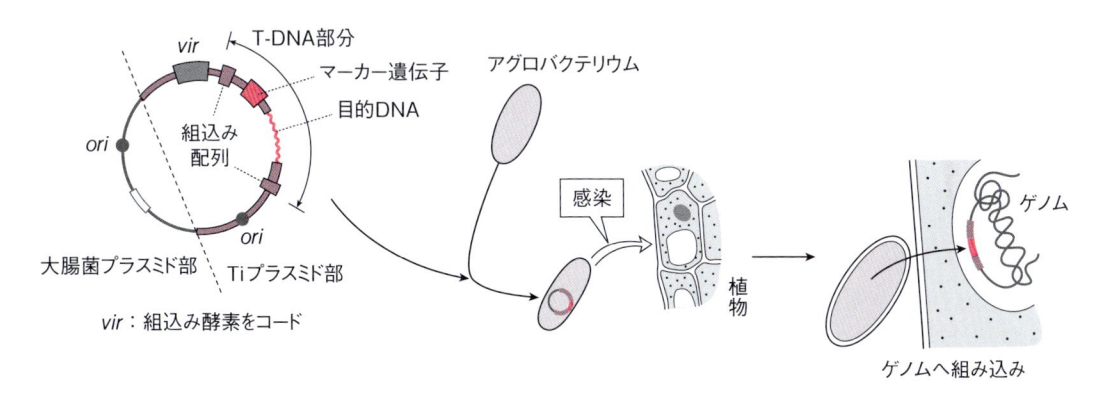

■ 図3　青いバラをつくる

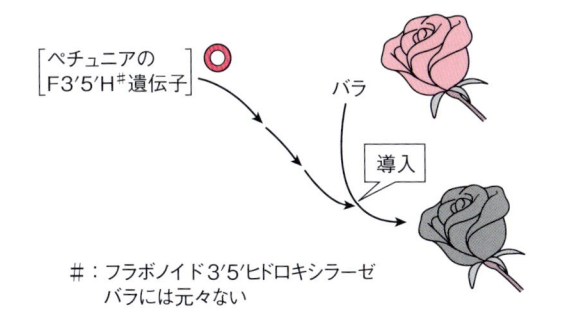

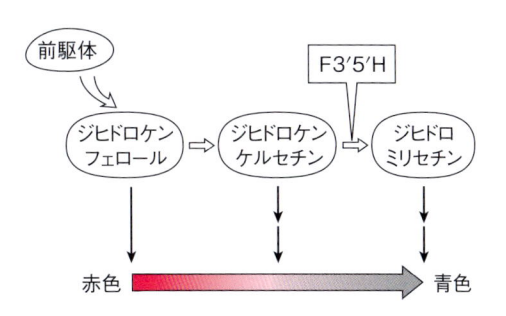

## 9-6 作物の生産促進と植物工場

品質の揃った作物の効率的産生を目指し，植物工場で管理された野菜の生産や，人工種子などを用いたクローン作物の生産などが行われる．植物工場の中には有用な代謝産物を培養細胞で生産させたり，遺伝子工学を応用して植物に外来性物質を生産させたりするものもある．

### ■ 人工種子

植物の分化の全能性を生かした，植物に特異な個体増産システムである．材料には主に不定胚を使い，それを栄養分が含まれるアルギン酸ナトリウム溶液に懸濁する．この組織を含む液滴を塩化カルシウム溶液に落とすと液滴表面がゲル化し，継ぎ目のないマイクロカプセルに包まれた状態になる（⇨ 人工イクラのつくり方と同じ）．カプセルは細胞が種子中の胚として，内部の養分は胚乳のように働く．ゲル内部に特殊な養分や農薬を入れることもできる．天然種子と同じように圃場に蒔き，クローン植物として通常の植物体を得ることができる．

### ■ 植物工場

人工気象室（ファイトトロン）内で管理され，システム化された植物生産施設を「植物工場」という．9-2, 3 で述べた動物工場や養殖場などとまとめて「生物工場」というので，動物の場合と同じく，生産されるものは個体のみならず，個体の部分，とりわけ代謝産物などを得るための後述のような措置に対しても「工場」の言葉が使われる．生産コストは高いが，安定供給，清浄性，品質の安定性，場所を選ばず農作経験も少なくて済むなどの点で優れており，近年，野菜（あるいは発芽野菜）やキノコなどの栽培で，利用が高まっている．栽培法に，土を使わずに養分を水溶液として供給する水耕栽培という方法があるが，植物から土中に分泌される生育阻害物質によって起こる連作障害が発生しないというメリットがある．

### ■ 植物代謝産物の生産

植物個体の代謝産物の利用は昔からいろいろ

■ 図1　人工種子の作製と使い方

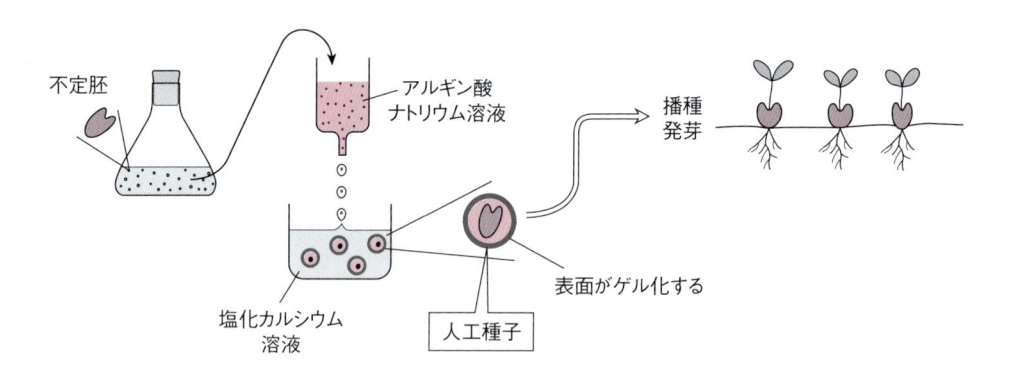

## 9-6 作物の生産促進と植物工場

と行われてきた（例：一次代謝産物としてのスクロースや二次代謝産物としてのウルシやゴム）．現在 細胞培養を使い，工業レベルの生産としてバニリン（バニラの芳香成分）や抗癌剤のタキソールなどの，主に二次代謝産物がつくられている．この取り組みは植物細胞のバイオリアクター的利用だが，微生物バイオリアクターに比べて生産株が不安定で，代謝経路がよくわかっていないことがネックになっている．

### ■ 植物で外来性物質をつくる

遺伝子組換え植物あるいは培養細胞を使って本来植物にないタンパク質や酵素をつくらせ，それらやそれがかかわる代謝産物を利用する方法が多数ある（例：デンプン組成を変化させたジャガイモの生産）．ヒトのアルブミンや，B型肝炎ウイルスのワクチン用抗原をつくるジャガイモというものもある．中には動物特異的分子である抗体分子をつくらせるものもあるが，こちらは抗体による病原体抵抗性を高めるという狙いがあって興味深い．ただ，いずれも抽出方法などにまだ改善の余地がある．

> **コラム：SCP（単細胞タンパク質）とSCO（単細胞油脂）**
>
> 細菌や酵母などの単細胞生物を，脂肪族炭化水素やメタノールを炭素源として培養し，タンパク質（SCP）を得ることができる．他方，グルコースなどを炭素源として微生物を培養し，脂質（SCO）を得る取り組みもある．藻類であるクロレラ（⇨ 植物細胞と同じように培養される）は産業的な利用規模が大きく，そのまま，あるいは SCP が抽出され利用される．

■ 図2　植物工場で作られるもの

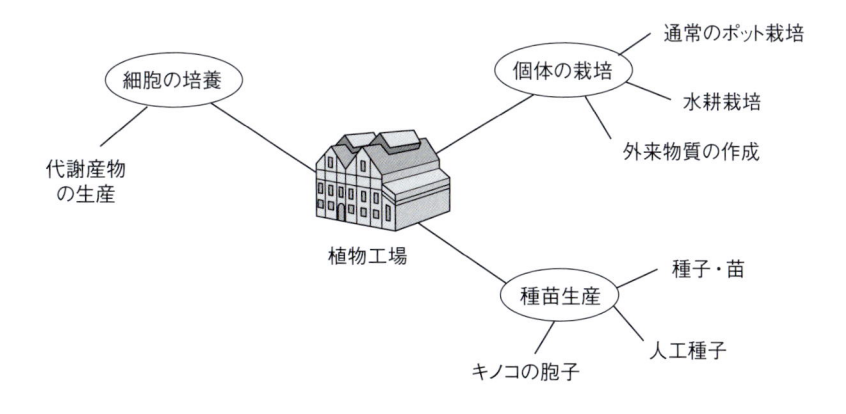

■ 図3　培養細胞で作られる代謝産物の例

| 植物名 | 産物名 | 用途 |
|---|---|---|
| Lithospermum erythrorhizon | シコニン | 化粧品 |
| Berberis 属の一種 | プロトベルベリン | 薬品 |
| Panax ginseng | チョウセンニンジン片 | 健康 |
| Coleus blumei | ローズマリー酸 | 薬用 |
| Taxus 属の一種 | タキソール | 抗癌剤 |
| Vanilla planifolia | バニリン | 芳香剤 |

■ 図4　植物で外来物質を作らせる試み

アルブミン産生ジャガイモ
→ 抽出して利用
→ 食べて栄養となる？

IgG#産生タバコ
→ 抗体として働き，農薬として作用する
\#：病原体に対する抗体分子

# 9-7 生殖をコントロールする

生殖・繁殖の調節によって動植物の生産を調節する古典的な技術に，人工交配や種なし作物作製などがある．化学農薬に代わる生物農薬は比較的新しい取り組みで，さまざまな機構が利用されている．ターミネーター技術には種苗メーカーの巧妙な意図が隠されている．

## ■ 交配の補助

脊椎動物であれば人工授精により効率的で大量の交配ができる．すでに述べたように魚類では媒精と染色体倍化処置を組み合わせた変則的な交配が可能である．しかし植物の場合は事情が異なる．作物のうち他家受粉で交配するものは人工授粉で交配を手助けする必要があり（⇨果樹園の個体がすべて同じクローンという場合には人工授粉は必須である），中にはハチを使って受粉が行われる場合もある．植物の遺伝子操作によって，花粉媒介昆虫を誘因する物質の産生にかかわる遺伝子を組み込む面白い取り組みもある．

## ■ 交配を阻止する

植物での古典的交配阻止技術に染色体工学による種なしスイカ作製がある．コルヒチンで処理すると染色体分離が行われず，受粉により四倍体種子ができるので，この種子由来の個体のめしべに通常の花粉を受粉・結実させて三倍体の種子を得る．この種子由来の個体は減数分裂に欠陥があるために種ができない．このように三倍体にして種を付けさせなくした作物は意外に多い．種なしブドウの場合は，幼芽をジベレリン処理して子房だけを発達させる（⇨単為結実促進）．スギ花粉による花粉症の対処法として，花粉の少ないスギをつくって植林するアイデアがある．

## ■ 生物農薬

植物の害虫や病原体の駆除に生物（広義には生物のつくる物質も含む）を生物農薬として使う方法があり，農薬には標的の天敵，微生物などの病原体，病原菌を媒介する生物や抗生物質生産菌などと多彩なものがある．交配を通じて有害動物を積極的に致死あるいは不稔に導く方法があるが，一つの方法として，放射線処理して精子を不活化したオスを環境に放ち，メスに子を生ませないという不妊虫放飼法（例：チチュウカイミバエ）がある．生物農薬は期間が限定

■ 図1 交配の補助策

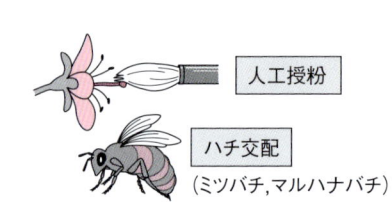

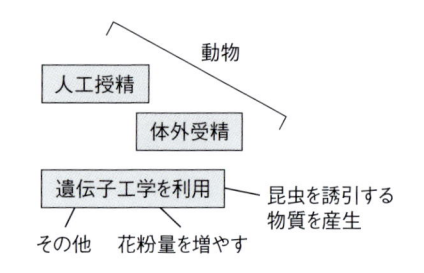

的で，区切られた空間でないと効果が少なく，効く生物種が限定的という欠点もあるが，安全性が高く，耐性生物が出現し難いという利点がある．農薬の中には雑草を殺すものもあるが，生物多様性への影響に注意する必要がある．

## ■ 植物のターミネーター技術

種苗メーカーが開発した優良品種の種子が増やされて勝手に利用されないように，メーカーがとる策略の一つに，遺伝子工学を利用した「ターミネーター（葬り去るという意味）技術」がある（⇨ 詳細は図を参照）．図のように，工場出荷時に苗を薬剤で処理する．その個体は普通に成長して種子も付ける．しかし種子を発芽させようとすると自殺遺伝子が発芽時に働くプロモーターにより発現して死滅してしまう．利用者は結局，その品種の苗を毎年メーカーから買うしかない（⇨ メーカーによる種苗の寡占として懸念されている）．

### ■ 図2 三倍体（奇数倍体）にして種子を作らせない

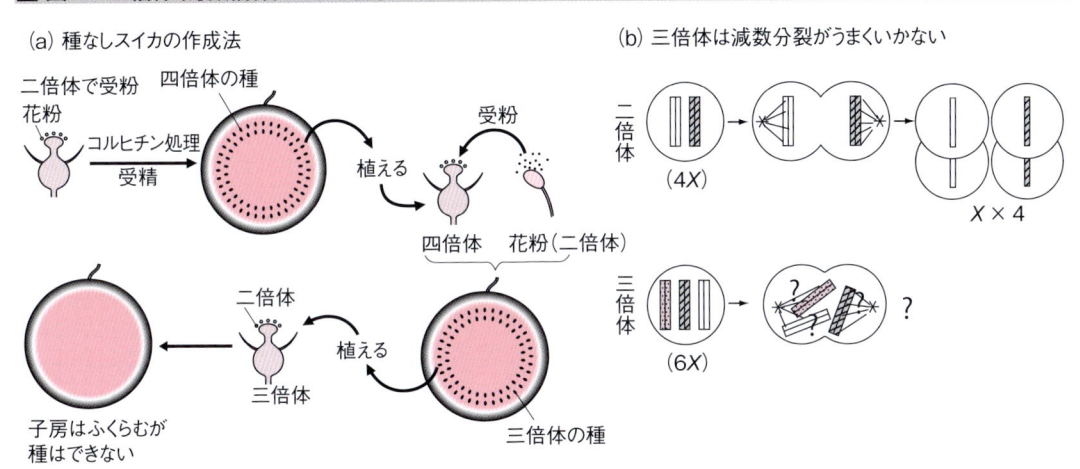

(a) 種なしスイカの作成法

(b) 三倍体は減数分裂がうまくいかない

### ■ 図3 生物農薬の種類

① 有害生物の天敵
② 有害生物の病原体あるいはそれを媒介する生物
③ 有害生物に効く抗生物質や毒素物質生産生物／菌
④ 雑草を殺す生物

**コラム：動物駆除に動物を使う．是か非か？**

沖縄や奄美大島でのハブによる被害を減らすため，天敵（と思われていただけ？）のマングースが放たれたが，マングースはヘビを捕獲せずにニワトリなどを襲い，ついにはヤンバルクイナやアマミノクロウサギといった希少動物も犠牲になった．生物を放つ生物農薬は予想外の方向に向かう場合があるという教訓である．

### ■ 図4 ターミネーター技術の一例

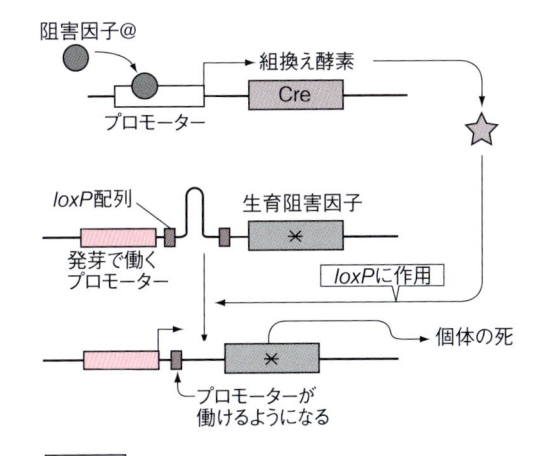

| 出荷前 | ： | @が効いているので＊は発現しない（@→Tetリプレッサー） |
| 出荷時 | ： | @を薬（テトラサイクリン）につけて不活化する．すると＊が発芽時に発現する |

## 9章発展

# 健康食品

> さまざまな健康食品が流通しているが，この中には薬効が表示される特定保健用食品や，一定基準の物質を含む栄養機能食品，薬草から通常の食品までと，さまざまなレベルのものがある．

　医薬品や医薬部外品とは別に，健康によいとされる食品や栄養補助食品が広く流通している．

◆ **薬効の表示ができるもの**

　(1) 特定保健用食品：特保（トクホ）といわれ，提出された科学的データに基づき，健康にとって有効な機能があると消費者庁が認めたもので，機能表示が許可され，現在1000点余りが承認されている．生活習慣病などを対象にしたものが多く，キシリトールでは「虫歯になりにくい食品」，乳酸菌飲料では「血圧が高めの方に適する食品」などと表示内容には一定の制限がある．飲料，乳製品，調味料といった通常食品の形態をとるものが多い．

　(2) 栄養機能食品：食生活で不足がちになる栄養素の補給を目的にした食品で，消費者庁の基準を満たしていれば定められた栄養表示ができる．許可対象になっているものはビタミン類とミネラル類の17種類で（2008年），主に錠剤やカプセルで提供される．

◆ **薬効の表示ができないもの**

　左記以外のものは食品衛生法の食品に含まれる．
健康補助食品：サプリメントとして，一般の栄養素（例：プロテイン），ビタミン，補酵素，動植物からの抽出物（例：DHA）など非常に多くのものがあるが，形態は一般にカプセルや錠剤である．栄養補給，ダイエット，気分調節の目的などで利用されているが，薬効の記載はできない．市場にはこのほか薬草やハーブ，免疫力を付けるとか癌予防に効くなどとされる通常食品までさまざまなものが流通しているが，これらすべてを法的にどう位置付けるかが議論の対象になっている．

■ 図1 「健康食品」に含まれるもの

| 分類 | | 効能の表示 | 例 |
|---|---|---|---|
| 食品 | 健康機能食品 — 特定保健用食品（特保/トクホ） | 国の認可があれば表示できる | ヨーグルト，食用油，オリゴ糖，食物繊維，大豆タンパク質，お茶など →食品形態をとる |
| | 栄養機能食品 | 基準に達していれば，定められた栄養機能が表示できる | 水溶性ビタミン（C，B群，葉酸など）脂溶性ビタミン（A，D，E）ミネラル（カルシウム，マグネシウムなど） |
| | 一般食品 | できない | 健康補助食品（いわゆるサプリメント）→クロレラ，プロポリス，DHAその他　・元のままの動植物　・ハーブ，薬草　・鉱物 など |

特別用途食品 → 病気の人などを対象にした消費者庁認可の特別食
（例：アレルギー対策のアレルゲン除去食品）．特保もこの中に含まれる．

■ 図2　健康食品に関するロゴマーク■

認定健康食品

特定保健用食品

特別用途食品

# 10章

# 生命反応や生物素材を利用・模倣する

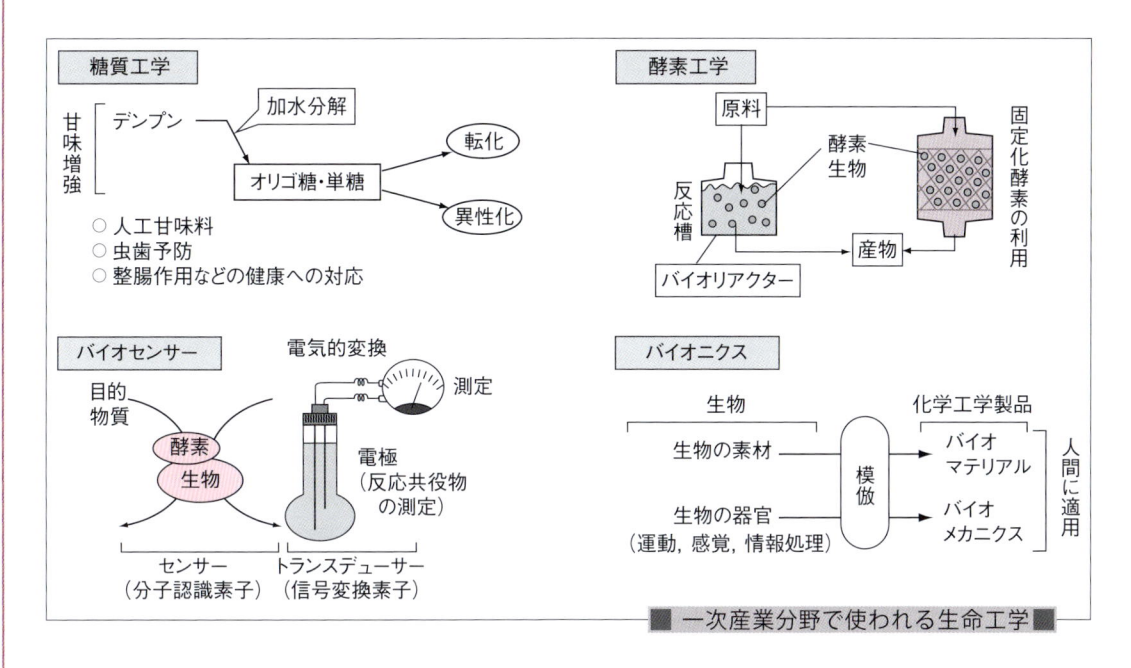

■ 一次産業分野で使われる生命工学

　生体で起こる酵素反応を試験管内反応として効率よく大規模に行ったり，生物のもつ組織や器官を模倣したものを人工的につくったりすることも，生命工学の一つの領域である．糖類に関しては「甘味」というキーワードで糖の人的変換が行われ，異性化糖，転化糖，オリゴ糖などがつくられ，また糖尿病対策や虫歯対策としての甘味料の開発も進んでいる．生体反応を進める反応槽はバイオリアクターといわれ，生体成分の合成や変換に用いられる．リアクターには触媒として酵素や細胞などを使用するが，使いやすいように，それらを不溶性の担体に埋め込んだり，結合させたりして不溶化させる．酵素の場合は固定化酵素といい，工業レベルの物質生産では盛んに使われている．

　生体分子や生物を使って物質を検出する場合，それら生体分子はバイオセンサーと称される．センサーには酵素が，酵素反応を電気的信号に変換するトランスデューサーには電極が使われ，血中グルコースなどはこの方法で測定されている．生物の素材（組織や器官）はそれぞれの目的に最も合うように進化したものであるため，その素材を真似て工学的な素材などをつくることは非常に有効である．このような領域は生体工学／バイオニクスといわれる．生体由来材料：バイオマテリアルとして使われるものにはさまざまなポリマーや繊維などがある．他方，生物の組織や器官の働きを真似た工学材料や装置はバイオメカニクスといわれ，流体中の表面加工や撥水加工，レーダーやソナーなど，多くのところで応用されている．現在，生物個体全体の制御を統合的に理解しようというシステム生物学が進められている．

## 10-1

# 甘味に関する取り組み

> 甘味は動物を引きつける対象であり，植物はそれを利用しながら進化してきた．甘味の増強にはさまざまな方法があり，工業的にはスクロースの転化，デンプンの糖化，グルコースの異性化が重要である．さまざまな理由により，ショ糖に代わる甘味料が多数製造されている．

### ■ 甘味は特別

動物は普遍的に甘味を心地よいと感ずるため，植物は果実への糖分蓄積や密の産生といった戦略で動物を引き寄せ，甘味を生殖の道具として使っている．他方，甘味のある糖はすぐエネルギー源となる一方，う歯（虫歯）の原因や糖尿病の誘因となることから，先進国では近年その対応が課題となっている．糖がこのような特色をもつ栄養素であるため，カロリーを増やさないで甘味を増強する取り組みも行われる．

### ■ 糖の酵素処理

植物が果実や貯蔵組織に蓄える甘味の強い糖は，主に単糖のグルコース（ブドウ糖）とフルクトース（果糖），二糖のスクロース（ショ糖）だが，産業的にはサトウキビなどから抽出されるショ糖が重要である．上記3種の糖の甘味の強さは，フルクトース＞スクロース＞グルコースの順（例：フルクトースはスクロースの1.7倍，グルコースは0.7倍甘い）なので，ショ糖をインベルターゼで加水分解して果糖とブドウ糖の混合物とした転化糖が製造され，甘味料として利用される（注：酵素反応なので100%は変換されない）．デンプンやセルロースといった多糖には甘味はないが，グルコースに加水分解すると甘味が出る．これを発酵や醸造に利用しているのが麹（コウジ）によるデンプンの分解，すなわち糖化で（⇨ 甘酒はそれを食品としたもの），酒酵母はこれを利用してアルコール発酵している．グルコースを異性化するとフルクトースが得られる．

> **コラム：水飴**
>
> 麦芽や玄米を水に浸して温めると，胚乳中のアミラーゼが働いてデンプンがマルトース（麦芽糖．グルコースの連結した二糖で甘味がある）に加水分解されて水飴となる．スクロース以前の甘味料だが，現在でも産業的に重要な産物である．

■ 図1　甘味料としての糖の構造

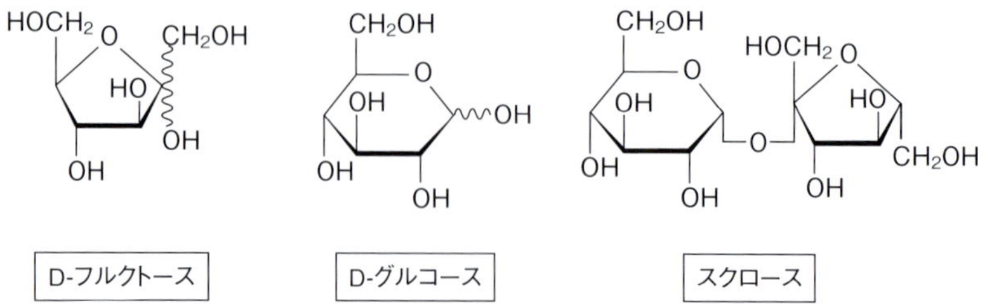

D-フルクトース　　D-グルコース　　スクロース

## ■ ショ糖の代替品としての糖

甘さではスクロースにおよばないが，ほかにメリットがあるために甘味料として使われる天然の糖／糖誘導体がいくつかある．よく用いられているものとしてソルビトール，キシリトール，エリトリトール，トレハロースなどがあり，いずれもすっきりした甘さをもつ．前者3種は糖アルコールで，溶解時に吸熱するため清涼感がある．非う歯性でガムなどに使用されるものや，保水性があって保存剤として使用されたりするものがある．吸収が穏やかなものは，糖尿病患者の甘味料としても利用される．オリゴ糖で甘味の弱いものは，甘味料よりは機能性食品（例：腸内善玉細菌の増殖）として使われる．

## ■ 人工甘味料

カロリー制限や糖尿病対策などの観点から人工甘味料が多数開発されている．

（1）糖骨格をもたない物質：サッカリンナトリウムやアセスルファムカリウム．カロリーがなく，ショ糖の数百倍の甘さがあるため，ダイエット食品に使用される．

（2）糖骨格をもつもの：スクラロースはスクロースに似た非常に甘味が強い物質で，やはりカロリーはない．糖アルコールも化学合成でつくられる．

（3）ペプチド：フェニルアラニンのエステルとアスパラギン酸が結合したアスパルテームは吸収・代謝されない．パルスイートという商品に含まれている．

### ■ 図2　ショ糖に対する甘味の比較

| 糖 | スクロースに対する相対甘味 |
| --- | --- |
| スクロース | 1.0 |
| グルコース | 0.7 |
| フルクトース | 1.7 |
| 異性化糖42 # | 0.9 |
| 転化糖 § | 1.0 |
| ソルビトール | 0.6 |
| キシリトール | 1.0 |
| エリトリトール | 0.7 |
| トレハロース | 0.5 |

\#：グルコースのグルコースイソメラーゼによる異性化物．約50％程度しか反応しない
§：スクロースのインベルターゼ反応物．約50％程度しか反応しない

### ■ 図3　酵素による甘味の増強

(a) 異性化糖

グルコース —[グルコースイソメラーゼ]→ フルクトース

(b) 転化糖

スクロース —[インベルターゼ]→ グルコース ＋ フルクトース

(c) デンプンの糖化

[グルコース]$_n$（デンプン）—[アミラーゼ]→ 主にマルトース

### ■ 図4　人工甘味料の分子構造（かっこ内はスクロースに対する相対甘味）

サッカリンナトリウム（×350）

スクラロース（×600）

アスパルテーム（×200）

## 10-2

# 酵素工学

> 生体物質のなかでも酵素は産業的に重要なもので，化学，食品，薬品，製紙，皮革といった多くの領域で使用され，種類としては加水分解酵素が多い．酵素工学では酵素の改変も行われており，反応性や安定性など多様な観点から，より優れた酵素がつくられている．

酵素の生産，利用，改変にかかわる技術を酵素工学という．

### ■ 産業分野での酵素利用

酵素は物質生産，反応の推進，測定・検出に利用され，物質生産では固定化酵素（10-3）も使われる．

（1）化学工業：酵素の工業利用の中で規模の大きいものは洗剤で，タンパク質を分解するアルカリ性（⇨ 洗剤のpH）プロテアーゼが加えられる．繊維業界では綿や麻を表面処理して滑らかにするためにセルラーゼが使われる．皮革工業では皮なめし剤には種々のタンパク質分解酵素が使われる．

（2）糖や食品：加熱粉砕した穀物を耐熱性α-アミラーゼ処理し，デンプンを断片化し液化してマルトデキストリン（複数のオリゴ糖を含む）を生成させる．ここにβ-アミラーゼ，グルコアミラーゼを作用させるとグルコースを豊富に含むマルトースシロップが生成するが，最後はグルコースシロップとなる．マルトデキストリンにシクロトランスフェラーゼを作用させ

■ 図1　産業用酵素とその用途 ■

| 用途 | 酵素の種類 |
|---|---|
| 洗剤 | プロテアーゼ，セルラーゼ，リパーゼ |
| デンプン加水分解 | α-アミラーゼ |
| グルコース異性化反応 | グルコースイソメラーゼ |
| ビール醸造 | アミラーゼ |
| 果実加工，ワイン | セルラーゼ，ヘミセルラーゼ，ペクチナーゼ |
| 小麦粉，パン製品 | α-アミラーゼ，プロテアーゼ |
| チーズ製造，香料 | プロテアーゼ，キモシン，リパーゼ |
| 貯蔵牧草と動物飼料 | フィターゼ |
| 紙，繊維製品 | α-アミラーゼ，リパーゼ |
| 皮革処理 | プロテアーゼ |

■ 図2　酵素利用のメリット ■

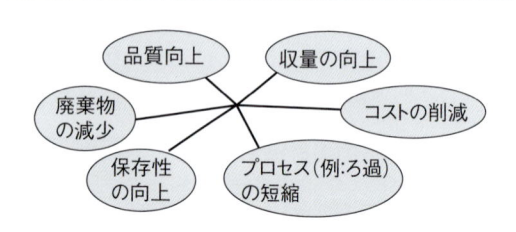

- 品質向上
- 収量の向上
- 廃棄物の減少
- コストの削減
- 保存性の向上
- プロセス（例：ろ過）の短縮

■ 図3　酵素によるデンプンの分解 ■

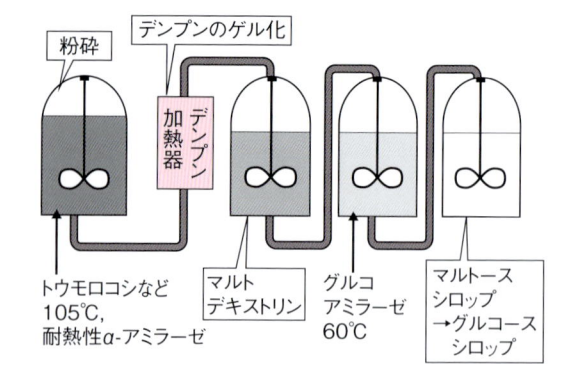

粉砕 → デンプンのゲル化（デンプン加熱器） → マルトデキストリン → グルコアミラーゼ 60℃ → マルトースシロップ → グルコースシロップ

トウモロコシなど 105℃，耐熱性α-アミラーゼ

ると，種々の分子を内部に閉じ込められる環状分子のシクロデキストリンができる．単糖や二糖からより甘味の強い糖をつくるためにも酵素が使われる（10-1）．植物細胞壁のペクチンを分解するペクチナーゼは，果物の搾汁効率向上，果汁ゲル化防止などで使われる．乳製品，パン，肉の加工でも多くの酵素が使われる．

（3）製紙：植物繊維を分解するセルラーゼやヘミセルラーゼは，食品工業でのピューレ製造や繊維工業の繊維柔軟剤以外にも，製紙工業（パルプも含む）でも使われる．製紙では化学処理でリグニンなどは分解されるが，キシランを分解するキシラーゼを作用させると漂白効果が増す．マツなどの脂質の多い木材ではリパーゼで脂肪を分解する．製紙は基本的に化学処理で進められるが，酵素はその過程を効率化する．セルロースやバイオマス（11-4）をセルラーゼ処理すると単位成分であるグルコースが生成し，エタノール製造の原料にもなる．

### ■ 医療分野での酵素利用

医薬品としての酵素は経口消化剤としてのアミラーゼ，リパーゼ，プロテアーゼがあり，カゼ薬の消炎剤，去痰剤としてペプチダーゼ，リゾチームも含まれる．血栓溶解剤としてはウロキナーゼ，プラスミノーゲンアクチベーターが，歯磨き粉には虫歯予防のためにデキストラナーゼやムターゼが加えられる．臨床検査でも多くの酵素の活性測定が行われる（例：肝機能検査でのGOTやGTP，血糖検査でのグルコースオキシダーゼ）．あるものはバイオセンサー素子として機能する．

### ■ 酵素を改変する

酵素の改変は，①化学修飾による機能修飾や安定化，②基質特異性の改変，③活性／反応速度の上昇，④至適条件やアロステリック因子特性の変化，⑤別種機能の付加，⑥反応特性の改変，⑦熱安定性向上といった観点から行われる．改変にはアミノ酸の変異，異質分子の共有結合，キメラ分子の作製などの手法が使われる．

#### コラム：RNAを付けた酵素

RNA分解酵素RNaseHに一本鎖の特定配列DNAを連結すると，酵素が特定DNA配列に固定されてRNA制限酵素のように使うことができる．

■ 図4　血糖量測定での酵素利用

■ 図5　RNA制限酵素として働くハイブリッド酵素

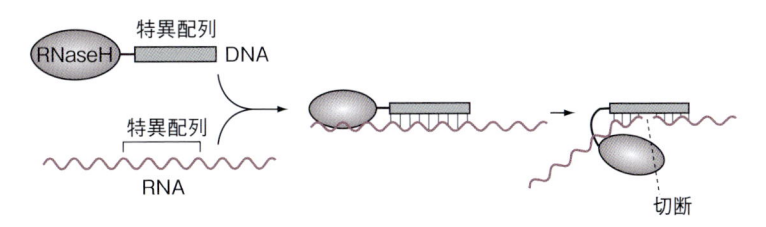

## 10-3

# バイオリアクターと固定化酵素

生物，細胞，あるいは酵素を生体触媒として利用して反応装置を組み立て，そこで有用な物質を製造するシステムをバイオリアクターという．この中には通常の細胞培養や微生物培養用のタンク，光反応装置，そして酵素をさまざまな方法で固定化した装置などがある．

### ■ バイオリアクターとは

金属触媒と高温・高圧で進める化学的反応槽に対し，生体触媒を用いた槽に原料物質を入れ，基本的に常温・常圧で反応させる装置にバイオリアクター（生物反応装置）がある．触媒としては培養化された微生物や培養細胞〜組織／器官を使う（⇨ 酵素活性さえあれば死んだ細胞も使える）ので，発酵工学や培養工学による物質生産装置はバイオリアクターである．さらには無細胞にして，触媒に酵素を使ってもよい．なお動植物による物質生産では，個体をバイオリアクターと見なすことができる．

### ■ 細胞〜組織のバイオリアクター

以下のようなものを培養し，分泌物質や細胞内物質を利用する．

（1）微生物：細菌や酵母などの培養装置（ジャーファーメンター）と基本的に同じで，目的によって嫌気培養（例：酵母によるビール生産）か好気培養かのいずれかをとる．

（2）植物：単細胞状態あるいは小さな細胞塊として，細胞が壊れないようにゆるやかに通気しながら攪拌して培養する．なお植物では二次代謝産物が根でつくられるものも多く，その場合はドラム型の容器の内側に組織を根として付着させ，回転させながら培養液に漬ける．茎や葉の場合は光が必要で，装置は大規模になる．

（3）フォトバイオリアクター：藻類を大量に屋内の容器内で培養する場合，集光した太陽光を光ファイバーで反応槽内に導く．細胞体を利用するクロレラなどでもこのような方式が採ら

### ■ 図2　バイオリアクターの特徴

- ○ 反応効率が高い
- ○ 副産物がない
- ○ 複雑な反応が可能
- ○ 複数反応を進められる
- ○ 結果的にコストが下がるものがある
- ● 触媒の寿命が短い

### ■ 図1　バイオリアクターの概念

［通常の化学リアクター］

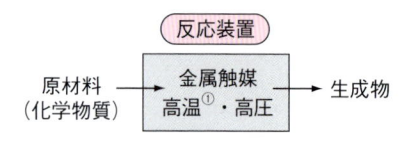

原材料（化学物質） → 反応装置［金属触媒 高温①・高圧］ → 生成物

［バイオリアクター］

原材料（栄養・炭素源） → 反応装置［生体触媒 常温②・常圧］ → 生成物

細胞，組織，（個体），微生物，酵素

① 〜数百℃
② 通常 0〜100℃

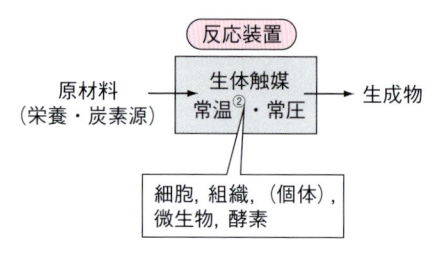

れる．発生する水素を利用する原核生物のランソウの培養も類似の装置で行われる．

（4）動物細胞：ハイブリドーマ培養など，医薬生産を目的に使われることが多く，一般にリアクターの規模は小さい（とくに付着性細胞では）．

## ■ 固定化酵素

精製酵素が得られ，酵素反応が安定で，産物が in vitro 酵素反応で効率的に生産できるのであれば，直接，酵素を触媒として使用できる．ただ回分式反応だと酵素反応は頭打ちになり，高価な酵素が失われてしまう（⇨ 連続式でも同様）．これらの課題を克服するため，酵素を固定相に付着させ，そこに基質を移動相として通す方法が固定化酵素である．装置としては，酵素が固定化している担体をフィルム状にしたり，カラムに充填するなどして反応面積を広げ，一方から基質を流し，他方から産物を回収する．固定化酵素は，日本ではアミノアシラーゼによるアミノ酸の光学分割や，グルコースからフルクトースへの異性化が最初期に実用化されたが，現在では糖の変換，アミノ酸や脂質の生産などで数多く応用されている．複数の酵素を固定すれば連続反応も可能である．

## ■ 固定化の方法

酵素の固定化戦略には結合法（⇨ 種々の結合法で担体に付着させる），架橋・多量体化させる架橋法，そして物理的に空間に封じ込める包括法の3種類がある．固定の安定や反応を阻害しない観点からは包括法が最も優れているが，この中にはマイクロカプセル法，被膜で包む方法，マトリックスに捕捉する方法などがある．包むもののサイズを大きくすれば，細胞小器官，細菌，細胞といった大きなものの封じ込めも可能である．

■ 図3　細胞を残す連続培養の例 ■

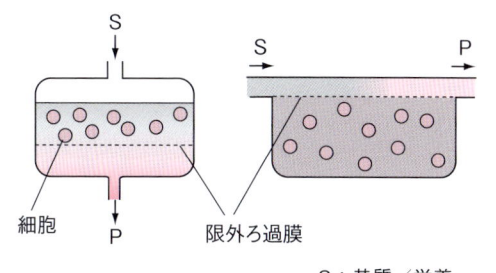

S：基質／栄養
P：生成物

■ 図4　フォト（光）バイオリアクター ■

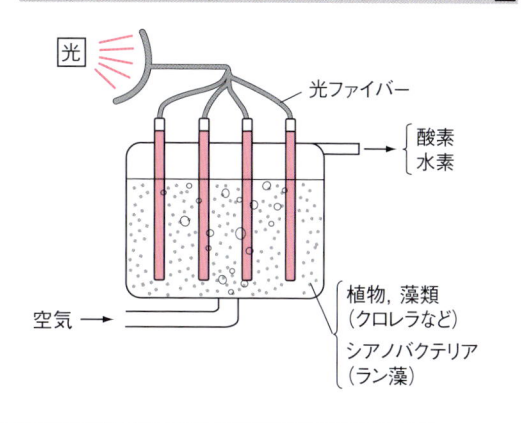

■ 図5　酵素などの固定化法と反応の概要 ■

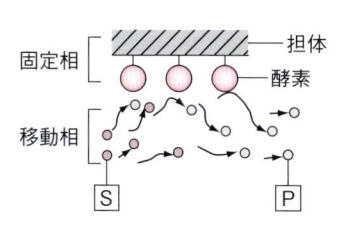

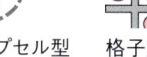

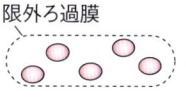

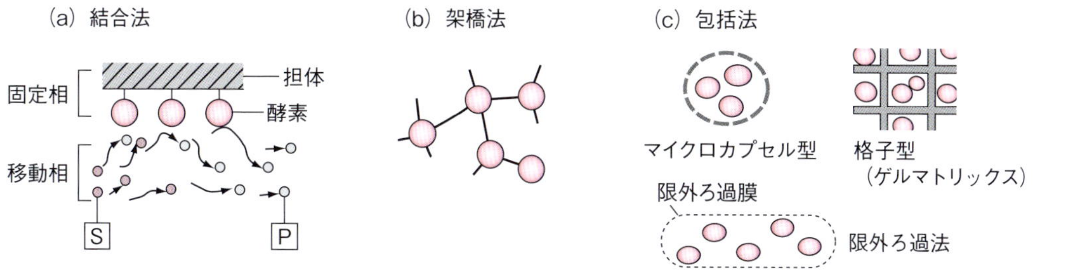

(a) 結合法　(b) 架橋法　(c) 包括法

マイクロカプセル型　格子型（ゲルマトリックス）

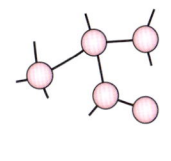

限外ろ過膜　限外ろ法

## 10-4

# バイオセンサー：物質測定への応用

> 生体分子や生物を介して目的物質の量を測定する器具をバイオセンサーといい，物質の識別部には酵素などが，識別量を電気信号に変えるトランスデューサーには電極などが使われる．血糖量を計る携帯用グルコース測定器はこの原理を利用した代表的なものである．

### ■ バイオセンサーとは

生体分子の特異的な認識・反応機構を使い，そこで生ずる生成物を電気信号に変えて目的物質の検出・定量を行うものをバイオセンサーという．バイオエレクトロニクスの一つで，一般のセンサーに比べて夾雑物の影響が少ない．

### ■ バイオセンサーの構成要素と特徴

センサーは化学物質の識別部とそれを情報（⇨ 電気信号）に変える変換部（⇨ トランスデューサー）からなる．バイオセンサーの識別部には酵素，抗体や抗原，結合タンパク質や受容体，微生物などが使われる．トランスデュー

#### コラム：天然のセンサー

動物はにおいや味を特異的センサー（受容体）で受容し，それを電気シグナルに変換して神経系で処理する．これらに相当する機器（味センサー，においセンサー）が半導体センサーや脂質膜センサーなどの素子を利用した製品となり利用されている．しかし麻薬探知犬や調香師に代わるものがないことからわかるように，これら人工センサーは特異性と感度において動物の感覚器の性能にはまだ及ばない．

■ 図1　バイオセンサーの構成

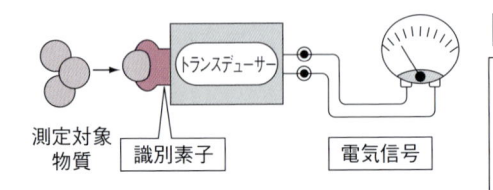

化学情報 —（物理情報）→ 電子シグナル

<識別素子>
　酵素，抗体／抗原，結合タンパク質
　細胞，微生物，その他

<トランスデューサー>
　電極［酵素，$H_2O_2$，pH，その他］，サーミスタ，光ファイバー，表面プラズモン共鳴，分光光度計，フォトカウンター

■ 図2　バイオセンサーの例

| センサーの種類 | 識別素子 | トランスデューサー |
|---|---|---|
| 酵素電極 | | |
| 　電流計 | ほとんど酸化酵素 | 酸素電極 |
| 　電圧計 | ほとんど加水分解酵素 | イオン選択制電極 |
| 酵素FET（電界効果トランジスター） | ほとんど加水分解酵素 | 電界効果トランジスター |
| 微生物センサー | 微生物 | 酸素電極<br>イオン選択制電極 |
| 圧電センサー | 抗体 | 圧電性水晶結晶 |
| 光学センサー | 抗体，DNA | 表面プラズモン共鳴または<br>グレーティングカプラー装着の光ファイバー |

サーには電極（陽電荷，陰電荷が集まる二つの極からなる），光学センサー，圧電センサーなどがあるが，主には電極が使われる．電極は種々あるが，酵素反応の場合，酸化酵素は酸素を消費して過酸化水素を生成するので酸素電極が使われる．酵素の活性中心はタンパク質に包まれて電極との直接の電子授受はできないので，酵素の補酵素との間で電子授受を行うに適当な物質（メディエーター）を加えて測定する．

### ■ 実用化バイオセンサー

（1）最も成功しているものはグルコースセンサーである．固定化されたグルコースオキシダーゼにメディエーターとグルコースを加えると，前述の原理によって濃度を測定できる．酵素が安定でメディエーターの電子授受が比較的低い電位で起こり，溶存酸素濃度に影響されにくいために使いやすく，携帯血糖値測定器として広く普及している．相当する原理は，他の多くの生体分子の測定に使われる．

（2）抗原抗体反応を利用するイムノセンサーでは，センサーチップに抗体を結合させておき，抗原の結合は光を使う方法（例：プラズモン共鳴法）などで検出する．このような光学的検出法は研究機器では広く利用されている．

（3）水質汚染度合いの目安にBOD（生物化学的酸素要求量）があるが，この測定の識別素子には微生物がそのまま使われる．BODセンサーに有機物を入れるとこれを微生物が利用し，酸素を消費するので，酸素電極で測定できる．

### ■ 研究領域での応用

左記の（2）は，発展型としてタンパク質同士，あるいはDNAとタンパク質の結合の測定でも使われる．核酸を蛍光プローブハイブリダイゼーションで検出することはDNAセンサーといえ，酸化還元酵素を分光光度計で測定したり，ルシフェラーゼ活性を光量計で測定することも，酵素が識別部，基質が測定物質，検出機器がトランスデューサーと見ることができる．このように，医学研究やバイオ研究での測定は広い意味でバイオセンサーを使って行われている．

■ 図3　グルコース濃度測定用バイオセンサー ■

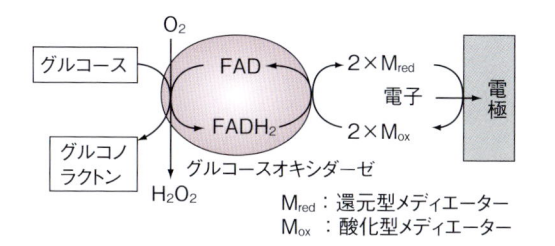

■ 図5　BODセンサー ■

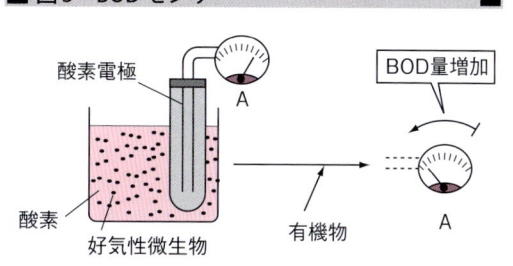

■ 図4　表面プラズモン共鳴によるタンパク質（抗原）の測定 ■

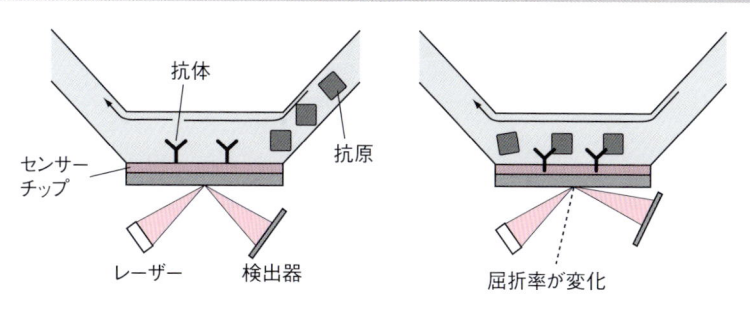

## 10-5

# 生体工学：バイオニクス

生物学と工学の接点は意外に多く，生体成分を模して物質がつくられたり，生物の機械工学的な構造や制御が工学的に応用されたりしている．この中にはバイオプラスチックや繊維などのポリマー合成，流体中の材料の表面加工，そしてバイオコンピューターなどがある．

生体には機械工学的な面と制御工学的な面があり，人体と工学の融合した多くの技術が存在する．生体に関連する工学的取り組みを生体工学（バイオニクス）あるいは生物模倣技術といい，すでに述べた人工臓器（8-9）やバイオセンサー（10-4）はその典型例である．

### ■ バイオマテリアル

生体に由来する材料（バイオマテリアル）の中で，産業的には高分子ポリマーが重要である．この中には 1,3-プロパンジオールとテレフタル酸との共重合体（商品名ソロナ），乳酸重合体のポリラクチド，ヒドロキシ酪酸とヒドロキシ吉草酸の重合体バイオポルなどがある．後者二つは生物が分解できる生分解性バイオプラスチックで，環境に良いとして注目されている．生分解性プラスチック原料には，ほかにデンプンやカゼインもある．天然繊維にはセルロースからなる木綿やフィブロインからなる絹糸があるが，それぞれはグルコースおよびアミノ酸の重合体である．合成繊維のうち，セルロースをアルカリ溶解後，酸で再繊維化したものにレーヨンがあり，またアミド結合をもつ低分子の重合体であるナイロンは絹糸を模倣してつくられた．フジツボが海岸の岩に固着できるのは

**コラム：レーヨンは爆薬？**

初期のレーヨンはセルロースを硝酸＋硫酸で溶かしてできていた．酸素が結合したニトロセルロースが原料だったために発火しやすく，引火爆発事故が多発した．

■ 図1　生体工学は広い領域に応用されている

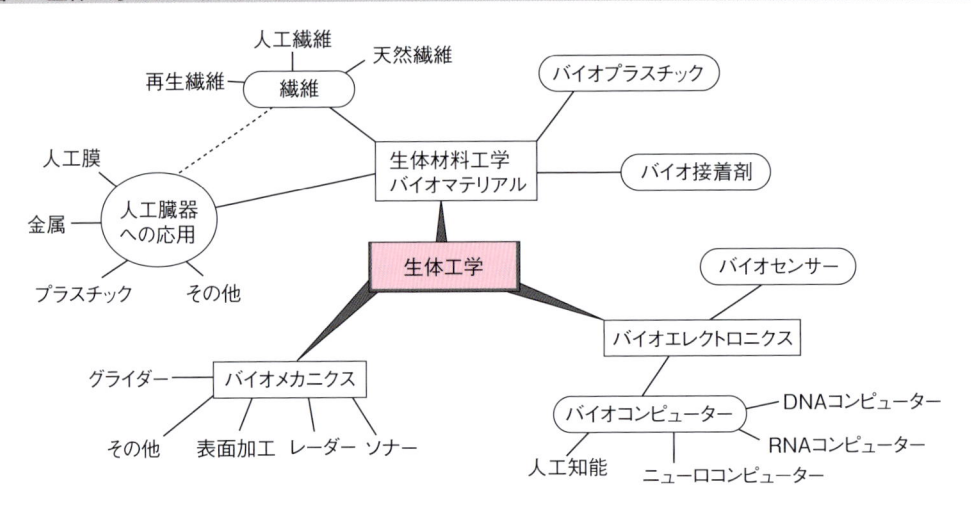

分泌したタンパク質性の物質が酸化・重合して接着剤として作用するためで，このようなバイオ接着剤が医療用として開発されている．

### ■ バイオメカニクス
### ：生物を模倣した工学的製品

動物の理想的な運動を模倣した機器がさまざまあるが，コウモリが反射音を聞いて飛ぶしくみはレーダーに，動物が両目の視差を利用してものを立体的に捕らえるしくみは3D画像機器に，大型鳥類の身体はグライダーに応用された．生物がヒントになった材料の表面加工技術も多い．サメの速い泳ぎには水の乱流を防ぐ皮膚表面の細かな凹凸が役立っているが，これは流体中を高速で動く機械の表面加工に応用されている．このほか，ハスの葉の表面が水をはじく構造は撥水加工に，ヤモリの粘着する足の裏の無数の細毛は剥がせる粘着テープに，毛玉をつくるネコの舌の突起構造は掃除機のスクリューのゴミ圧縮機能に応用されている．

### ■ バイオエレクトロニクス

生体分子をエレクトロニクス（電子工学）と組み合わせた生体電子素子のうち，生体機能を模倣するものの一つにバイオコンピューターがある．最初のアイデアはDNAコンピューターで，4種類の塩基を演算素子とし，DNAの合成，連結，切断で演算を行うが，多数の反応（つまり演算）を同時並列的に行えるという特徴をもつ．その後RNAコンピューターの概念が発表されたが，RNAは遺伝情報のほか，DNAやタンパク質と結合でき，細胞に組み込んでRNAiのように細胞を制御する人工知能として使えるのではと期待されている．中枢神経系を構成するニューロンネットワークをチップに使ったものはニューロコンピューターといわれる．

■ 図2　繊維の化学構造

(a) フィブロイン
　　（絹糸，クモの糸）
　　(Gly/Ala/Ser/その他)n
　　β構造をとり，伸縮性に富む

(b) セルロース
　　（木綿）
　　（グルコース）n

(c) ナイロン
　　（ナイロン6の例）
　　アミド結合

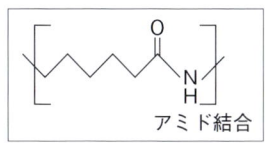

■ 図3　生物を模倣した例

[機器／機械]
　コウモリの飛行制御機構 → レーダー，ソナー
　鳥の身体の構造 → グライダー
　両眼で物を立体的に見る機能 → 三次元画像

[表面加工]
　魚のウロコ → 水中や空中での高速の動き
　チョウの羽根のうねり構造 → スクリューの騒音の軽減
　ヤモリの足裏にある無数の細毛 → 剥がせる強力粘着テープ

■ 図4　表面加工による乱流の抑止

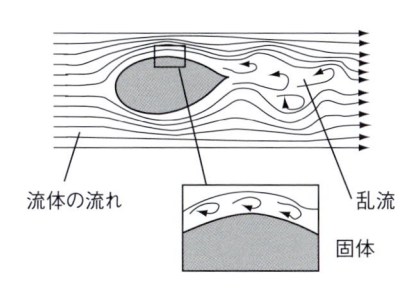

流体の流れ　　乱流　　固体

表面加工により乱流が消える

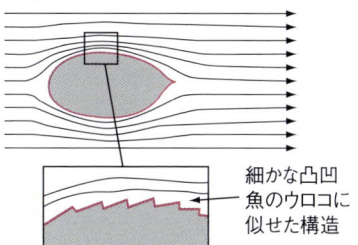

細かな凸凹
魚のウロコに似せた構造

# 10章発展

# システム生物学

生体分子情報を統合して生物の全体像を描き出し，理論を構築する学問をシステム生物学といい，因子ネットワークや環境応答，パターン形成や生物時計など，多くの事象が扱われる．

◆ **システム生物学とその骨格**

生物学では生命活動の素子（例：遺伝子，酵素，調節因子）の解析が終わり，機能集合体としての生物全体を理解する時代に入ったといわれるが，このような生命システムの統合的な理解を目指す領域をシステム生物学という．システム生物学には，広汎な測定／解析，基本素材に関する情報（例：反応や構造などに関するデータベース），それらをもとにバイオインフォマティクスを活用した生命プログラムの理論構築が必要で，最後には理論の検証・シミュレーションが行われる．

◆ **二つのレベルのシステム生物学**

システム生物学研究は細胞レベルと個体レベルのものがある（注：個体群や生物群集といった生態システムは守備範囲外）．細胞レベルとしては，遺伝子発現制御にかかわる転写制御因子ネットワーク，タンパク質相互作用ネットワーク（インタラクトーム），細胞内情報伝達因子によるシグナルネットワークなど，異なるカテゴリーの分子を用いるいくつかのものがあり，総じてネットワーク生物学ともいわれる．細胞の増殖や維持といった通常状態の挙動の理解や，環境の変化に対する細胞の応答などが研究対象である．個体レベルでは，生物が示す規則的な空間パターン（チューリングパターン）の研究（例：シマウマの縞模様），外的ストレスに対して個体が恒常性を維持するといったロバストネスの解析，生物時計が動くメカニズム（⇒ 転写制御因子による正／負の相互作用がかかわる），内分泌系と神経系による高次生体制御機構なども研究対象となる．

■ **図2　システム生物学の対象** ■

解析される相互作用やネットワークの例

| 物質相互作用（インタラクトーム） | 転写因子ネットワーク |
| --- | --- |
| シグナル伝達因子ネットワーク | ホルモン−神経相互作用 その他 |

具体的な研究対象

生物時計，チューリングパターン
生体のロバストネス／恒常性の維持
高次神経機能

■ **図1　システム生物学の要素と目的** ■

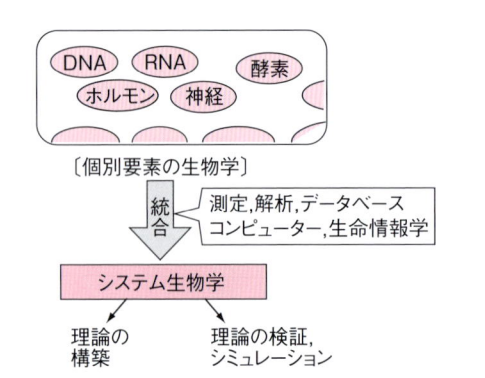

DNA　RNA　酵素
ホルモン　神経

〔個別要素の生物学〕

統合 ← 測定，解析，データベース　コンピューター，生命情報学

システム生物学
→ 理論の構築
→ 理論の検証，シミュレーション

■ **図3　システム生物学の成果の例** ■

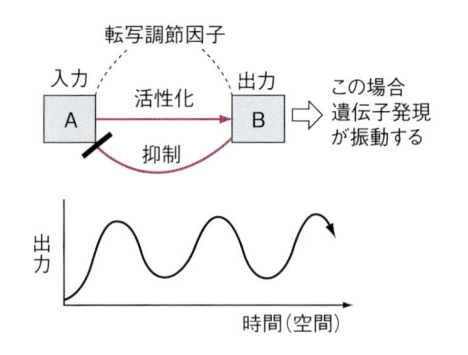

転写調節因子
入力 A — 活性化／抑制 → 出力 B　この場合遺伝子発現が振動する

出力　時間（空間）

# 11章

# 環境問題やエネルギー問題に取り組む

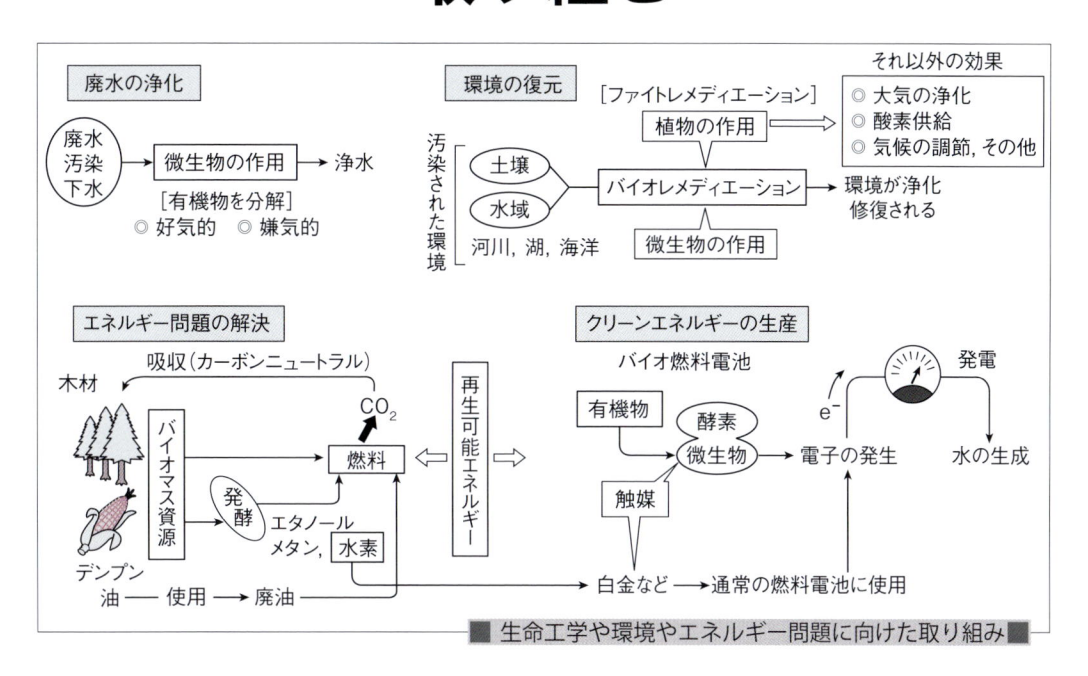

## 廃水の浄化
廃水・汚染・下水 → 微生物の作用 → 浄水
[有機物を分解]
○ 好気的　○ 嫌気的

## 環境の復元
汚染された環境
- 土壌
- 水域（河川，湖，海洋）

→ バイオレメディエーション ← 微生物の作用
↑ 植物の作用［ファイトレメディエーション］
→ 環境が浄化修復される

それ以外の効果
○ 大気の浄化
○ 酸素供給
○ 気候の調節，その他

## エネルギー問題の解決
木材 — 吸収（カーボンニュートラル） — $CO_2$
バイオマス資源（デンプン，油）→ 発酵 → エタノール，メタン，水素 → 燃料
油 — 使用 → 廃油
← 再生可能エネルギー →

## クリーンエネルギーの生産
バイオ燃料電池
有機物 → 酵素・微生物（触媒）→ 電子の発生 → $e^-$ → 発電 → 水の生成
白金など → 通常の燃料電池に使用

■ 生命工学や環境やエネルギー問題に向けた取り組み ■

　健全な社会にとって，環境の維持とエネルギーの利用の調和は重要な課題だが，生命工学はこの分野でも力を発揮している．下水や排水の処理では，微生物を使った好気的処理や嫌気的処理による水の浄化が行われている．汚染された土壌や海域などを，生物を使って復元する取り組みをバイオレメディエーションといい，有機溶剤や種々の有害物質などの除去が微生物を使って行われる．上記のうち植物を用いる環境浄化はファイトレメディエーションというが，植物は自身も空気を浄化して酸素を供給し，また動物の生息場所を提供する．

　エネルギーにはエネルギー発生源が常時供給されない石油などの化石燃料と，常に供給される再生可能エネルギーの二つがあるが，植物バイオマスやそれからつくられるバイオ燃料，そして燃料電池などは後者である．トウモロコシやおがくずなどのバイオマスを化学的あるいは酵素的に糖化させ，それを原料にした発酵により，バイオエタノールやその他の有機化合物がつくられている．植物バイオマスの起源は大気中の二酸化炭素であるため，それを燃焼しても正味の二酸化炭素増加はないと見なされるが，そのために森林が減少するといったことには注意を払う必要がある．

　燃料電池は水素やメタノールなどを使うために水しか発生させず，クリーンである．生命活動のエネルギーは電気的ポテンシャルを得ることで得られるため，細胞自体や生体酸化還元反応にかかわる酵素を使って電気を生み出す電池をつくることができる．電子を放出する反応の触媒に酵素や生物，燃料にグルコースなどを使ったものはバイオ燃料電池といわれる．

## 11-1 微生物による廃水処理

工場廃水，家庭の生活廃水や汚水は有機物などを多く含むために，浄化してからでないと河川に放流できない．浄化法には曝気などで増殖させた好気性微生物の作用で汚染物質を分解する好気的処理法と，嫌気的細菌によって分解する嫌気的処理法の二つがある．

### ■ 微生物を用いる廃水処理

水質汚染の程度はBOD（生物化学的酸素要求量）の数値で評価される（ほかに化学的酸素要求量［COD］もある）．BODは微生物が有機物分解に要する酸素量で，汚染が激しいほど大きい．BODは通常の家庭は数十g／年程度しかないが，ビール工場や製紙工場などでは莫大な量になる．有機物を含む廃水を直接河川などに放流すると環境を汚染してしまうため，BODを下げる処理が必要になる．このため事業所では廃水を浄化してから放流しており，また，都市では下水で集めた廃水や汚水は集約浄化してから放流される．廃水処理は微生物を利用する方法が一般的で，以下の二つに分けられる．

### ■ 好気的処理法と活性汚泥法

好気的処理は微生物による廃液浄化の中心をなす方法であるが，主に活性汚泥法といわれる方法が使われる．まず砂などを除いたものを最初沈殿池で粒子状物質を沈殿除去した後，エアレーションタンク（曝気槽）に入れて曝気（空気を入れながら撹拌）する．微生物が酸素を消費する酸化的代謝で有機物を分解して増殖する．この過程では悪臭はほとんど出ない（⇨有機物は水，二酸化炭素，硝酸塩／亜硝酸塩になる）．曝気槽内では増殖した微生物を含む微細なゲル状塊（フロック）からなる集合体である活性汚泥がつくられる．活性汚泥には細菌類（例：*Zoogloea*属）のほか，原生動物，ワムシ類，糸状微生物なども含まれる．活性汚泥は有機物の吸着力と凝集力，酸化力，そして分離力（沈殿となる性質）に優れ，これを最終沈殿池に移すと汚泥は底に沈むので，上清の浄化された水を塩素消毒して放流する．フロックは成長し続けるため，一部は余剰汚泥として取り除く必要がある．好気処理法にはこのほかにも，微生

### ■ 図1 排出される汚染物質の量 ■

| 排出源 | 相対的BOD | |
|---|---|---|
| 一般家庭 | 1* | 一住民当たり |
| ビール工場 | 150〜350 | ビール1t当たり |
| デンプン工場 | 500〜900 | トウモロコシ1000t当たり |
| 製紙工場 | 200〜900 | 紙1t当たり |

＊：一年間60gと概算

### ■ 図2 廃水の生物学的処理スキーム ■

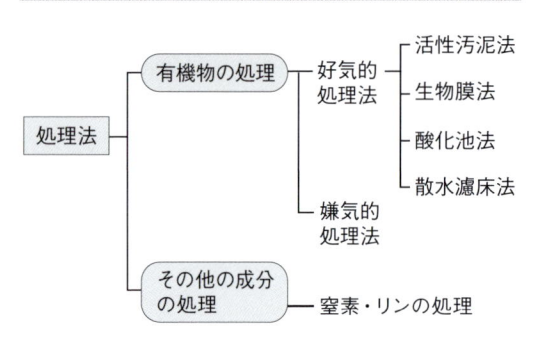

処理法
- 有機物の処理
  - 好気的処理法
    - 活性汚泥法
    - 生物膜法
    - 酸化池法
    - 散水濾床法
  - 嫌気的処理法
- その他の成分の処理
  - 窒素・リンの処理

物が付いた膜の表面に廃液を流す生物膜法や，浅い浄化槽を使う酸化池法，微生物の付いた沪材をカラム状に組み立ててそこに廃水を散布する散水濾床法などがある．

### ■ 嫌気的処理法

有機物含量の多い廃水の場合は嫌気的処理が適している．この方法では嫌気性菌（生育に充分な酸素を必要としない細菌）で有機物を分解する．汚泥や汚水／廃水を微生物の入ったタンクに入れて静置させると，種々の有機物が時間をかけて微生物によって順番に低分子化合物，有機酸やアルコール類に変わり，最後はメタン菌によってメタンと二酸化炭素となる．腸内細菌群の働きに似た過程で，異なる分解反応には異なる細菌が関与する．メタンは燃料として利用することができる．処理槽を加温して反応を促進することもできる．ただ，一般的には好気的処理に比べて浄化した水の品質は劣る．さらに嫌気的処理では悪臭が発生するため，その対応も必要である．

**コラム：ガスも微生物によって浄化できる**

嫌気的廃水処理施設，農場，食品工場，化学工場からは低級脂肪酸，アミン，メルカプタンなどによる悪臭が出るが，これらを気体分解能のある微生物を付けたバイオフィルターや，散水濾床を組み込んだ処理筒を通して浄化することができる．

■ 図3　標準的な下水／廃水処理プロセス

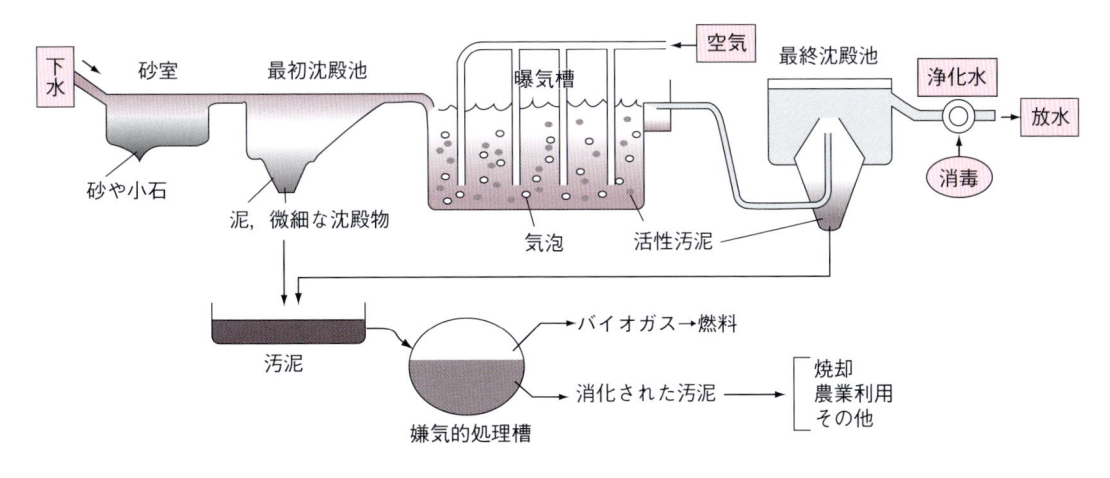

■ 図4　嫌気的処理での生物学的反応

■ 図5　嫌気的処理槽の構造

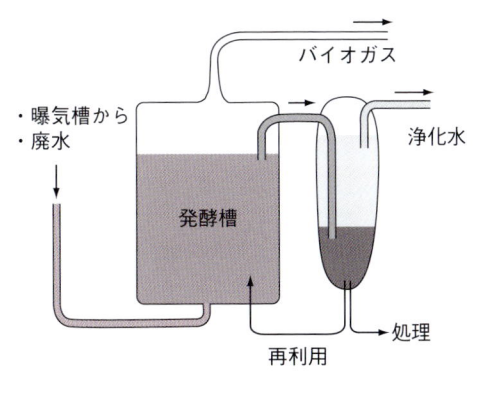

## 11-2 生物による環境の修復：バイオレメディエーション

有機物質等を生物により処理して環境を復元する措置をバイオレメディエーションといい，主に微生物が用いられる．この方法により海洋の石油汚染や土壌汚染を処理できるが，広い意味では生物農薬もここに含まれ，また応用として微生物精錬というものもある．

### ■ 環境工学とバイオレメディエーション

環境や生態系にかかる負荷を除いたり，悪化した環境の復元や浄化にかかわる措置を環境工学といい，さまざまな工学的技術が用いられるが，その中で主に環境中の有害物質を生物や生物関連物質で浄化する措置をバイオレメディエーションといい，欧米では環境保全の大きな柱となっている．用いる生物は有害物質を吸収・分解する細菌類や菌類などの微生物が中心だが，環境浄化能をもつという意味ではある種の動物や植物（11-3）も含まれる．典型的には汚染のある場所（in situ）で処理を行うが，汚染されたものを別の場所に移して処理する場合（ex situ）もある．浄化能を上げる方法には微生物の増殖を高めるバイオスティミュレーションと，微生物そのものを入れるバイオオーギュメンテーションがある．バイオレメディエーションは汚染特異的に低コストで行える利点がある一方，技術的に未解決な部分が多く，微生物生育場所でないと使えないという欠点もある．

### ■ 水域での環境浄化

海洋での大規模な汚染に石油流出事故があるが，この場合は石油類（例：炭化水素）を分解できる細菌を空から散布する．最近石油成分を資化する（エネルギー源とする）藻類も発見された．水中の固形物の表面には微生物や藻が付

■ 図1　生物による環境の修復・復元

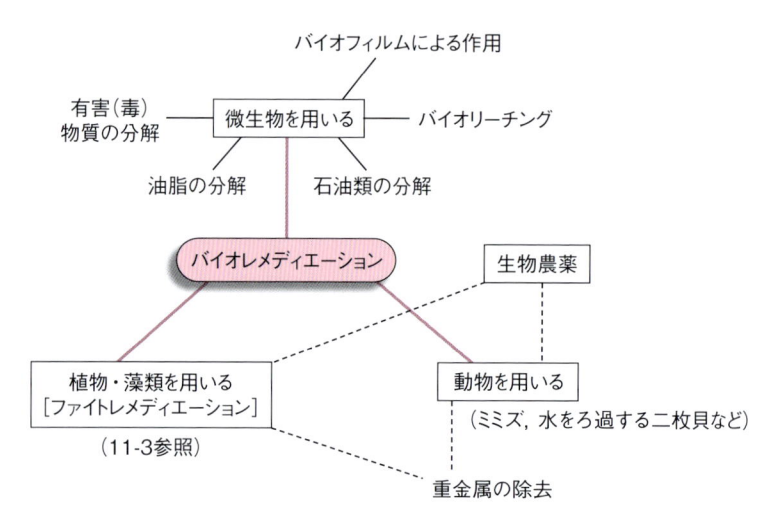

着し，それが多糖類などを分泌して滑りのある被膜をつくるが，このような状態をバイオフィルムという．バイオフィルム中では生物が濃縮されて安定な生態系を形成し，11-1 で述べた理由により，水の浄化に貢献しているため，大量のバイオフィルムを形成しやすいような素材を水域に沈めて微生物を"培養"する取り組みも行われる．

### ■ 土壌中の有害物質や金属の処理

細菌の有害物質資化能は多様で，石油類以外にも動植物油脂，鉱質油，有機溶媒（例：ベンゼン，メタノール），さらには毒性のきわめて高い DDT や PCB といった塩素化炭化水素さえも資化するものが存在する．従って措置としては，化学物質で汚染された土壌に細菌の栄養素や空気，あるいは細菌そのものを供給して細菌を増殖させ，有害物質を除去する．細菌には塩素化炭化水素の無毒化に関する遺伝子を含むプラスミドをもつものもあり，遺伝子工学的に改変した細菌を用いることも検討されている．細菌は重金属を分解しないが，中には金属硫化物（例：硫化銅）を精錬が容易な可溶性の金属硫酸塩（例：硫酸銅）に酸化するものがある．化学精錬には不向きな低品位の鉱石をそのような細菌を用いて効率的に精錬／選鉱する方法は，バイオリーチング（微生物精錬）といわれている．細菌の中には猛毒の六価クロムを還元して毒性の低い三価クロムにするものもある．土壌改良動物として知られているミミズは有害物質や重金属を取り込んで濃縮する（⇨ 生物濃縮）ので，ミミズを使って土中から有害物質を回収する特異な方法もある．視点は異なるが，土壌汚染物質にもなる化学農薬の代わりに生物農薬（9-7）を用いることもバイオレメディエーションの一形態といえる．

■ 図2　バイオレメディエーションの手法

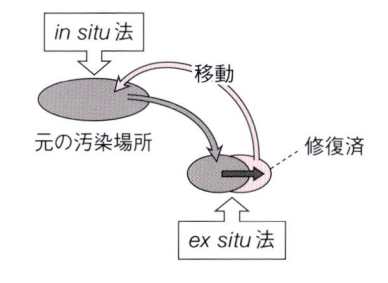

(a) 実施場所による区別

(b) 生物機能の活性化による区別

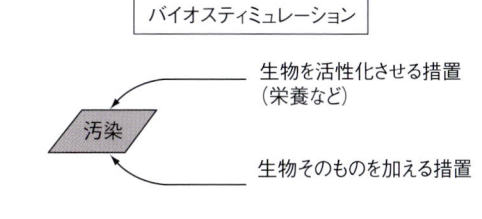

■ 図3　細菌や動植物によるバイオレメディエーションの例

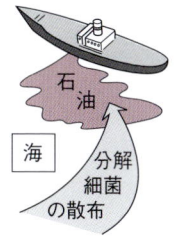

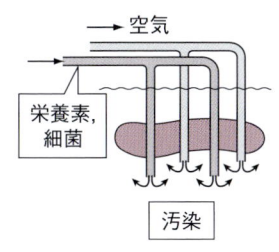

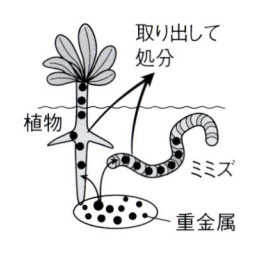

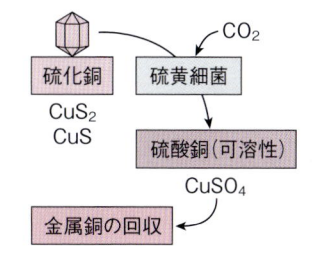

(a) 石油の除去　(b) 土壌の浄化　(c) 生物と共に汚染を取り去る　(d) バイオリーチング（微生物精錬）

## 11-3 植物による環境の修復：ファイトレメディエーション

> バイオレメディエーションのうち植物がかかわるものをファイトレメディエーションという．植物は自身でも大気を浄化し，酸素を供給するという作用をもつが，このほかにも土壌微生物を活性化させて土壌の浄化に寄与したり，水域での環境改善にかかわったりしている．

### ■ 植物には普遍的な大気浄化能力がある

生物による環境の浄化であるバイオレメディエーションのうち，植物やその成分を使って行うものをファイトレメディエーションという．植物の普遍的特性は光合成（光エネルギーと水と二酸化炭素から糖と酸素をつくる）であるが，二酸化炭素を吸収して有機物に固定する作用は温暖化防止に役立つとともに，動物をはじめとする多くの生物に必須な酸素を供給する．加えて，植物は大気汚染物質の二酸化窒素や大気に含まれるホルムアルデヒドのような有害物質を取り込む性質があるとされている．以上の視点から，植物は普遍的に大気浄化作用があるということができ，これは街路樹を植えるなどの目的の一つでもある．藻類を大型タンクで培養しながら増やすフォトバイオリアクターも，タンパク質などの栄養素を得るという目的のほかに，二酸化炭素を減らすという利点がある．

### ■ 土壌汚染の修復に植物を使う

細菌ほどではないが，植物の中にも土壌中の有害物質を減らすレメディエーション効果をもつものがある．土壌にしみ込んだ石油成分が植物があるところでは速く減少することが知られているが，これは植物の直接の効果ではなく，植物の根から分泌される物質がレメディエー

#### コラム：別の視点からの住環境の向上

植物を増やすメリットはレメディエーションのためだけではない．樹木は夏季の地表温度上昇を和らげ，木陰という暑さを避ける場所をつくる．家屋の壁に接して植物を栽培する緑のカーテンには省エネ効果がある．

■ 図1　ファイトレメディエーションの概要 ■

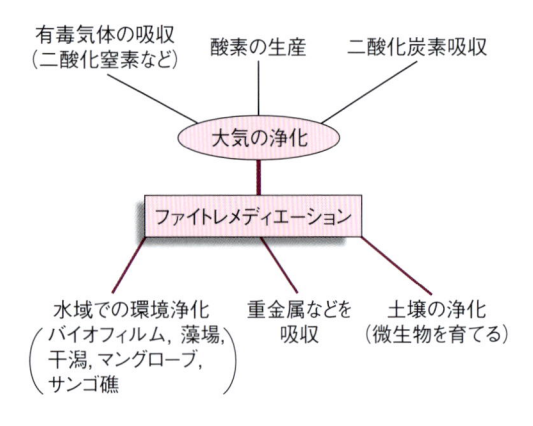

■ 図2　植物で土壌汚染を修復する ■

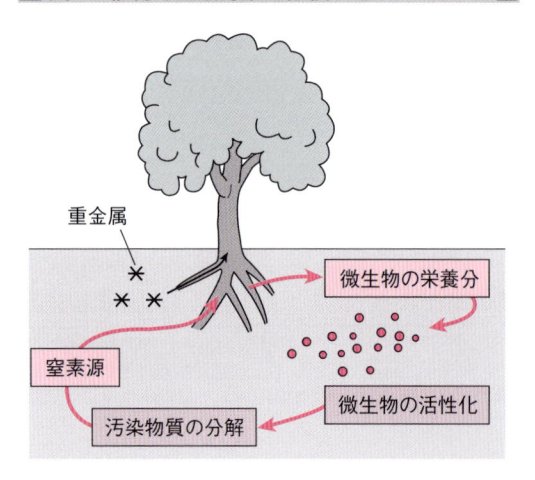

ション細菌の養分になっているためと考えられている．ある種の植物は重金属を吸収・蓄積するが，この性質を使って土壌から金属を除去することができる（⇨ 植物体はあとで処理する）．

■ 水域の植物

水域の植物としては，海岸近くの浅瀬や砂場ではアマモのような海草類が，岩場にはワカメのような海藻類が生息しているが，このような藻場の植物は水中に酸素を供給するのみならず，動物の餌となったり生息場所になったりする．このため，海藻の胞子が付きやすく生育しやすい人工の岩礁がつくられている．海産魚の養殖プールは排泄物や食べ残した餌などで水質が悪化するが，この汚染水を肥料として海藻を"栽培"し，それをアワビやサザエの餌にしたり，バイオマスとして利用したりすることができる．サンゴはサンゴ虫とそれに酸素や栄養を供給する藻類の共生体であるが，両者によって周囲の環境や生態系が維持されている．

■ 図3 海藻類による水質浄化能の利用の例 ■

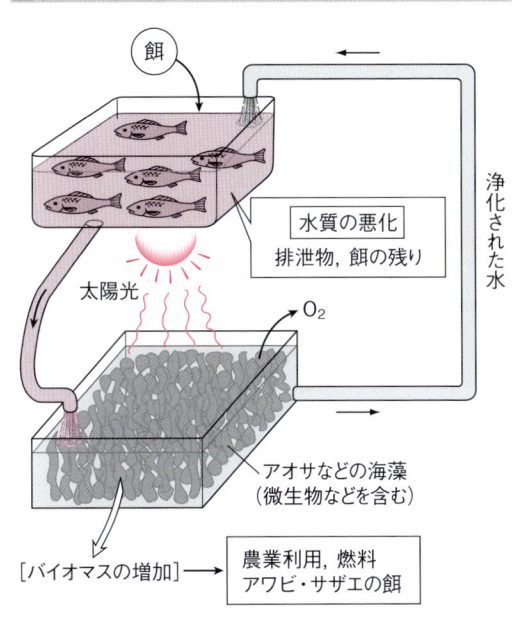

### コラム：干潟の環境浄化能

干潟とは海岸に拡がる湿地で，潮の干満によって水域と陸地を繰り返す．多様な動植物，微生物，藻類を含む独特の生態系をなしており，熱帯〜亜熱帯ではマングローブ林が発達しているところも多い．干潟は二枚貝などの関与もあり，環境浄化能は高い．

### コラム：発泡スチロールを植物で分解する

発泡スチロール製品は人間活動の結果出るゴミの主要なものの一つである．オレンジなどの柑橘系の果実の皮に含まれているテルペノイドの一種のリモネンは発泡スチロールを溶かすので，回収発泡スチロールの処理に利用されている．

■ 図4 干潟の環境浄化能 ■

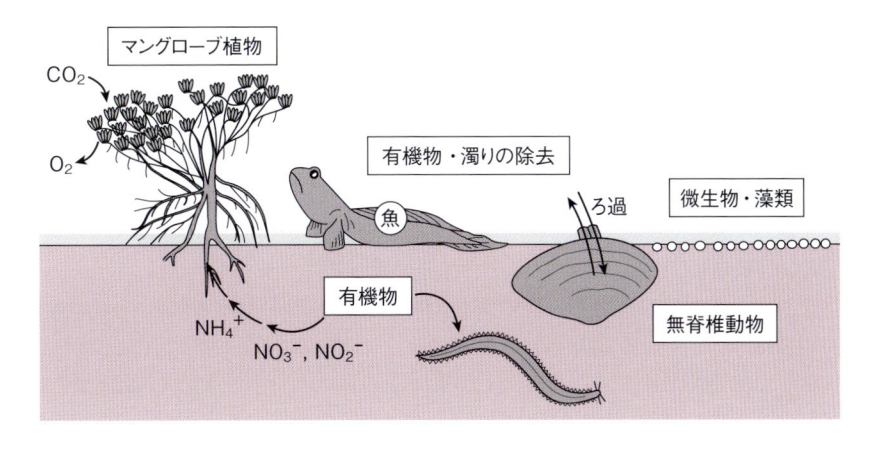

## 11-4

# バイオマスと微生物によるエネルギー生産

> 再生可能な生物由来の有機エネルギー物質をバイオマスといい，微生物によって使いやすいバイオエネルギーに変換できる．バイオエネルギーは燃やしても空気中の二酸化炭素濃度上昇に響かず，また，その種類はアルコール類，種々の炭化水素，水素などと多様である．

### ■ バイオマスとバイオエネルギー

バイオマス（BM）とは，本来生物の有機物量を意味するが，一般には再生可能な生物（主に植物）由来のエネルギー源となるような有機性資源をいう．BMには生産資源（資源作物．例：トウモロコシ，サトウキビ），廃棄物系資源（例：家畜排泄物，建設廃材），未利用資源（例：おがくず）があるが，日本では後者2種の半分以上が廃棄されている．世界の1年間のBM生産量が数年分のエネルギーに相当するため，BMは再生可能エネルギー（⇨ 使用しても枯渇せず，絶えず資源が補充されるエネルギー）と見なされる．BMを原料とした，利用しやすい形態の燃料をバイオエネルギー（BE）／バイオマスエネルギーという．BMやBEの燃焼で出る二酸化炭素は元々植物が吸収した大気中の二酸化炭素なので，燃やしても二酸化炭素量の増減は差し引きゼロとなり，環境への負荷は少ないとされるが，この概念をカーボンニュートラルという．BEの生産には主に細菌を用いるが，用いる生物種により利用できる炭素源の形態が異なり，産物には炭化水素やアルコールなどさまざまなものがある（右頁および11-5）．

> **コラム：バイオエネルギー利用は予備技術**
>
> BEは，石油やウランのような本格的エネルギーの価格が高騰し，かつBEの製造コストが低く行政支援がある場合でないと利用されないため，現状ではまだ予備技術（リザーブテクノロジー）と位置づけられている．

■ 図1　バイオマスの分類　■

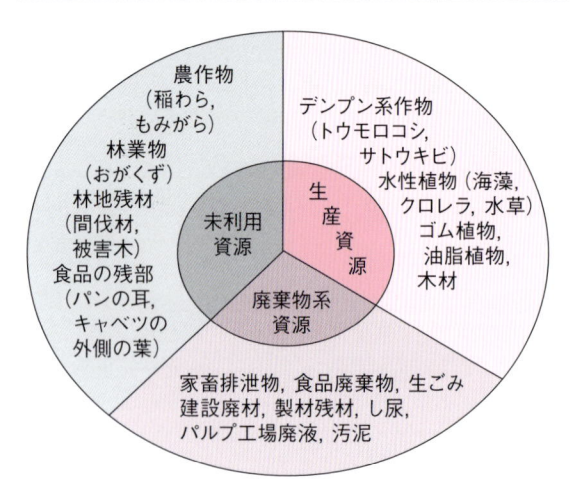

- 生産資源
  - デンプン系作物（トウモロコシ，サトウキビ）
  - 水性植物（海藻，クロレラ，水草）
  - ゴム植物，油脂植物，木材
- 廃棄物系資源
  - 家畜排泄物，食品廃棄物，生ごみ，建設廃材，製材残材，し尿，パルプ工場廃液，汚泥
- 未利用資源
  - 農作物（稲わら，もみがら）
  - 林業物（おがくず）
  - 林地残材（間伐材，被害木）
  - 食品の残部（パンの耳，キャベツの外側の葉）

■ 図2　カーボンニュートラルの概念　■

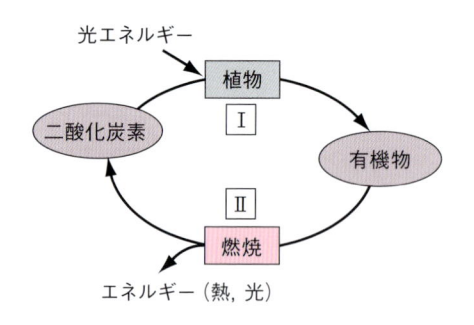

光エネルギー → 植物 —[I]→ 有機物 —[II]→ 燃焼 → 二酸化炭素 → 植物
燃焼 → エネルギー（熱，光）

[I]　$6CO_2 + 12H_2O \rightarrow C_6H_{12}O_6 + 6H_2O + 6O_2$
　　　　　　　　　　　グルコース

[II]　$C + O_2 \rightarrow CO_2$　（[I]と同等と見なされる）

## ■ 1-ブタノールとアセトンの生産

両者とも有機溶剤や化学合成の原料となり，かつては生物生産されていた．今は石油化学によるが，生物生産の効率が上がったため，予備技術として研究が進んでいる．これらを生産するのは嫌気性のクロストリジウム属細菌，中でもとくに高濃度の溶剤に耐性を示す菌種が使われる．原料には（廃）糖蜜（砂糖製造時の副産物．ショ糖を含む），デンプン（⇨菌がデンプン分解酵素をもつため）や乳糖（⇨乳清：チーズ生産の副産物）が使える．発酵産物はさまざまな物質の混合物なので，蒸留やその他の方法で目的物質を精製する．代謝酵素遺伝子の遺伝子工学的操作や発酵工学的工夫により，生産量を上げる取り組みもなされている．

## ■ メタン生産

メタンは天然ガスの主成分で，現在，主要燃料の一つとなっているが，嫌気性のメタン細菌を複数の細菌とともに用いて（11-1 の嫌気的排水処理を参照）バイオマスからメタンをつくることができる．利用されるバイオマスは主に生ゴミや農業廃棄物，糞尿，ビール工場廃液などで，廃棄物処理法としてきわめて有効である．固形廃棄物の場合は固形物を攪拌しながら発酵させる乾式発酵を行う．発生したガスは発電の燃料として使われるが，このようなガス状のバイオ燃料をバイオガスという．

### コラム：水素の生産

水素を発生させる光合成生物には，光合成細菌，ラン藻，藻類がある．水素は燃料や燃料電池の原料となり，菌体も別に利用できる．水素発生にかかわる酵素の遺伝子の操作によって，より効率的な水素生産を達成させるための研究が行われている．

■ 図3 有機溶剤の生合成経路

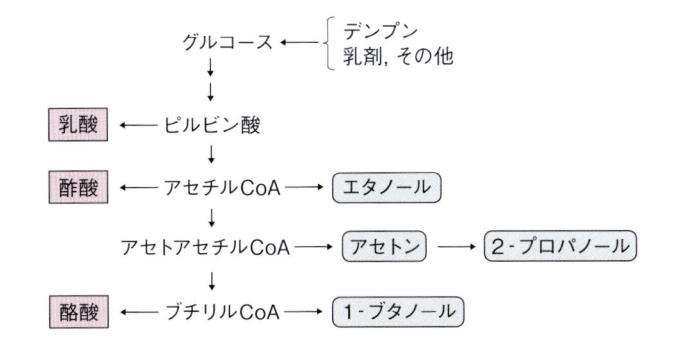

■ 図4 バイオマスから水素をつくる

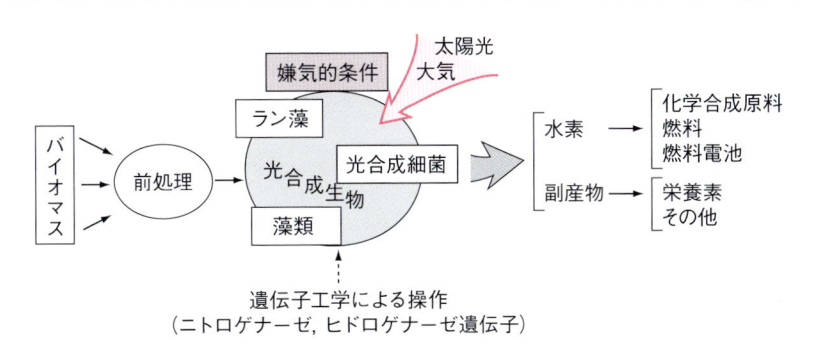

## 11-5 バイオエタノール

バイオエタノールは，酵母などの微生物によりバイオマス（あるいはその加水分解物）の代謝産物として，発酵によってつくられる．精製されたエタノールはガソリンと混合され，バイオガソリンとして利用されているが，いくつかの問題が未解決のまま残されている．

### ■ 微生物によるエタノール生産

エタノールは溶剤や化学合成の原料になるのみならず，燃料としても使える重要な物質で，その70%は発酵でつくられている．発酵によってバイオマスからつくられるエタノールをバイオエタノールという（バイオマスエタノールともいう）が，生産に使用される最も重要な微生物は酵母（出芽酵母：ビール酵母など）で，解糖系を使って糖をエタノールにする．*Zymomonas* 属（エントナー・ドゥドロフ経路でエタノールをつくる）などの細菌を使う場合もある．

### ■ 微生物増殖の炭素源

産業的には炭素源としてショ糖や糖蜜，デンプンの加水分解物などが使われる．前述の微生物は多糖類分解酵素をもたないため，多糖類を利用させる場合は酵素反応や物理・化学的方法で多糖類を加水分解し，糖化しておく必要がある．遺伝子工学的に多糖類消化酵素遺伝子を組み込んだ微生物を使うと，デンプンやセルロース／ヘミセルロースをそのまま炭素源にできる．バイオエタノールを大量に生産しているアメリカやブラジルでは，炭素源として糖化したトウモロコシ／コーンスターチ，サトウキビ抽

■ 図1　バイオエタノールの製造過程 ■

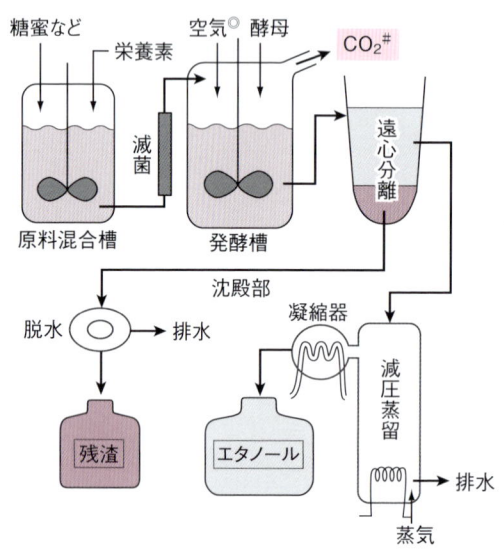

◎：最初は空気を，後半には二酸化炭素を混合する
#：二酸化炭素も資源としての利用価値がある

■ 図2　発酵で使用する炭素源 ■

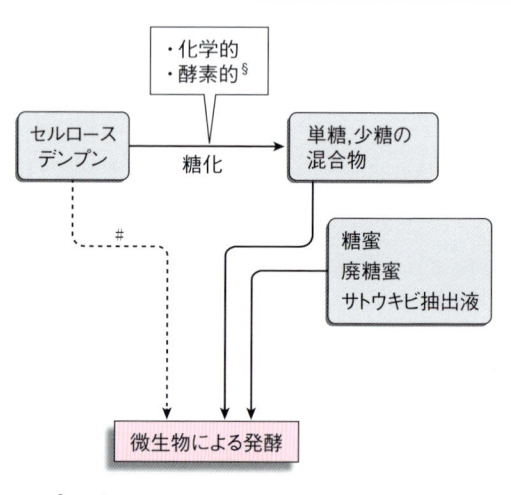

§：アミラーゼ，セルラーゼ
#：§の遺伝子を組み込んだ微生物の場合

出液，糖蜜などを使っている．日本では省資源や環境保護の立場から，廃棄バイオマスや未使用バイオマスを前処理（例：セルラーゼによる糖化）したものを発酵に利用する技術開発が進められている．木材としての経済価値が低くても成長の速い樹木は，バイオマスの原料として適している．

### ■ バイオエタノールの製造

基本的にはアルコール飲料の製法と同じで，発酵では主に酵母を使用する．はじめ大型タンクで通気しながら細胞を増やし，その後嫌気的条件で発酵を行う（酸素があると基質が二酸化炭素と水に分解されてしまうパスツール効果を避けるため）．発酵後のアルコール濃度は 5 〜 15％にしかならないが，蒸気とともに減圧蒸留すると 95％エタノールとなる．これがバイオガソリンの原料になるが，無水エタノールにするにはさらなる精製が必要である．発酵残渣は動物飼料として利用される．微生物を固定化したバイオリアクター（10-3）も試みられている．

### ■ バイオエタノールの現状と問題点

温暖化対策とコスト面から，バイオエタノールが一定比率ガソリンと混合して使われているが（日本：〜10％，ブラジル：〜20％、アメリカ：〜85％），バイオエタノールに関する問題も指摘されている．重要な点として食糧との競合，すなわち食用になるトウモロコシなどが発酵原料に転用されることによる穀物の不足と価格の高騰がある．さらに森林を伐採してサトウキビ畑を広げるなどの行為が環境破壊につながるのではと懸念されている．別に技術的問題，インフラ整備の問題，排ガスの質の問題などもある．

**■ 図3　アルコール飲料の製造　■**

**■ 図4　バイオエタノールに関する問題点　■**

・排ガスの質が悪い
　　→ 窒素酸化物混入
・設備面・技術面での問題
　　→ 水分混入やエタノール自身の腐食性
・エネルギー収支問題
　　→ 生産に費やすエネルギーが少なくないため，
　　　カーボンニュートラルとはいえない
・食糧問題
　　→ 食糧を使用することによる食糧不足や
　　　価格高騰
・環境問題
　　→ 資源バイオマス生産のための森林破壊など
・その他
　　→ 石油価格の変動や行政の対応により，
　　　必要性や意義が左右される

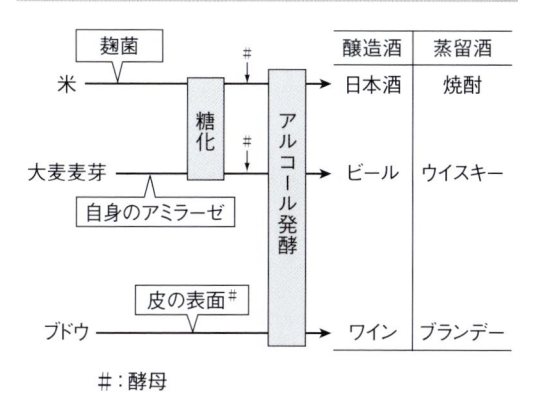

**■ 図5　生物由来油脂をエンジンの燃料にする　■**

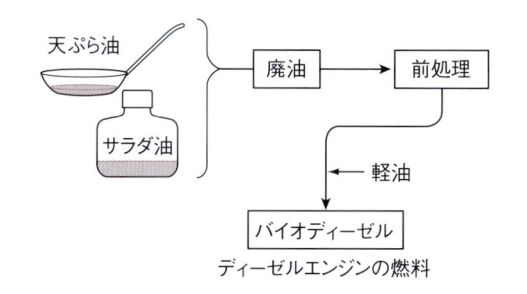

### コラム：バイオガソリン，バイオディーゼル

ガソリンエンジンの燃料に使われるバイオエタノールをバイオガソリン，ディーゼルエンジンの燃料に使われる動植物油をバイオディーゼルといい，後者は廃油脂利用法として注目される．いずれも本来の鉱質油燃料と混合して使われる．

# 11-6 バイオ燃料電池

触媒作用で水素を含む物質から電子を取り出して負極に受け，正極で電子，酸素，水素イオンから水をつくる形式の電池を燃料電池といい，発電装置の一種である．とくに負極に酸化還元酵素や細胞を，燃料にグルコースなどの有機物を用いるものはバイオ燃料電池という．

## ■ エネルギーを電気として取り出す

分子が酸化されると電子はそこから離れて電子をより引き付けやすい他の物質へ移動し，その物質を還元するが，移動しやすさは電位差（電圧）として表される．電圧は起電力となり，エネルギーを取り出せることを意味する．生物もエネルギー的には電池のようなもので，生体酸化還元反応時，電子が他の物質に移動するときに電池としての機能が現れ，生物はそのエネルギーを物質合成などの「仕事」に使う．このような反応を in vitro で行い，反応から直接電力を得ることができる．

## ■ 燃料電池

電池は電子を受け取る正極と出す負極が電解質に浸る構造をもつ．補充可能な負極（燃料極）側の負極活物質Xと正極（酸素極，空気極）側の正極活物質Yからなる電池の場合，燃料（物質X）の補充により連続的に電位を発生し続けられる．この装置を燃料電池というが，発電装置の一種で，すでに実用化されている．Xは金属触媒の作用で酸化されて電子を放出するが，Xには水素やメタノールあるいは天然ガス（改質して水素を発生させる）などの燃料が使われ，Yには酸素が使われる．発電によって正極で水が生成されるが，これが燃料電池がクリーンといわれる理由である．熱が出るが，それも利用できる．バイオマスからつくられる水素や種々の有機物が燃料として使える．

## ■ バイオ燃料電池

生命活動を利用した燃料電池をバイオ燃料電池／バイオ電池といい，触媒として酵素や微生物が使われる．

■ 図1　金属電極を使った一次電池の原理 ■

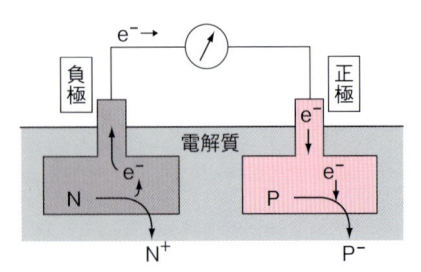

N：リチウム，カドミウム，亜鉛など
P：二酸化マンガン，二酸化鉛など
$e^-$：電子

■ 図2　生物の酸化反応の例 ■

(a) グルコースの酸化

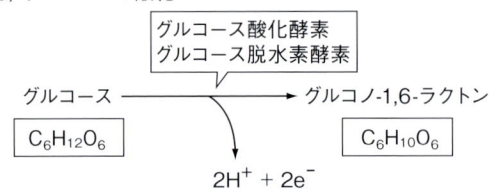

グルコース　—[グルコース酸化酵素／グルコース脱水素酵素]→　グルコノ-1,6-ラクトン
$C_6H_{12}O_6$ 　　　　　　　　　　　　　　　　　$C_6H_{10}O_6$
　　　　　　　　　　　　　$2H^+ + 2e^-$

(b) 水の酸化（光合成の明反応）

$2H_2O \rightarrow 4H^+ + 4e^- + O_2$

（1）酵素バイオ電池：触媒に酵素を使うもので，種々の酸化還元酵素が検討されている．電極には酵素と，酵素－電極間の電子授受のためのメディエーター物質を固定化する．燃料はグルコースが一般的だが，その場合はグルコース酸化酵素などが使われる．正極には基質範囲の広いマルチ銅オキシダーゼ（例：ラッカーゼ）が使われる．グルコースバイオ電池はグルコースが生体内に豊富にあるため，体内埋め込み型電池としての利用が期待されている．負極での電子供給数の高い基質（例：酢酸，乳酸）を用いれば，より効率的な発電が可能である．

（2）微生物燃料電池：触媒に微生物を使う方法も考えられる．メディエーターを加えた微生物培養液に電極を入れると，有機物の酸化で生じた電子がメディエーターを介して負極に入る．正極側では三価鉄イオンを電子によって二価鉄に還元し，さらにそれを用いて酸素を水素イオン（代謝で出る酸由来）の元で還元して水を生成させる．培養槽にラン藻を入れて光を当てれば，光合成でできた電子による光合成微生物燃料電池ができる．

**コラム：人工光合成**

光合成の最初の光化学反応は，葉緑体中で水が電子と水素イオンに分かれる光触媒反応である（図2b）．クロムを混ぜたチタンおよびタングステン半導体を白金を付けたうえでヨウ化ナトリウム溶液に懸濁して光を当てると，金属が光触媒として作用し，効率は低いが水の酸化と還元が起こって光化学反応のように酸素と水素が生成する．酸化チタンと増感有機色素を使った色素増感太陽電池というものもある．

■ 図3　水素を使った燃料電池

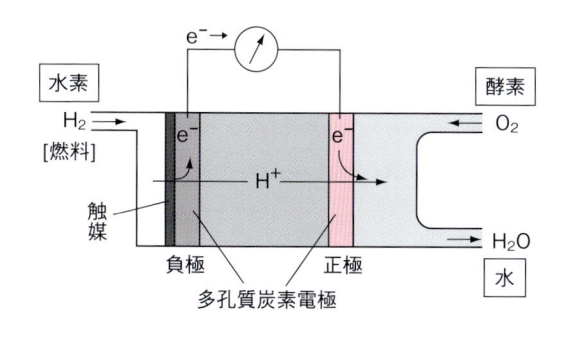

■ 図5　微生物燃料電池の例

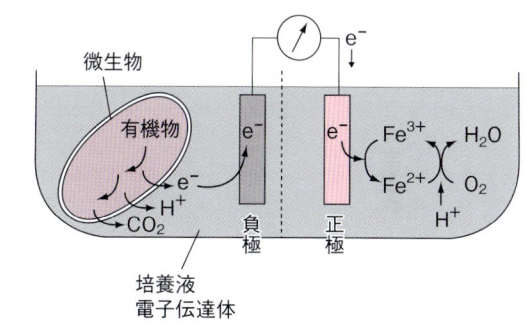

■ 図4　グルコースを用いる酵素バイオ燃料電池の例

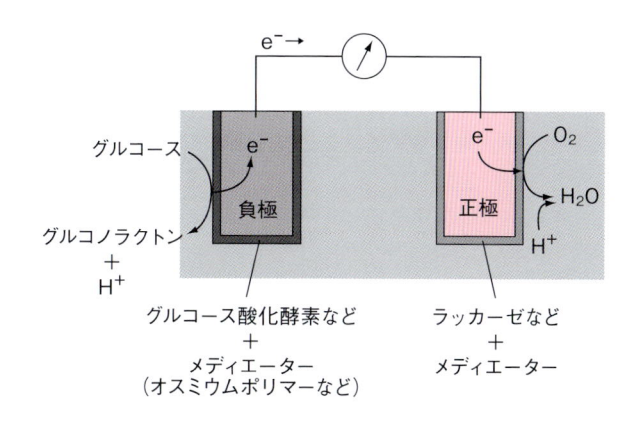

## 11章発展

# バイオエタノール逆転生産プロセス

サトウキビを原料とするバイオエタノール生産では,砂糖生産量を犠牲にせざるをえないが,最近日本のグループにより,エタノールと砂糖の双方を多く生産する方法が開発された.

◆ サトウキビを原料にバイオエタノールをつくる従来法

サトウキビの絞り汁には砂糖(ショ糖)のほか果糖やブドウ糖といった還元糖も含まれる.エタノール発酵を行う酵母はいずれの糖も利用(資化)してエタノール発酵を行う.従来はまず絞り汁中の砂糖を結晶化させて回収し,残り汁(糖蜜)を発酵させてバイオエタノールをつくる方法が一般的であり,バイオエタノールを多くつくろうとすると必然的に砂糖の生産は落ちてしまう.また,還元糖が多いと砂糖の生産効率が落ちてしまうため,効率的砂糖生産と効率的バイオエタノール生産は相反する要求であった.

◆ 砂糖とバイオエタノール,両方の生産を増やす方法

最近日本のグループが砂糖とエタノールの両方の生産を上げる方法を開発した.この方法ではまずアルコール発酵を最初に行うが,このときに新たに開発した砂糖非資化性の酵母を使う.最初に充分発酵させ,その発酵廃液に残った砂糖を結晶化させて取り出す.この方法は砂糖生産とエタノール発酵を逆にするので逆転生産プロセスといわれ,単位当たりのサトウキビ絞り汁から,バイオエタノールも砂糖も従来の2倍の生産量を上げられるという利点があるといわれている.開発者らはこの方法に適した,還元糖を多く含み,しかもバイオマス量の多いサトウキビの開発も行っている.砂糖生産も発酵もあまりエネルギーを消費しないこと,サトウキビは二酸化炭素の利用率が高いC4植物であることなどから,この新しい方法は二酸化炭素濃度上昇による地球温暖化の防止にもつながると期待されている.

■ 図1 従来のバイオエタノールとショ糖の両方の生産 ■

■ 図2 バイオエタノール逆転生産プロセス ■

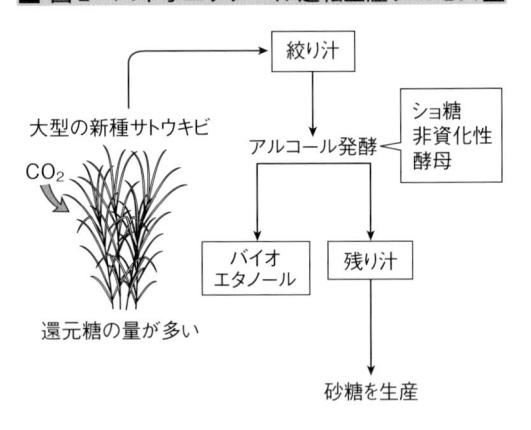

# 終章

# 私達が生命工学を利用するときに，生物や人間との関係において注意すべきこと

生命工学・生物工学は日々発展をしており，これからも人間生活を豊かにするために，生物，人間，そして環境との調和をはかりながら進歩し続けるに違いない．ともすれば効率に偏りがちな工学技術だが，生物の生存，尊厳，安全は常に念頭に置く必要があろう．

## ■ 生命工学が生物の存在を脅かさないために

工学は材料と技術を武器に人間社会を豊かにするための学問であるが，アスベストの例でもわかるように，人間の健康が顧みられないケースがままある．工学の中の生命現象や生物がかかわる領域が生命工学であるが，技術や操作の大部分が直接・間接に生物や人間を扱うため，そこにはより徹底した工学と生物／生命の調和が計られなくてはならない．生ワクチンがヒトに病気をもたらす事故が起こるなど，新しい技術にはまだもろい面があり，生命工学が現在進行形の領域であることを認識して，技術の利用は注意深く進める必要があろう．人工素材を人体に使用するといった場合，工学的にはコスト，加工しやすさ，強度，安定性などがポイントとなるが，安全が本当に確認されたかどうかをもう一度問い直す必要がある．

## ■ ヒトを対象にする場合の倫理

ヒトが材料になったり措置の対象になったりする場合は，倫理的な問題など，別の問題が生じる．ヒトからの試料採取には本人の同意が必要であり，勝手に成果を発表することはできない．ヒトの試料に基づいた成果が製品につながる場合は権利や特許の問題が発生する．他方，生命工学的な技術をヒトに施す場合は，対象者に必要な情報を与え，かつコンセンサスがとれているかが倫理的に問われる．現在は禁止されている胚や配偶子の遺伝子操作や発生の操作は，「生命」に対する倫理観の中での合意形

### コラム：動物に対しても倫理が必要？

動物を使用する措置はどうしても軽くみられがちである．動物を工場と見なした生命工学が発展しているが，人間のために改変させられた動物の作製が動物愛護の観点から妥当かどうかの議論が必要かもしれない．

■ 図1　生命工学の価値を測るもの

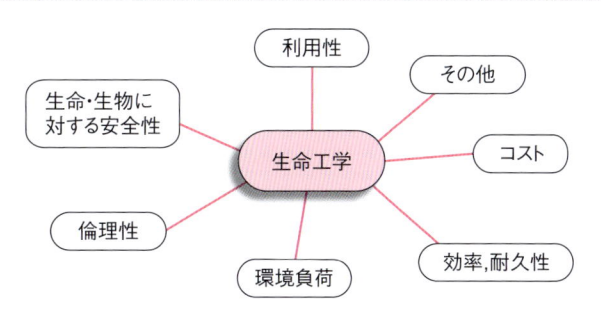

成が必要で，時間がかかるであろう．個人の染色体構造を変えたり，子が親のクローンを生むといったことはもはや技術的には可能となっており，今後は法整備も含め，時間をかけた議論が必要であろう．他方，工学の「つくる」ということに目を向けた場合，人間の身体をどこまで人工臓器で置き換えてよいかという問題がある．将来は脳神経機能の一部さえも電子材料・デバイスで代替することができるようになるだろうが，その先には未知の問題が待っているような気がする．

### ■ 生命多様性をいかに守るか

効率面や経済面だけを取り上げて生命や生物を操作することは，人間に都合のよい生物ばかりを人為的に増やすことにつながる．遺伝子操作によってつくられた，増殖性が高く天敵にも強いという生物が環境に出て，野生種を駆逐する懸念は常にある．強力な生物農薬の放散によって，限られた地域に生息するある種の生物が絶滅しないとも限らない．このような措置は結局，生物多様性を脅かす（ある種を絶滅に向かわせる）ことになる危険性をはらんでいるのである．人為的に生物が環境に出る場合，それが天然のものであるかどうかにかかわらず，潜在的危険性を把握しておかなくてはならないだろう．バイオ燃料のために森林を破壊することも，長い目で見れば人類にとって決してプラスにはならないはずである．

■ 図2　生命倫理と生命工学の調和

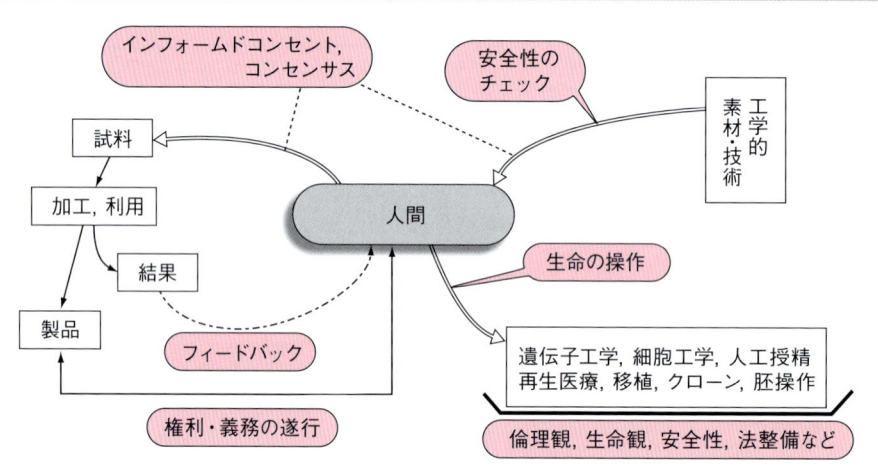

■ 図3　環境や生物多様性に対する生命工学のストレス

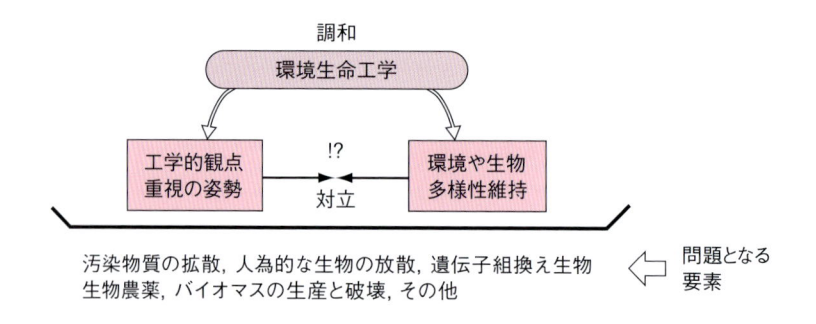